KB252109

문성실의
냉장고 요리

2009년 10월 22일 | 초판 1쇄 발행
2015년 9월 30일 | 초판 40쇄 발행

지은이 | 문성실
발행인 | 이원주

임프린트 대표 | 김경섭
기획편집 | 한선화 · 김순란 · 강경양 · 한지은
디자인 | 정정은 · 김덕오
책임마케팅 | 노경석 · 조안나 · 이유진
제작 | 정웅래 · 김영훈

발행처 | 미호
출판등록 | 2011년 1월 27일(제321-2011-000023호)

주소 | 서울특별시 서초구 사임당로 82
전화 | 편집 (02) 3487-1141 · 영업 (02) 3471-8046

ISBN 978-89-527-5670-1 (13590)

냉장고 요리

주방에서, 식탁에서
고춧가루와 간장 국물, 밥풀까지 묻혀가면서 보는
친근한 요리책이 되기를…

또 한 권의 요리책을 마무리하고 남겨두었던 프롤로그를 쓰기 위해 첫 자판을 두드리는 지금, 갑자기 제 생애 첫 번째 책을 냈던 그 순간이 떠올랐습니다.

책이 서점에 깔리던 날, 대형서점에서 사람들이 제 책을 손에 집어든 순간을 숨죽여 지켜보면서 가슴을 졸이던 날, 딸과 며느리가 첫 요리책을 냈다며 품에 안겨드리니 기뻐하셨던 친정엄마와 아버님과 어머님, 지금껏 다섯 번째 책이 나오도록 단 한 번도 그 기쁜 순간을 함께하지 못했던 이미 고인이 되신 우리 친정아부지, 반면 첫 번째 책부터 다섯 번째 책까지 늘 이 어미와 함께했던 나의 보물 1호 우리 쌍둥이 형제 보윤이와 보성이, 늘 언니를 자랑스럽게 생각해주는 고마운 세 동생들…. 순간 가족들의 얼굴과 자식만큼 소중하게 여기는 책들이 눈앞에 아른거리면서 감동이 밀려옵니다.

처음에는 답답한 심정을 끄적거리는 일기장으로 아무 생각 없이 글과 사진들을 올렸던 블로그가 '문성실'이 쓴 글에 공감하고 '문성실'이 만든 요리들을 즐겨 보는 분들이 모이면서, 댓글과 공감이 넘쳐나는 따뜻한 사랑방 같은 곳으로 변했고 이웃들과 함께하는 블로그가 되었습니다. 그렇게 하루하루 블로그 안에 정성을 담아서 올렸던 요리들을 묶어 또 하나의 책인 〈문성실의 냉장고 요리〉가 완성되었어요.

이 책 표지 그림처럼, 작고 아담한 소녀 같은(?) 마음을 가진 주부인 저는 쭈그리고 앉아 냉장고 안을 구석구석 뒤져 찾아낸 재료로 요리하는 사람이에요. 별난 사람도 아니고 해 먹는 요리도 별나지 않습니다. 대한민국에서 아이들 키우면서 사는 주부들의 뒷모습은 표지 그림과 많이 다르지 않을 거라고 생각합니다. 〈문성실의 냉장고 요리〉는 어릴 때 소꿉장난하듯 쭈그리고 앉아 가족을 위해 '오늘은 뭘 해 먹지?'라고 떠올릴 여러분께 더 맛있는 밥상 차리시라고 보내는 응원가입니다. '냉장고 요리'라는 제목 그대로 우리가 늘 식재료를 보관하기 위한 장소로 요긴하게 활용하는 냉장고 속 착한 재료들이 바로 이 책의 주인공이지요. 장 보느라 땀 빼고, 팔에 알통 생길 정도로 힘들게 싸들고 와 냉장고에 채워 넣느라 힘 빼고, 제때 다 먹지 못해 음식물 쓰레기로 버리느라 골치 썩는 고달픈 밥 해 먹기에 지친 분들을 위한 저의 자그마한 선물입니다. 냉장고만 열면 굴러다니는 혹은 꼼짝 않고 자리보전 중인 식재료들과 늘 집에 갖춰놓은 마트표 양념만으로 맛있고 영양 많은 음식들을 만들 수 있는 쉬운 방법들을 담아 보았습니다. 또한 냉장고 요리 재료 외에 약간의 재료와 시간, 정성을 추가하면 근사하게 차릴 수 있는 손님상에서 간단하게 먹을 수 있는 한 그릇 음식과 죽, 그리고 간식과 음료까지 잔뜩 욕심을 부려 맛난 먹을거리로 꽉꽉 채워 넣었습니다.

오늘도 냉장고를 열고 한참을 들여다보면서(전기세 많이 나갈까 그 걱정도 더해지면서) 어떤 음식으로 가족들을 먹여야 하는지 고민하는 주부님들의 걱정거리를 싹 덜어내고 같이 고민하는 책이 되기를 바라면서, 주방에서 그리고 식탁에서 고춧가루와 간장 국물, 밥풀까지 묻혀가면서 보는 친근한 요리책이 되기를 진심으로 꿈꿔봅니다.

저는 여러분이 소장한 이 요리책 속에도 있을 것이며 그리고 제가 평생을 두고 관리하고 애정을 쏟을 저의 블로그인 문성실의 이야기가 있는 맛있는 밥상(http://blog.naver.com/ shriya)에서도 늘 독자 여러분과 함께 호흡하면서 냉장고 속에 잠자고 있는 식재료들에 생명을 불어넣는 일을 함께 하고 싶습니다.

처음 책을 냈을 때의 마음처럼 콩닥콩닥 떨리지는 않지만, 그래도 이제는 조금 더 원숙함이 묻어난 여유롭고 편안한 요리책이었으면 좋겠다는 생각을 해봅니다. 그래도 서점에 쌓여 있는 수북한 요리책들 사이에 노란색 표지로 반짝반짝 빛나는 〈문성실의 냉장고 요리〉가 자리 잡고 있을 거라 생각하면 흥분되고 독자 여러분의 눈과 손을 항상 주시하면서 살필 것 같아요.

〈문성실의 아침점심저녁〉과 〈문성실의 냉장고 요리〉라는 훌륭한 책 이름을 선물해주신 핑테님께 이 책의 지면을 빌려 감사의 말씀을 전합니다.

늘 사랑과 관심, 그리고 끊임없는 기도로 후원해주시는 아버님, 어머님과 친정엄마께 감사의 마음을 전하면서 살아 계시는 동안 최선을 다해 효도하겠다고 약속드릴게요. 음식을 만들 때마다 여자라서 행복하다는 것을 일깨워준 남편과 보윤이와 보성이에게 항상 사랑한다고, 언제나 편안하고 맛있는 식탁으로 평생을 책임지겠다고 말해주고 싶습니다. 이 책과 함께하는 독자 여러분도 늘 맛있고 건강한 음식들과 함께 행복하시길 바랍니다

문성실

1

반찬 66
성실네 반찬가게

2 성실네 찌개집

국·찌개·전골 36

3 성실네 밥집
별미 밥 18

4 성실네 케이터링
한 그릇 요리 45

5 간식 52
성실네 분식집

8 베이킹·드링크 22
성실네 별다방

Food Diary

 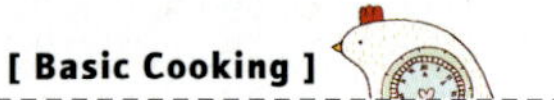

마법의 밥숟가락 계량법

귀찮은 계량스푼이나 계량저울이 필요 없는 레시피.
밥숟가락 하나면 맛있는 요리를 뚝딱 만들 수 있어요.

가루 계량하기 

1 수북하게 담아 윗면을 살짝 깎아 낸 분량

0.5 숟가락에 반 정도 담긴 양

0.3 숟가락에 1/3 정도 담긴 양

액체 계량하기

1 숟가락에 가득, 볼록하게 담긴 양

0.5 숟가락에 반 정도 담긴 양

0.3 숟가락에 1/3 정도 담긴 양

장류 계량하기

1 숟가락에 가득, 볼록하게 담긴 양

0.5 숟가락에 반 정도 담긴 양

0.3 숟가락에 1/3 정도 담긴 양

1 수북하게 담긴 양

0.5 숟가락에 반 정도 담긴 양

0.3 숟가락에 1/3 정도 담긴 양

면 1인분 국수나 스파게티 등의 면은 엄지와 검지로 동그라미를 만들어 살짝 쥔 정도의 분량

채소 1줌 손질한 재료를 한 손으로 가볍게 쥐었을 때의 양으로, 식재료에 따라 무게가 달라진다

고기 1줌 고기를 한 손으로 가볍게 쥐었을 때의 양으로, 종이컵으로 계량하면 1/2컵에 해당한다

1컵 종이컵에 가득 담는다. 200ml가 조금 못 되는 양이다

1/2컵 종이컵의 한가운데에서 조금 더 위로 올라오도록 담는다

1/3컵 종이컵의 한가운데를 기준으로 조금 아래로 내려오게 담는다

1.5는 한 숟가락+반 숟가락

약간은 엄지와 검지로 소금이나 후춧가루를 집을 수 있는 정도의 소량. 약간이라 표기되어 있어도 입맛에 맞게 간을 조절하시면 됩니다

주재료는 꼭 들어가야 하는 재료

부재료는 넣으면 맛을 돋우는 재료

요리 인생 평생 보험
드레싱과 소스

오이피클 드레싱

재료 | 2인분 | 플레인 요구르트 (가당) 1통, 마요네즈 2, 다진 오 이피클 3, 다진 양파 2, 레몬즙(또 는 사과식초) 1, 오이피클 절임물 1, 꿀 1, 소금·후춧가루 약간씩

How to cook
드레싱 재료를 한데 섞으면 끝. 레 몬즙이 없으면 사과식초 등 과일 식초를 식성에 따라 넣으세요.

발사믹 식초 드레싱

재료 | 3~4인분 | 발사믹 식초 3, 올리브오일 3, 레몬즙 0.5, 설 탕 0.5, 소금 약간

How to cook
분량의 재료를 한데 섞어 냉장고 에 넣어 차게 해서 2~3일 정도 쓰셔도 됩니다.

★ 발사믹 식초는 포도 과즙에 화이 트와인을 넣어 숙성시킨 고급 식초 로, 이탈리아 요리에 주로 사용해요. 달달하면서도 시고, 부드러운 맛과 산뜻한 맛을 동시에 지녔어요. 오래 숙성된 것일수록 맛이 깊고 가격도 비싸져요. 대형마트나 백화점 식품 매장에서 판매해요.

토마토 드레싱

재료 | 3~4인분 | 토마토(중간 것) 1개, 식초 1, 레몬즙 1, 꿀(또는 설탕) 1, 소금 0.2, 후춧가루 약간, 올리브오일 3

How to cook
토마토는 잘 익은 것으로 준비하 여 윗부분에 열십자로 칼집을 내 서 끓는 물에 소금을 넣고 토마토 를 굴려가며 데쳐 굵직한 씨는 빼 내고 과육 부분만 듬성듬성 잘라 요. 드레싱 재료 중 올리브오일을 제외한 모든 재료를 섞은 다음 올 리브오일을 넣어 버무리면 끝.

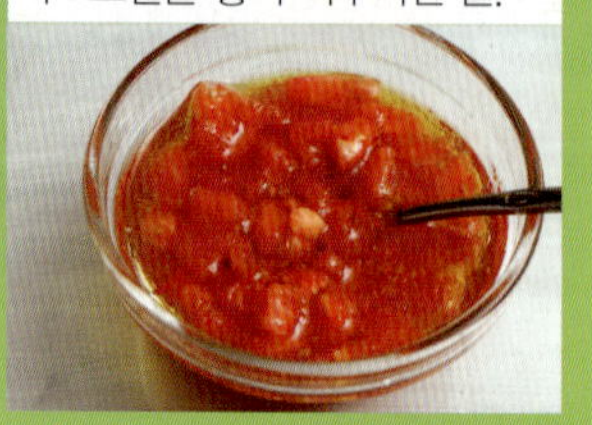

오리엔탈 드레싱

재료 | 3~4인분 | 다진 양파 2, 다진 마늘 0.5, 간장 2, 설탕 1, 식 초 2, 올리브오일 2, 발사믹 식 초 1, 참기름 0.5

How to cook
드레싱 재료를 한데 섞으면 끝. 발사믹 식초가 없으면 안 넣어도 돼요.

프루트칵테일 드레싱

재료 | **3~4인분** | 프루트칵테일 1/2컵, 플레인 요구르트 1통, 마요 네즈 2, 다진 오이피클 1, 레몬즙 (또는 식초) 1, 사과잼(또는 꿀이 나 물엿) 0.5, 소금 0.2

How to cook

프루트칵테일은 투명한 젤리 같 은 과육은 빼고 물기를 쪽 빼서 나머지 재료와 한데 섞으면 끝.

돈가스 샐러드 드레싱

재료 | **2인분** | 땅콩 4, 통깨 1, 옥 수수(통조림) 3, 다진 오이피클 2, 설탕 2, 식초 2, 간장 1, 마요네즈 3, 머스터드 1, 우유 10~12, 소금 약간

How to cook

모든 재료를 믹서에 넣어 곱게 갈면 끝. 냉장고에 넣어 보관하면 2~3일은 맛있게 먹을 수 있어 요. 냉장실에 넣어두면 꺼내 먹을 때 뻑뻑한 감이 있으니 우유나 두유를 약간 넣으세요.

수제 마요네즈 드레싱

재료 | **2~3인분** | 베이컨 2장, 수제 마요네즈 3, 머스터드 0.5, 꿀 1, 레몬즙 1

How to cook

베이컨은 기름을 두르지 않은 마 른 팬에 바싹 구워 다진 후 나머 지 드레싱 재료와 한데 섞으면 끝.

타르타르 소스

재료 | **3~4인분** | 마요네즈 5, 머스터드 0.5, 다진 오이피클 3, 다진 양파 2, 레몬즙 0.3, 소금· 후춧가루 약간씩

How to cook

분량의 재료를 한데 섞으면 끝. 생 선가스나 새우튀김 등과 잘 어울 려요.

크림치즈 소스

재료 | **2인분** | 크림치즈 2, 우유 3, 소금·설탕·레몬즙 약간씩

How to cook

분량의 재료를 한데 섞으면 끝. 갓 구운 빵에 곁들이면 맛있어요.

수제 마요네즈

재료 | **6~7인분** | 올리브오일(또 는 포도씨오일) 1컵, 달걀 1개, 식 초 2, 설탕 1, 소금 0.3

How to cook

올리브오일을 제외한 달걀, 식초, 설탕, 소금을 블렌더에 넣고 올리 브오일을 조금씩 나눠 넣으면서 갈면 끝. 처음에는 약간 묽은 농 도인데 냉장고에 넣어 보관하면 시판 마요네즈처럼 바뀌어요. 냉 장 보관하면 일주일에서 열흘 정 도 먹을 수 있어요.

성실댁 양념장 대공개

똑같은 레시피라도 사용하는 소금, 설탕, 간장 등 기본 양념에 따라 맛은 살짝 다르게 마련이지요.
아주 섬세한 손끝 차이로 천차만별의 맛이 나는 요리!
레시피대로 똑떨어지는 맛난 요리를 만드시라고 성실댁이 사용하는 양념장을 공개합니다.

소금

소금은 음식의 맛을 내는 가장 귀중한 요리 재료이니 무척 중요하답니다. 제가 사용하는 소금은 굵은소금, 구운소금, 허브 맛 소금 세 가지예요. 이 세 가지 소금만 갖춰놓으면 웬만한 가정 요리는 다 만들 수 있어요.

굵은소금

천일염, 호렴 또는 왕소금으로 불리는 굵은소금은 배추나 생선을 절일 때 또는 장을 담글 때 주로 사용합니다. 조개류의 해감을 토하게 하거나 해산물 등을 씻을 때도 활약하고, 해물이나 채소 데칠 때, 스파게티같이 면류를 삶을 때도 굵은소금을 써요. 때로는 국의 마무리 간을 굵은소금으로 하기도 해요.
굵은소금을 쓴다고 하면 "어떤 브랜드의 굵은소금을 쓰세요?"라고 물으시는 분들이 많은데요, 저는 요즘 해남 함초 천일염을 한 포대씩 사서 간수를 빼면서 사용해요.

구운소금

정제된 소금을 높은 온도에서 구운 것이에요. 요새는 기능성을 높인 소금들도 다양하게 나오는데요, 볶음 요리나 반찬을 만들 때 주로 사용합니다.

허브맛 소금

소금과 후춧가루, 허브 맛을 동시에 가지고 있는 양념으로 요긴하게 사용합니다. 고기나 생선 밑간용 혹은 구운 고기를 찍어 먹을 때, 구운 채소를 양념할 때 사용하면 좋아요. 허브맛 소금이 없다면 일반 소금과 후춧가루, 집에 있는 로즈메리나 파슬리, 바질 등의 허브를 곱게 갈아 섞어서 사용해도 돼요.

젓갈

주로 사용하는 젓갈은 새우젓과 멸치액젓, 까나리액젓, 참치진국이에요. 이 네 가지 젓갈은 떨어지지 않게 갖추고 요리에 활용합니다. 그러나 식구가 적고 주말에만 요리를 하는 맞벌이 부부라면 멸치액젓이나 까나리액젓 중 입맛대로 하나만 골라 사용해도 돼요.

새우젓

김치를 담글 때 멸치액젓과 함께 섞어서 사용해요. 그리고 달걀찜이나 애호박을 이용한 요리, 명란젓이나 알을 이용한 젓

국을 끓일 때는 주로 새우젓을 넣어요. 또 돼지고기와 함께 먹으면 소화를 도와 돼지고기 양념장으로도 사용하고요. 강화도 외포에서 나는 새우젓을 주문해 먹어요. 또 냉동실에 보관하는데, 새우젓의 염분 때문에 얼지 않고, 색깔이 변하는 것도 막을 수 있어서 좋아요.

멸치액젓
김치를 담글 때 가장 많이 사용하는 젓갈로 새우젓과 함께 섞어서 사용하기도 해요. 또 생채무침이나 국이나 찌개의 간을 할 때 멸치액젓을 넣으면 깊은 맛이 나요.

까나리액젓
김치를 담글 때 사용하기도 하고, 국이나 찌개의 간을 맞출 때 넣기도 해요. 멸치액젓보다는 깔끔하고 비린 맛이 덜해요.

참치진국
국물 요리나 조림, 무침 등 모든 요리에 간장 대용으로 사용하면 좋아요. 훈연참치를 진액으로 내서 만든 맛간장이라고 할 수 있는데요, 참치 외에 표고버섯이나 다시마 등의 재료를 함께 농축시킨 액이라 감칠맛이 나요. 저는 대왕 참치진국을 애용하고 있어요.

식초

신맛을 내는 대표적인 조미료로, 발효시켜서 양조한 것, 과실의 신맛을 이용한 것, 합성한 것 등이 있어요. 주로 사용하는 식초는 사과식초예요. 일반 유리뿐 아니라 장아찌나 피클을 담글 때도 요긴하게 사용해요.

물엿

요리에 부드러운 단맛과 윤기를 낼 때 주로 사용해요. 각종 조림이나 고기 양념장에 넣으면 요리의 단맛과 윤기를 더하고, 무침이나 볶음 요리를 만들 때 맨 마지막에 넣어 살짝 볶으면 오래 두고 먹어도 풍미와 빛깔이 유지되지요.
요리 전용 물엿인 요리당을 사용하면 일반 물엿보다 단맛이 더 강하니 주의하세요. 또 올리고당은 높은 온도에서 요리하면 단맛이 사라지므로 무침 등에 주로 사용하시고요.

고추기름

중국 요리에 쓰는 조미료의 하나로 '라유' 라고도 불러요. 끓는 식용유에 고춧가루를 넣어 만든 매콤한 기름으로 집에서 만들어도 좋지만 번거로울 때는 주로 시판되는 고추기름을 사용해요. 매콤한 중국풍 볶음 요리나 순두부찌개, 육개장 등을 만들 때 몇 방울 넣으면 매콤하게 맛있는 맛을 살릴 수 있어요.

청주

요리할 때 쓰는 술은 시중에 판매되는 청하를 사용해요. 일반 소주보다 깔끔하고 쌀로 빚어서 요리술로 사용하기에 적합하죠. 육류 요리에 청주를 사용하면, 육류 특유의 노린내를 없애주고, 고기를 연하게 하며 또 생선 요리를 할 때도 비린내를 없애는 동시에 생선을 더욱 신선하고 맛깔스럽게 해줍니다. 또 장아찌를 담글 때도 청주를 넣어요.
청주에 편으로 썬 생강을 몇 조각 넣고 사용하면 생강술이 되는데 냉장 보관하면서 고기나 생선 요리에 사용하면 청주의 효과가 배가되지요.

맛술

'조미술' 이라고도 하며, 고기나 생선의 비린내나 잡냄새를 제거하는 데 사용해요. 약간의 단맛과 감칠맛을 주고, 요리에 윤기를 더하기도 합니다. 맛술은 당분이 있기 때문에 맛술을 넣을 때는 설탕의 양을 조절해야 해요. 마트에 가면 판매되는 미정, 미향, 미림 등이 모두 맛술이에요.

카레가루

생선을 구울 때 밀가루와 반반씩 섞어 튀김옷을 입혀 굽기도 하고, 볶음밥이나 채소볶음에 넣기도 해요.

천연조미료

멸칫가루

멸치의 머리와 똥을 떼어내고, 기름을 두르지 않은 팬에 멸치를 1분 정도 달달 볶아 분쇄기나 믹서에 넣어 곱게 갈아요. 이때 멸치를 바삭하게 볶아야 잘 갈아져요.

새우가루

마른 새우는 기름을 두르지 않은 팬에 1분 정도 타지 않게 바삭바삭하게 볶아 분쇄기나 믹서에 넣어 곱게 갈아요. 새우가루는 한두 달 먹을 양만큼 넉넉히 만들어두어요.
천연조미료로 쓰는 새우가루를 만들 때는 주로 왕밥새우를 이용하는데요, 일반 마른 새우보다 단맛이 더 나요.

육수

육수를 우려서 국물 요리를 만들면 조미료가 필요 없지요. 게다가 깊은 국물 맛이 나서 요리 맛도 훨씬 좋고요. 쇠고기 육수, 닭 육수, 조개 육수, 멸치다시마 육수, 채소 육수, 가다랑어 다시마 육수 등 다양한 육수를 내서 먹는데 일반적으로 두루두루 쓰이는 육수는 멸치다시마 육수예요.

멸치다시마 육수 갖가지 요리에 두루두루 쓰이는 만능 육수.
재료 준비 멸치는 머리와 똥을 떼어내고, 다시마는 사방 10cm 크기로 준비하여 마른행주로 표면에 묻은 흰 가루를 닦아낸 다음 물에 담가 30분 정도 불려요.
만들기 기름을 두르지 않은 팬에 멸치를 넣어 강한 불로 볶다가 다시마와 다시마 우린 물을 함께 넣어 끓이다 다시마는 건져내고 10~15분 정도 더 끓여요. 거품을 걷어내고 체에 밭쳐 국물만 걸러내요.

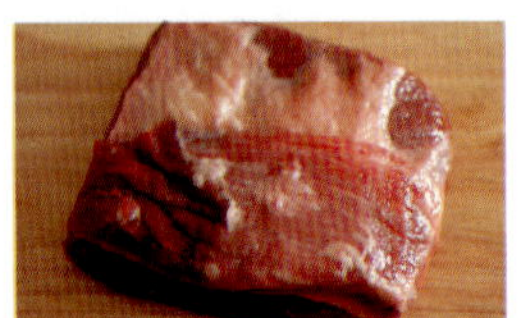

쇠고기 육수 시간이 오래 걸리므로 미리 만들어두었다가 냉동실에 한끼 분량씩 나누어 얼려 필요할 때마다 꺼내 쓰면 조미료가 필요 없는 천연 육수.
재료 준비 쇠고기는 양지나 사태를 구입해서 육수를 내야 해요. 쇠고기를 서너 시간 찬물에 담가 핏물을 빼는데, 찬물을 두세 번 갈아주어요.
만들기 큼지막한 냄비에 쇠고기를 넣고 쇠고기 300g당 10컵의 비율로 찬물을 부어 대파 1대, 마늘 3쪽, 통후추 20알 정도를 넣어 팔팔 끓여요. 불 조절을 잘해야 하는데 처음에는 강한 불로 끓이다가 팔팔 끓으면 불을 줄여 뚜껑을 덮고 뭉근하게 1시간 이상 끓여요. 이때 거품은 계속 걷어내야 맑은 육수를 낼 수 있어요.

채소 육수 냉장고에 있는 자투리 채소를 몽땅 넣어 끓인 건강 육수.
재료 준비 무, 당근, 양파, 양배추, 대파, 버섯 등을 손질해서 적당한 크기로 썰어요.
만들기 냄비에 채소와 다시마 1장을 넣고 채소 분량의 2배 정도의 찬물을 붓고 중간 불로 끓이다가 넘치려고 하면 약한 불로 줄여 20~30분쯤 더 끓여 거품을 걷어내고 체에 받쳐 육수를 받아내요.

닭 육수 닭 육수는 주로 중국 요리를 만들 때 사용하며 닭계장이나 칼국수와도 잘 어울리는 육수예요.
재료 준비 닭 1마리는 뼈를 발라내서 찬물에 30분 정도 담가 핏물을 빼요.
만들기 냄비에 닭의 뼈를 넣고 닭이 잠길 정도의 찬물을 부은 다음 대파 2대, 마늘 5쪽, 통후추 20알을 넣어 팔팔 끓여요. 뽀얀 국물이 우러나면 식혀서 기름을 걷어내고 베보자기에 받쳐 육수를 받아내요.

장류

고추장

매운맛을 좋아하는 한국인에게 없어서는 안 될 양념이죠. 여러 가지 매콤한 볶음이나 떡볶이 등의 요리를 할 때 필수 양념이랍니다. 시판되는 샘표 국산 고추장을 사용하는데, 적당히 매운맛에 국산 고춧가루를 사용해서 안심하고 먹고 있어요.

된장

소금, 간장, 고추장과 함께 자주 상에 오르는 기본 양념이므로 잘 선택하셔야 해요. 친정에서 얻어오는 된장을 기본 된장으로 먹지만 양이 부족해서 월순네 된상을 주문해서 함께 먹고 있답니다. 국산 콩과 천일염으로 만든 된장은 텁텁하지 않고 깔끔하고 깊은 맛을 내기 때문에 질리지 않고 먹을 수 있어요.

간장

국물 요리에 친숙한 우리나라는 국간장은 꼭 필요한 필수 양념이죠. 요새는 국간장도 시판되고 있어 쉽게 구입할 수 있어요. 제 책에 표기된 간장은 일반 진간장을 말하는 것이고, 국에 사용한 간장은 국간장이라 표기했어요.
볶음이나 조림에 넣는 일반 진간장, 국물 요리에 넣는 조선간장이 있어요. 진간장은 단맛과 구수한 맛이 나서 반찬을 만드는 데 주로 사용하고, 조선간장은 염분이 많아 국이나 찌개, 전골 등에 많이 사용합니다. 국은 꼭 국간장을 넣어야 맛이 나지요.
또 향신간장도 자주 사용해요. 국이나 전골 요리에 넣으면 깊은 맛을 더하는 국·전골용, 조림이나 찜, 볶음 요리에 넣으면 감칠맛을 내는 조림·찜·볶음용 두 가지예요. 국·전골용은 조선간장에 국산 멸치와 새우, 다시마, 표고버섯 농축액과 국산 홍합, 미더덕, 게 등의 해물 농축액, 국산 채소 농축액을 넣은 맛간장이고요. 조림·찜·볶음용은 양조간장에 한우, 배, 사과, 양파, 생강, 마늘 등 100% 국산 천연 양념을 1시간 이상 달여 만든 프리미엄 간장이에요.

간장 공식

진간장=양조간장=왜간장=파는 간장 ➡
무침이나 조림에 사용

국간장=청장=집간장=조선간장=집에서 만든 간장 ➡
국물 요리, 나물볶음 등에 사용

오일

올리브오일

올리브오일도 여러 종류가 있는데요, 맛과 향이 가장 뛰어난 100% 엑스트라 버진 올리브오일을 주로 쓰고 있어요. 샐러드에 많이 사용하고 소스나 드레싱, 부침이나 볶음 요리에도 활용하고 있어요.

식용유

콩기름이나 옥수수기름을 일반적으로 식용유라고 부르지요. 올리브오일이나 포도씨오일에 비해 비교적 저렴한 데다 여러 요리에 두루 쓰여요. 올리브오일은 발연점이 낮아 쉽게 타기 때문에 튀김 요리에는 치명적인 약점을 갖고 있지만 식용유는 튀김 요리에도 사용할 수 있어요. 또 포화지방의 비율이 낮은 카놀라유나 비타민 E가 콩기름이나 옥수수기름보다 70배 정도 풍부하다는 포도씨오일도 튀김기름으로 적당해요.

소스류

굴소스

굴 추출물로 만든 독특한 향의 소스로 중국 요리에 많이 들어가는 소스예요. 중국 요리를 만들 때만 소량씩 사용하세요. 굴소스 대신 참치진국을 넣으면 얼추 비슷한 맛을 낼 수 있어요. 굴소스는 일반 간장과 함께 소량씩 사용하면 음식의 감칠맛을 내어 주로 볶음이나 국물 요리, 볶음밥 등에 넣어요.

두반장 소스

누에콩을 발효시켜 만든 된장에 마른 고추나 향신료 등을 넣은 것으로 독특한 매운맛과 향기가 나는 중국풍의 고추장이에요. 고추잡채나 짬뽕, 마파두부와 같은 중국 요리에 사용해도 좋고, 돼지주물럭이나 매콤한 볶음 요리 등 한식 요리 양념으로도 잘 어울려요. 중국 요리를 만들 때 굴소스와 함께 구비해두면 요긴하게 사용할 수 있어요.

바비큐 소스

서양 요리에 자주 등장하는 소스예요. 닭이나 돼지고기 요리에 적절히 사용하면 음식의 맛을 한껏 살려주고 외식으로 먹는 요리와 비슷한 맛을 내요. 립 바비큐를 만들 때도 밖에서 사 먹는 맛 그대로 집에서 만들 수 있어요.

돈가스 소스

돈가스나 스테이크를 먹을 때 곁들이면 좋은 소스예요. 그냥 먹으면 신맛이 강해서 양파나 채소, 파인애플, 사과잼 등 다른 소스를 조금 가미해 먹으면 더욱 맛있어요. 스테이크 소스에 머스터드 소스를 섞거나, 돈가스 소스에 참깨를 곱게 갈아서 섞어도 아주 좋아요.

핫소스

톡 쏘는 향과 매운맛이 나는 소스로, 멕시코의 작고 매운 홍고추로 만든 소스예요. 스파게티나 피자 등의 요리를 더욱 개운하게 먹을 수 있어요. 특유의 매운맛이 음식의 느끼한 맛을 없애줘요. 소금과 식초가 가미된 맛이라 짭짤하면서도 새콤하게 톡 쏘는 칼칼한 맛이에요. 일반 요리에 다른 소스와 섞어서 사용하기도 해요.

머스터드 소스

'양겨자'라고도 불리는 머스터드 소스는 햄버거나 핫도그, 샌드위치 등을 만들 때나 소시지나 고기, 각종 튀김과 함께 먹으면 느끼한 맛이 덜하죠. 머스터드에 마요네즈와 꿀을 섞으면 달콤한 맛의 허니 머스터드 소스가 만들어집니다. 샐러드 드레싱에 마요네즈와 함께 조금씩 넣으면 색깔도 곱고 깔끔한 맛이 나서 자주 사용한답니다.

파르메산 치즈가루

주로 편하게 쓸 수 있는 가루로 된 것을 사용해요. 약간 짭짤한 맛과 고소한 치즈 향이 피자나 스파게티 등에 곁들여 먹거나 소스에 함께 넣어 조리해도 훌륭한 맛을 내요. 쿠키나 빵, 수프 등에 넣으면 치즈 향을 더하는데, 사용하고 남은 것은 꼭 냉장 보관하셔야 돼요.

성실댁 수납장 대공개

맛깔스러운 요리를 만들어주는 대표선수들은 바로 요리 도구. 성실댁이 애용하는 주방 도구들이 총출동했어요.
수십만 원, 수백만 원의 제품을 구입하더라도 본인이 활용법을 모르면 무용지물이라는 신조를 갖고 있는 성실댁은
비싸지 않아도 품질이 훌륭한 요리 도구를 쏙쏙 골라내는 눈썰미도 겸비했답니다.

냄비

늘 중저가의 저렴한 주방 기구를 사용하고 그것도 부족함 없이 잘 사용하면서 스스로 만족하고 살았어요, 그런데 블로그를 시작하고 유명세를 타면서 건강과 환경을 생각해서 친환경 조리 도구를 사용하는 게 어떻겠느냐는 주변의 의견도 듣고 수입 주방 기구를 접할 기회도 생겼지요. 하지만 누구나 다 아는 수입 브랜드보다는 물건은 좋지만 아직 많은 사람들에게 알려지지 않은 좋은 제품이나 가격대비 성능이 우수한 제품을 찾아내어 알리는 것도 중요하다고 생각해요. 그래서 요리의 기본 도구 중 기본인 냄비만큼은 수입 브랜드에서부터 중저가 브랜드, 토종 국내 브랜드까지 다양한 브랜드를 사용하고 있어요. 그런데 기본적으로 편수냄비와 양수냄비 또 2인용 냄비부터 큰 냄비까지 다양한 사이즈의 냄비를 갖추는 것이 요리하는 데 도움이 되더라고요. 요즘에는 가급적 스테인리스 스틸로 된 냄비를 사용하려고 노력해요.

프라이팬

프라이팬 하나로 만든 요리책도 있지요. 프라이팬은 필수 요리 도구 중 하나예요. 예전에는 코팅 팬을 사용했었는데 요즘에는 스테인리스 스틸 프라이팬을 애용해요. 처음에는 코팅 팬에 익숙해서 사용하기 쉽지 않았어요. 오죽하면 스테인리스 스틸 팬을 쓰다가 처박아둔 코팅 팬을 다시 꺼내 쓰기도 했다니까요. 스테인리스 팬은 처음에 길들이기가 쉽지 않지만 한번 손에 익혀 잘 길들이며 건강한 요리를 만들 수 있답니다.

[Tip] 스테인리스 팬을 사용한 후에는 그때그때 수세미로 살살 닦아서 말려둬요. 옆 부분이 노랗게 되어 보기 흉하다는 분들도 많은데요, 쓰자마자 물에 잠시 담가두었다가 옆 부분은 세제를 살짝 묻혀서 철수세미로 문질러 닦으며 몇 달 사용했더니 괜찮더라고요.

압력솥

요즘에는 전기밥솥의 기능이 몰라볼 정도로 향상되어 전기밥솥만 믿어도 차지고 윤기가 흐르는 밥을 뚝딱 만들 수 있는데요, 그래도 압력솥 하나는 필요하답니다. 나물밥이나 무밥, 약밥을 짓기도 하고 닭을 푹 고아 육수를 낼 때도 요긴하게 쓰고 있어요. 명절상에 오르는 쇠갈비찜도 압력솥이 없으면 안 되지요. 살이 흐물거릴 정도로 푹 고아야 제맛이 나는 삼계탕도 압력솥에 꼭 끓여야 하는 요리예요, 겨울철 남편이 좋아하는 대추차도 압력솥에 끓여요.

오븐

저희 집에 최신형 가전제품이 많을 거라고 오해하시는 분들이 많아요. 그렇지만 보시면 놀라실 정도로 소박하답니다. 오븐만 해도 미니 오븐을 사용하고 있어요. 컨벡스 오븐을 몇 년간 애용하고 있는데요, 크기는 작지만 어지간한 오븐 요리나 베이커리를 굽는 데 끄떡없답니다. 이 오븐 덕분에 주변의 고마운 분들께 정성스레 만든 과자와 빵을 선물해 드릴 수 있었고 사랑하는 아이들에게 해주는 간식의 양과 질도 향상됐거든요. 덩치도 작아서 자리를 차지하지 않아 주방을 넉넉히 쓸 수도 있고요.

인덕션레인지

요즘 제가 빠져 있는 요리 도구 중 하나가 인덕션레인지예요. 즉 레인지 상판 아래 코일에 전류를 보내면 자력선이 발생하고 이 자력선이 상판 위에 놓인 냄비의 바닥을 통과할 때 냄비 재질에 포함된 냄비의 철 성분에 의해 전류를 생성하여 열을 발생시킨대요.

인덕션레인지의 가장 큰 장점이자 단점은 용기를 깐깐하게 선택한다는 것이죠. 즉 스테인리스, 철, 주철, 법랑을 입힌 철 등의 자성이 있는 바닥으로 된 그릇들만 사용할 수 있어요. 자성이란 자석에 붙는 것을 말하는데요, 냉장고 자석을 붙였을 때 붙으면 인덕션레인지에 사용할 수 있는 것이고, 붙지 않으면 사용할 수 없는 거예요. 또 용기의 크기가 지름 12~21cm라면 모두 사용할 수 있어요.

인덕션레인지의 장점이라면 조리 시간이 단축된다는 점이지요. 가스 불과 같은 양의 물을 끓였을 경우 가스 불에서는 2분 50초 만에 물이 끓었지만 인덕션에서는 1분 50초 만에 끓더라고요. 또 까다로운 불 조절의 스트레스도 덜 수 있고요. 여열의 발생이 적어 조리할 때 덥지 않아 여름철에 애용하게 되더라고요. 가족들이 모였을 때나 손님상에 위험한 버너 대신 상에 올려 샤브샤브 등 냄비 요리나 구이 요리를 둘러앉아 먹기 좋다는 거예요. 게다가 가스레인지 청소하려면 한숨부터 나왔지만 인덕션 레인지는 청소하기도 아주 간편하고 쉬워요.

전기세 걱정하시는 알뜰 주부님도 계실 텐데요, P-6 화력으로 하루 1시간 사용하면 한 달에 3,300원 정도의 전기세가 나온다고 하니 겁내지 마세요.

찜기

복기, 끓이기, 굽기, 데치기, 삶기, 튀기기 등 다양한 조리법이 있어요. 이 중 식재료의 맛을 그대로 전하고 담백한 맛을 살리는 건강 조리법은 '찜'이에요. 즉 조리할 때 재료를 물속에 넣지 않고 가열된 수증기가 식품 재료의 사이사이로 전해져서 식품이 간접적으로 가열되는 조리법인데요, 예전에는 커다란 냄비에 망을 걸쳐서 찜 요리를 만들었는데 좀 불편하더라고요. 그래서 전기 찜기를 구입했어요. 3단으로 되어 있어 많은 양을 찌기에도 편하고 재료만 준비해서 설정만 해두고 다른 요리를 해도 되기 때문에 편리하답니다. 플라스틱 용기라 살짝 걱정했지만 환경호르몬이 검출되지 않는 재질이라니 안심이에요. 또 건조 상태 가열 방지 기능이 있어서 물 탱크에 물이 없거나 부족한 상태가 되면 자동으로 꺼지는 안심 기능도 있어요. 찜기로는 달걀찜, 만두, 쑥개떡을 만들기도 하고 양배추나 호박잎, 감자, 호박도 찌고, 콩나물 같은 채소를 데치기도 하고 생선이나 고기를 향을 내는 채소와 함께 쪄서 먹기도 해요. 또 젓가락과 숟가락을 소독하기도 하고 스팀타월을 만들 때도 요긴하게 사용하고 있어요.

믹서

요즘에 이 녀석 없으면 할 수 있는 요리가 줄어들어요. 그만큼 주방에서 맹활약하는 효자 도구예요. 찬밥이랑 액젓을 넣고 갈아 김치도 만들고, 콩을 갈아 콩비지찌개도 끓이고, 감자 넣고 갈아 감자전도 부쳐 먹어요. 또 웬만한 소스나 드레싱을 만들 때도 없으면 정말 섭섭하지요. 그야말로 만능조리기예요.

칼

칼에 대한 관심이 없다면 새빨간 거짓말이에요. 재료를 반듯반듯하게 썰어야 보기에도 좋고 간도 골고루 배어드니 칼만큼은 제대로 갖춰 놓아야합니다. 채소용, 육류용, 생선용으로 나눠 써야 좋다고 하는데, 쓰다 보면 항상 손에 익은 칼만 쓰게 되더라고요. 마트에서 파는 칼을 사용하다가 3년 전에 여러 요리 고수들이 추천하는 쌍둥이칼을 장만했어요. 날을 잘 세운 칼로 감자채를 균일한 모양으로 써는 맛이 너무 신나요.

핸드믹서

집에 있는 미니 오븐으로 아이들 간식을 자주 만들어주는데요, 되도록이면 기구 안 쓰고 내 힘으로 해보자면서 버티고, 버티다가 장만해서 잘 쓰고 있어요. 빵이나 쿠키, 케이크 구울 때 밀가루를 힘들이지 않고 반죽할 수 있는 반죽 기능과 머핀이나 생크림 만들 때 사용하는 휘핑 기능이 있고요. 5단 속도 조절 스위치가 있어서 요리에 맞춰 다양하게 사용할 수 있어 편리해요.

그릇

식재료에 대한 욕심은 많은데, 이상할 만큼 그릇에는 별다른 신경을 쓰지 않고 관심도 적은 사람이 저예요. 늘 그 그릇이 그 그릇이에요. 평범하다 못해 소박하고, 막 이야기하면 형편없는 주방에서 정신없이 요리하고 살림을 하고 있지요. 그릇은 주로 2001아울렛이나 온라인으로 모던하우스를 검색해서 구입하곤 해요. 가끔 지인들에게 선물을 받기도 하고요.

냉장고 100% 사용법

냉장고 정리 공식

하나, 나만의 칸칸 정리 공식을 세운다

칸칸마다 동일 식재료를 넣어 똑똑하게 사용하세요. 문(도어 포켓) 쪽 윗부분에는 달걀, 요구르트 등 작은 물건을 넣고요, 아래 칸으로 갈수록 물병이나 우유 등 무거운 물건을 넣어두세요.

냉장고 안에는 가장 아래쪽에 큼직한 반찬통을 넣고 그 위로 자주 꺼내 먹는 작은 반찬통들을 넣어요. 저는 맨 위 칸에는 반찬, 그 아래 칸은 식재료, 맨 아래 칸에는 김치나 된장, 고추장 등을 넣어둬요.

냉장고는 70% 정도만 채워야 냉기가 잘 돌아 제 기능을 수행한답니다.

둘, 속이 훤히 보이는 밀폐용기나 비닐팩 등을 활용한다

냉장고 안에 어떤 음식, 식재료들이 들어 있는지 까맣게 잊게 되는 경우가 있어요. 가능한 한 속이 훤히 보이는 밀폐용기나 비닐팩에 담아두면 상해서 버리는 낭패를 면할 수 있어요.

셋, 냉장고 문에 항상 메모 용지를 붙여놓는다

냉장고 안에 들어 있는 식재료 리스트를 적어두면 편리할 뿐만 아니라 잊어버려 먹지 못하는 식재료를 줄일 수 있어요. 또 유통기한이 긴 소스들은 구입할 때 유효기간을 적어 냉장고 문에 붙여놓아요.

넷, 냉장고 안에는 탈취제를 넣어둔다

시판되는 냉장고 전용 탈취제나 숯 등을 넣어두거나 물에 우린 녹차 잎, 커피를 내린 원두 등을 넣어도 냄새가 사라져요.

Tip 냉장고 청소법 물이 생겨 쉽게 더러워지는 채소실은 냉장고에서 꺼내 물로 깨끗이 씻은 후 마른 행주 등으로 물기를 말끔하게 닦아 채소를 넣으세요. 칸막이 선반이나 도어 포켓은 젖은 행주에 식초를 살짝 적셔 닦은 다음 따뜻한 물로 다시 한 번 닦아요. 고무 패킹 부분은 때가 잘 닦이지 않는데 세제를 묻힌 칫솔이나 수세미로 살살 문질러가며 닦으세요.

김치냉장고 활용법

김치냉장고는 말 그대로 김치를 넣어두는 전용 냉장고이지만, 요즘은 다양하게 활용되지요. 쌀 보관 기능을 이용하면 쌀의 수분을 뺏기지 않고 1~2개월 정도 맛있게 보관할 수 있어요. 와인도 신문지로 싸서 냉장고 벽에 닿지 않게 보관하면 되고요. 상자째 구입하면 이득인 배, 사과 등의 과일도 김치냉장고에 넣어두면 좋아요.

냉장고 단골 식재료 보관법

피망 신문지에 하나씩 싸서 비닐팩에 넣어 채소실에 두세요. 장기간 먹으려면 길이대로 세로로 잘라 끓는 소금물에 살짝 데쳐 냉동 보관하면 돼요. 1개월 정도 보관할 수 있어요.

쑥갓 잎 끝이 마르지 않도록 축축한 신문지로 싸서 비닐팩에 넣어 냉장고에서 보관하세요. 보관 기간은 이틀 정도로 짧으니 가능한 한 빨리 드세요.

무 자투리 무는 랩으로 단면을 감싼 후 냉장고에서 3~4일간 보관할 수 있어요. 이때 냉장고에 세워서 보관하세요.

당근 비닐팩에 담아 냉장고 채소실에 세워서 보관하세요.

시금치 잎이 마르지 않도록 물을 뿌린 축축한 신문지에 싸서 비닐팩에 넣어 냉장고 채소실에 보관하세요. 냉동실에 보관하려면 끓는 물에 소금을 넣고 데쳐 모양대로 길게 펴서 랩으로 돌돌 말아 냉동실에 넣어두면 돼요.

양배추 통양배추는 비닐팩에 넣어 냉장고 채소실에 보관하세요. 썰어놓은 것은 랩으로 공기가 통하지 않도록 꼼꼼히 싸서 보관하세요.

부추 신문지나 키친타월로 싼 다음 랩으로 다시 한 번 싸서 냉장고에 세워서 보관하세요. 2~3일 내에 드셔야 해요.

깻잎 물기를 없앤 후 키친타월로 싸고 랩으로 싼 후 냉장고에 보관하세요.

브로콜리 비닐팩에 넣어 냉장고에 넣어두세요. 브로콜리는 선도가 금세 떨어지는 채소이니 구입한 후 빨리 드세요.

오이 냉장고에 그대로 넣어두면 수분이 마르거나 얼기도 하므로, 냉장 보관보다는 서늘한 곳에 두는 것이 좋아요. 냉장 보관해야 한다면 신문지에 싸서 비닐팩에 넣어 채소실에 두세요.

콩나물·숙주나물 손질하여 비닐팩이나 밀폐용기에 담아 냉장고에 넣어두세요.

연근 신문지로 싸서 비닐팩에 넣어 냉장고에 보관하세요.

팽이버섯 진공팩에 포장되어 있는 것은 냉장고에서 일주일 정도 보관할 수 있어요.

표고버섯 밀폐용기에 담아 냉장고에 넣어두세요. 생표고버섯은 쉽게 상하므로 구입한 후 빨리 드세요.

양상추 비닐팩에 넣어 냉장고에 넣어두세요.

> **Tip**
>
> **달걀은 꼭 냉장고에 넣어두세요!**
>
> 달걀은 뾰족한 쪽이 아래로 향하도록 냉장고에 넣어 보관하세요. 그래야 신선한 상태로 한 달 동안 먹을 수 있어요. 상온에 두면 신선도가 빨리 떨어져요.

사과 장기간 보관하려면 하나씩 랩으로 싸서 채소실에 넣어 보관하거나, 하나씩 쿠킹포일로 싼 후 다시 랩으로 싸서 김치냉장고에 넣어두세요.

복숭아 너무 차게 보관하면 맛이 떨어지므로 먹기 직전에 냉장고에서 잠시 두었다가 드세요.

수박 자른 것은 자른 단면을 랩으로 싸서 냉장고에 보관하세요.

딸기 물에 씻지 말고 랩으로 싸서 냉장고 채소실에 보관하세요.

키위 숙성된 키위는 비닐팩에 넣어 냉장고 채소실에 넣어두세요.

배·감 비닐팩에 넣어 냉장고 채소실에 보관하세요.

멜론 덜 익은 것은 숙성될 때까지 상온에 두고, 잘 익은 것은 냉장고에 넣었다가 먹기 직전에 냉장고에서 꺼내 드세요.

Tip

채소와 과일의 맛있는 온도를 찾아라!
13~15℃ 바나나, 고구마, 생강
10~15℃ 수박
10℃ 전후 호박, 피망
8~10℃ 오이, 토란, 산마
7~10℃ 가지, 토마토
8℃ 전후 감자
0℃ 전후 시금치, 당근, 양배추, 브로콜리
0℃ 배추, 양파, 무, 대파, 양상추, 딸기

냉장고에 보관하지 않는 식재료

마늘 바람이 잘 통하는 곳에 매달아 보관하세요.

생강 축축한 신문지에 싸서 상온에 보관하고, 간 생강은 냉동고에 넣어 얼려두세요.

감자 신문지에 싸서 서늘하고 빛이 닿지 않는 곳에 두세요. 이때 사과와 함께 신문지로 싸두면 사과가 뿜어내는 에틸렌의 작용으로 감자 싹의 성장을 억제하기 때문에 보존 기간이 늘어나요.

고구마 신문지에 싸서 서늘하고 빛이 닿지 않는 곳에 보관하세요. 사용하고 남은 것은 랩으로 싸서 냉장고에 넣어두세요.

바나나 부딪히면 그 부분부터 쉽게 상하므로 가급적 매달아 보관하면 좋아요.

토란 추위와 건조에 약한 토란은 신문지로 싸서 서늘하고 빛이 닿지 않는 곳에 보관하세요.

우엉 흙이 묻어 있는 채 신문지로 싸서 서늘하고 빛이 닿지 않는 곳에 두고, 물에 씻은 우엉은 냉장실에 넣어두세요.

대파 신문지로 싸서 서늘하고 빛이 닿지 않는 곳에 보관하세요. 또는 잘게 썰어 한끼 분량씩 냉동시키면 편리해요. 냉동시킨 파는 한 달 정도 보관할 수 있어요.

양파 망에 넣어 서늘하고 건조한 곳에 두세요. 또는 채썰어 갈색이 나도록 볶은 다음 비닐팩에 잘 싸서 냉동시켰다가 필요할 때 꺼내 써도 좋아요.

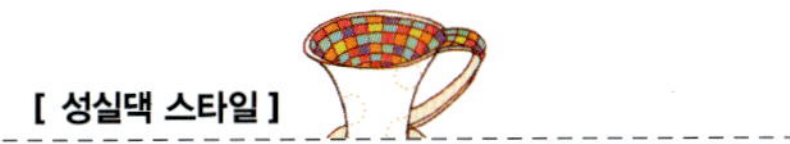

성실댁이 귀띔하는 쿠킹 팁

남은 튀김기름 처리법

튀김 요리는 정말 맛있어요. 튀김이나 치킨 등 튀긴 음식들은 밖에서 거의 사먹지 않고 집에서 해 먹어요. 그런데 튀김 요리를 하면 남은 튀김기름을 처리하는 게 매번 귀찮잖아요. 그래서 방법을 알려드리려고요.

하나, 튀김용 팬은 작고 오목한 것을 쓴다
큰 튀김 팬을 사용하면 기름을 많이 사용하게 되므로 지름이 15cm 정도인 작은 튀김 전용 팬을 구입하세요.

둘, 하루에 두 번 튀김 요리를 해 먹는다
점심에 채소튀김을 먹었다면 저녁에는 생선이나 새우 등을 튀겨 튀김기름을 하루에 두 번 사용해요. 이때 샐러드를 곁들여 건강한 밥상을 차리세요.

셋, 키친타월을 재활용한다
부엌에서 늘 쓰는 키친타월을 사용하고 버리기 전에 튀김 팬의 남은 기름을 흡수시킨 다음 버리세요.

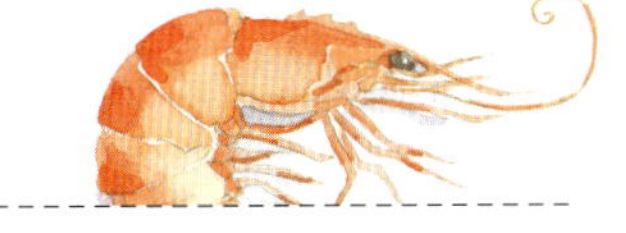

넷, 우유팩을 준비한다
튀김 팬을 얼른 씻어서 제자리에 두고 싶다면 우유팩에 튀김기름을 부어요. 주방 한쪽에 우유팩을 두었다가 사용한 키친타월을 우유팩에 넣어요.

양념한 쇠고기 보관법

양념한 불고기는 그날 양념하여 다 먹으면 좋겠지만 만약 남았을 때 활용할 수 있는 보관법을 알려드릴게요.

하나, 3일 이내로 먹을 것 같으면 유리 용기에 담아 냉장 보관한다

둘, 3일 이내로 먹지 못할 것 같으면 냉동 보관한다

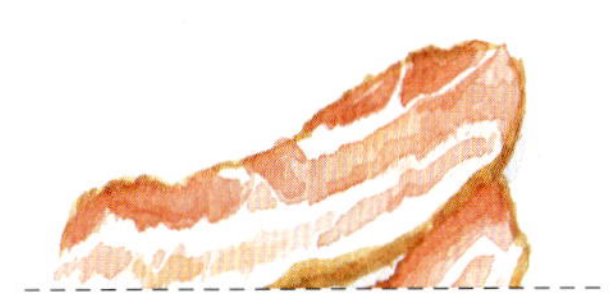

비닐팩에 한 번 먹을 양만큼씩 담아 평평하게 펴요. 이렇게 해야 해동하는 시간이 적게 들어요. 쇠고기를 넣은 팩을 냉동실에 얼려두었다가 요리하기 1~2시간 전에 실온에 꺼내 해동하세요. 만약 다음 날 아침에 먹을 생각이라면 전날 밤에 냉동실의 고기를 냉장실로 옮겨 자연스럽게 해동하는 게 가장 좋답니다.

NAT
KEIN
ALCPEPPER
CONTEMPORARY
M

1 냉장고만 열면 뚝딱!
성실네 반찬가게

'오늘 저녁 뭐 먹지?' 라는 고민을 해결해줄 반찬들을 소개합니다. 채소 반찬, 생선 반찬, 고기 반찬, 계절 반찬, 일 년 내내 먹어도 물리지 않는 반찬…. 성실댁 비밀 레시피에 숨겨두었던 저렴하고 맛있는 서민 반찬을 공개합니다. 입맛대로 골라 저녁 밥상에 올려보세요.

누구나 좋아하는 국민 반찬

감자 어묵볶음

재료도 착하고 양념도 늘 있는 걸 쓰면 되는 요리예요. 감자와 어묵만 볶아도 되는데
양파를 넣으면 설탕 대신 맛있는 단맛을 낼 수 있어요. 감자 어묵볶음 한 접시만 있으면
쌍둥이도 남편도 아주 맛있게 밥 한 그릇을 뚝딱 비워요.

 25분  2~3인분

 **Ingredients**

주재료 감자(작은 것) 4개, 양파(중간 것) 1/2개, 사각어묵 1장

양념 재료 올리브오일 3, 맛술 2, 간장 2, 물엿 1, 참기름 0.5, 통깨 1

1 감자 4개, 양파 1/2개는 껍질
을 벗겨 가늘게 채썰고, 사각
어묵 1장도 가늘게 채썰고,

2 은근히 달군 팬에 올리브오일
을 3 정도 두르고,

3 감자와 양파를 넣고 올리브오
일이 골고루 묻도록 중간 중간
나무 주걱으로 뒤적이며 중간 불
로 볶다가,

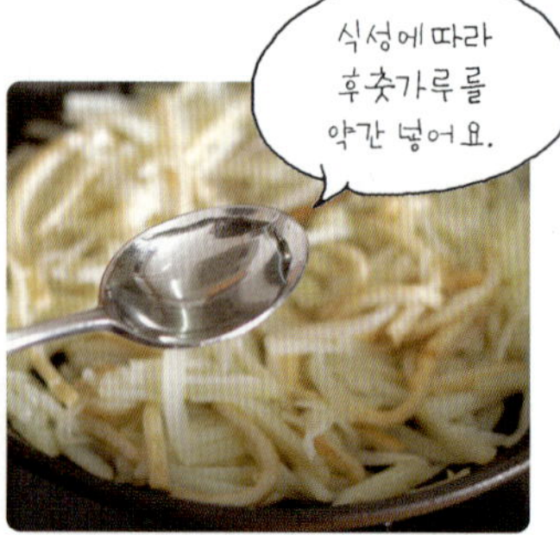

4 감자와 양파가 투명해지면 어
묵을 넣어 중간 불로 볶아 익
으면 맛술 2, 간장 2, 물엿 1을 넣
어 살짝 볶은 후 참기름 0.5, 통깨
1을 넣어 버무리면 끝.

Cooking Tip 볶음 요리할 때 팬을 은근히 달군 후에 기름을 둘러야 팬
바닥에 재료들이 눌어붙지 않아요. 볶음용 기름은 식용유나 올리브오일이 적당한데,
올리브오일로 볶으면 더 촉촉하고 부드럽고 느끼한 맛도 덜하더라고요.

감자전

강판에 벅벅 갈아 부친 감자전은 들인 수고에 비해 먹는 것은 순식간이라 조금 허무해지는
요리이긴 하지만 식구들이 잘 먹어준다면 매일 강판에 감자를 갈아 팔이 무처럼 두꺼워진다
해도 행복해요. 믹서에 갈면 특유의 감칠맛이 사라지므로 감자전의 맛은 강판이 비결입니다.

 35분  4인분

Ingredients

주재료 감자(중간 것) 5개(약 500g),
송송 썬 대파(또는 쪽파) 1줌, 소금
0.5, 후춧가루 약간, 식용유(또는 포
도씨오일) 넉넉히

Cooking Tip

어른을 위한 감자전에는 청양고추 1개를 송
송 썰어 넣고 부치면 매콤하니 맛있어요. 쫄
깃하게 씹히는 맛이 좋은 버섯을 잘게 썰어
넣어도 좋고요. 감자전에는 초간장, 양념 간
장, 부추 간장, 달래 간장을 곁들이세요.

1 감자 5개는 껍질을 벗겨 물에
씻은 후 강판에 거칠게 갈고,
체에 밭쳐 숟가락으로 살살 눌러
가며 국물과 건더기를 나누고, 건
더기는 따로 두고,

2 국물은 녹말이 하얗게 가라앉
도록 잠시 두었다가,

3 녹말이 가라앉으면 위의 맑은
물은 조심스레 따라 버리고,
감자 건더기를 녹말에 넣고 대파 1
줌과 소금 0.5, 후춧가루를 약간
넣고,

4 충분히 달군 팬에 식용유를 넉
넉히 두르고 감자전을 한 숟가
락씩 떠 넣어 동그란 모양을 잡아
한쪽 면이 완전히 익으면 뒤집어
마저 익히면 끝.

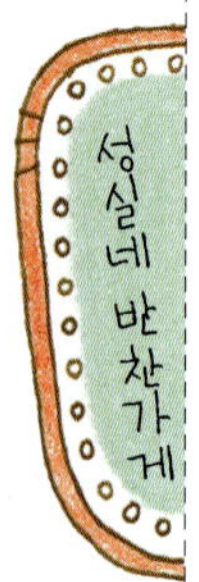

기름기를 쏙 빼서 담백한

감자채무침

감자는 주로 볶아 드시잖아요. 식용유 두르고 볶은 감자 요리가 부담스럽다면 아삭아삭한
무침은 어떨까요? 감자는 하지감자가 나올 때 제일 맛있긴 하지만 일 년 내내 먹을 수 있는 식재료이니
몇 가지 비장의 메뉴를 알아두면 밥상 차리기 고민이 한결 덜어져요.

15분　　2~3인분

Ingredients

주재료　　감자(중간 것) 2개, 굵은소금 0.5, 청양고추 1개

양념 재료　　소금 0.3, 다진 마늘 0.3, 참기름 1, 검은깨 0.3

1 감자 2개는 껍질을 벗겨 일정
한 두께로 채썰고,

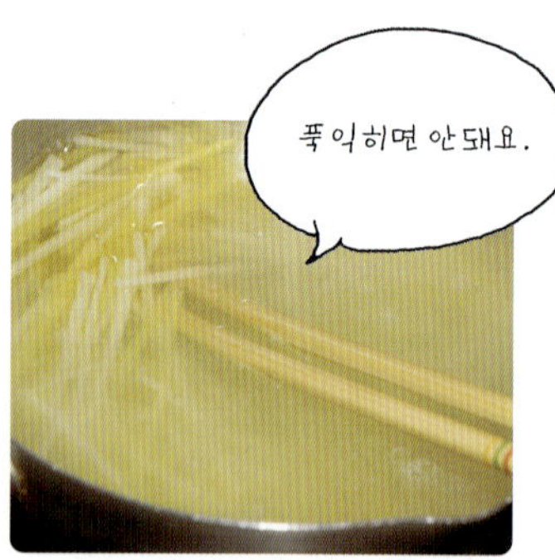

2 끓는 물에 굵은소금 0.5를 넣
고 채썬 감자를 넣어 데치고,

3 데친 감자는 체에 받쳐 물기를
빼고,

4 큰 볼에 데친 감자를 넣고 청
양고추 1개를 송송 썰어 소금
0.3, 다진 마늘 0.3, 참기름 1, 검
은깨 0.3을 넣고 살살 무치면 끝.

Cooking Tip **감자를 데쳐** 찬물에 헹구면 맛이 없어요. 또 날치알과 마요
네즈를 살짝 넣어 무쳐도 고소해요.

감자채 카레볶음

우리집은 카레를 즐겨 먹어요. 감자볶음에도 카레를 넣었더니
카레 향이 솔솔 나며 식욕을 돋우고 소금 간을 세게 하지 않아도 되더라고요.
카레밥 만들고 남은 카레가루로 별미를 만들어보세요.

 35분  3인분

Ingredients

주재료 감자채 3줌(약 350g), 양파(중간 것) 1/2개, 식용유 적당량

부재료 초록 피망·빨강 피망 약간씩

양념 재료 카레가루 2, 소금·후춧가루 약간씩, 통깨 0.5

Cooking Tip

냉장고에 피망이 있어서 넣었어요. 없으면 꼭 넣지 않아도 되는 게 부재료예요. 대신 주황색 당근을 넣어도 먹음직스러워요.

1 양파 1/2개와 초록 피망과 빨강 피망을 약간씩 감자와 같은 두께로 채썰고,

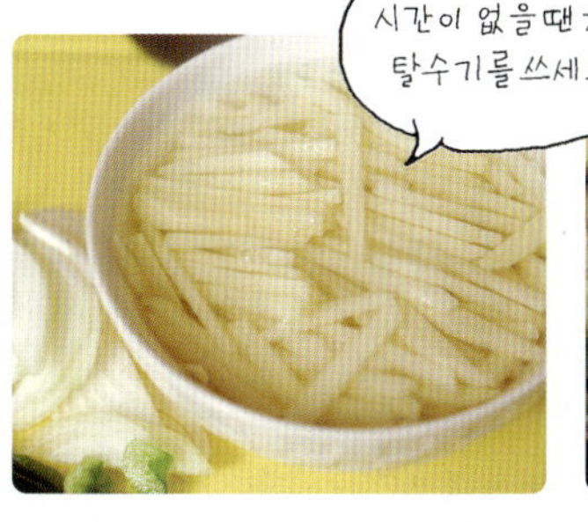

2 감자채 3줌은 찬물에 두어 번 헹궈 녹말기를 빼고 물에 5분 정도 담가 체에 받쳐 물기를 빼고,

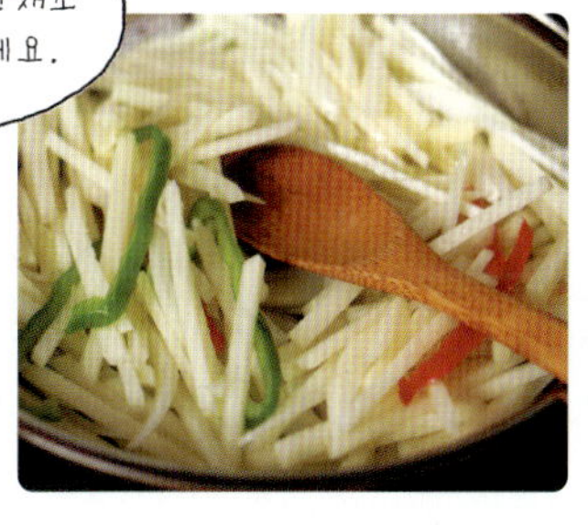

3 달군 팬에 식용유를 두르고 채썬 양파를 넣고 달달 볶다가, 감자채와 피망을 넣어 볶다가 감자가 어느 정도 익으면,

4 카레가루 2를 체에 내려 멍울 없이 솔솔 뿌려 감자에 간이 배면 소금과 후춧가루로 간하고 통깨 0.5를 뿌리면 끝.

두부 김치

흔하게 먹는 두부와 김치 정도만 있으면 쉽게 만들 수 있는 요리예요. 돼지고기를 넣어 만들면 좋지만,
준비한 게 없다면 참치 통조림을 넣어 만드세요. 따끈하게 데운 두부에 바짝 볶은 김치를 올려 먹으면
밥반찬으로도 그만이지만, 남편은 술을 부르는 맛이라고 하더군요. 술도 못 마시는 사람이요.

Cooking Tip 김치는 **묵은지로** 볶아야 제맛이 나요. 덜 익은 김치로 만들면 맛은 조금 덜해요.

 15분　 2~3인분

Ingredients

주재료　배추김치 2줌(약 1/2포기), 참치(통조림) 1통, 두부 1모, 식용유 1, 소금 약간

양념 재료　고춧가루 0.5, 맛술 1, 설탕 0.5, 참기름 1, 통깨 1

1 김치 2줌은 먹기 좋게 썰고, 참치 통조림 1통도 국물을 쏙 빼고,

2 달군 팬에 식용유 1을 두르고 김치를 넣어 볶다가, 고춧가루 0.5, 맛술 1, 설탕 0.5를 넣어 볶고,

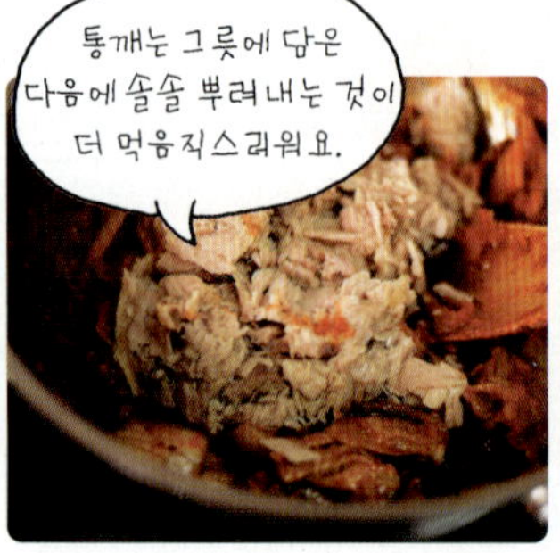

3 김치가 어느 정도 익으면 참치를 넣고 살짝 볶아 참기름 1, 통깨 1을 넣으면 김치볶음은 완성.

4 두부 1모는 끓는 물에 소금을 약간 넣고 데워 먹기 좋게 썰어서 김치와 함께 접시에 담으면 끝.

두부조림

친정에 가서 먹어본 조선간장으로 맛을 낸 두부조림을 따라 했어요. 친정집에 가면 왜 그렇게 밥을 많이 먹게 되는지…. 엄마네 두부조림은 때깔도 반지르르하지 않고 모양도 볼품없지만 밥 한 그릇을 뚝딱 비우게 해요. 역시나, 엄마 맛 내려면 내공이 더 필요할 것 같아요.

 20분  4인분

Ingredients

주재료 두부 1모(약 400g), 양파 1/4개, 대파 1/3대, 멸치다시마 육수 1컵+1/2컵, 식용유 적당량

양념 재료 조선간장(국간장) 2, 간장 2, 고춧가루 0.5, 맛술 2, 다진 마늘 1, 물엿 1, 소금·후춧가루 약간씩, 참기름 적당량

Cooking Tip

국물이 자작하게 있어 밥에 두부와 국물을 얹어 비벼 먹어도 맛있어요. 멸치다시마 육수는 꼭 넣으셔야 해요.

1 두부 1모는 넓적하게 썰어 충분히 달군 팬에 식용유를 두르고 앞뒤로 노릇하게 부치고,

2 양파 1/4개는 굵직하게 채썰어 냄비에 깔고,

3 양파 위에 지진 두부를 켜켜이 올리고, 조선간장 2, 간장 2, 고춧가루 0.5, 맛술 2, 다진 마늘 1, 물엿 1을 넣고,

4 멸치다시마 육수 1컵+1/2컵을 붓고, 대파 1/3대를 송송 썰어 넣고 국물의 양이 반이 될 때까지 바글바글 끓여 소금과 후춧가루로 간을 하여 참기름을 두르면 끝.

두부 버섯샐러드

흔하디흔한 두부와 버섯으로 만들어보았는데
의외로 폼 나는 요리가 됐어요. 포만감을 주는 두부와 버섯으로 살찔 걱정 안 하고
배불리 먹을 수 있으니 저녁에는 이만한 요리가 없죠.

Cooking Tip **두부를 부쳐** 소금 간을 해둬야 간이 잘 맞아요. 또 두부는
네 면을 노릇노릇하게 부쳐야 하는데 모양이 흐트러지지 않게 부치려면 꽤 힘들어요.

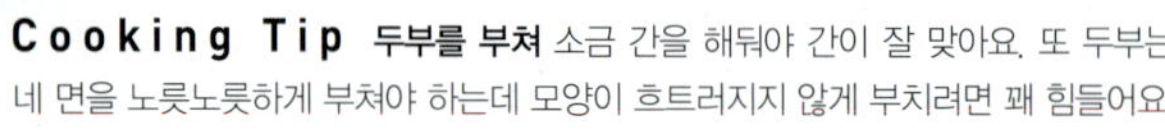

 25분　 2~3인분

 **Ingredients**

주재료　두부 1모, 애느타리버섯 1팩(약 200g), 식용유 적당량, 소금 약
간

드레싱 재료　설탕 1, 식초 1, 간장 2, 다진 마늘 0.5, 송송 썬 쪽파 2, 통
깨 1, 참기름 1, 후춧가루 약간

1 두부 1모는 길쭉하게 버섯 길
이로 썰어 키친타월로 물기를
톡톡 제거하고, 애느타리버섯 1팩
은 가닥가닥 손으로 찢어 물에 씻
어 물기를 쏙 빼고,

2 달군 팬에 식용유를 두르고
두부를 넣고 네 면을 노릇하
게 부쳐 소금을 솔솔 뿌려 밑간을
해서 그릇에 담고,

3 팬에 애느타리버섯을 골고루
펴서 노릇하게 구워 소금을 약
간만 뿌려 두부 위에 얹고,

4 설탕 1, 식초 1, 간장 2, 다진
마늘 0.5, 송송 썬 쪽파 2, 통
깨 1, 참기름 1, 후춧가루 약간을
한데 섞어 두부와 버섯 위에 끼얹
으면 끝.

두부 두루치기

두루치기는 주로 돼지고기로만 먹었는데요, 두부와 신 김치를 팍팍 넣어 만든
두부 두루치기는 손쉽게 해 먹을 수 있는 요리예요. 레스토랑에 가면 나오는 철판에
담으면 끝까지 따끈하게 먹을 수 있어요.

35분 3인분

Ingredients

주재료 두부 1모(약 400g), 돼지고기(목살) 200g, 양파(중간 것) 1개, 신 김치 2줌, 들기름 · 올리브오일 적당량씩

부재료 대파 1/3대, 청양고추 1개

양념 재료 고추장 3, 고춧가루 2, 간장 2, 맛술 2, 청주 2, 물엿 1, 설탕 1, 다진 마늘 1, 생강즙(또는 생강가루) · 후춧가루 · 소금 약간씩, 참기름 1, 통깨 0.5

Cooking Tip

들기름은 나물을 볶거나 두부를 부칠 때 등 두루두루 쓰이니 한 병 사서 냉장고에 보관하세요. 또 두부 두루치기에 멸치 육수 1컵을 붓고 자작자작 끓이면 별미예요.

1 돼지고기 200g은 먹기 좋게 썰고, 양파 1개는 굵직하게 채 썰고, 신 김치 2줌은 송송 썰고, 대파 1/3대와 청양고추 1개는 어슷하게 썰고,

2 볼에 썬 김치와 돼지고기, 양파, 대파, 청양고추를 넣은 후 고추장 3, 고춧가루 2, 간장 2, 맛술 2, 청주 2, 물엿 1, 설탕 1, 다진 마늘 1, 생강즙과 후춧가루를 약간씩 넣어 재우고,

3 두부 1모는 적당하게 썰어 들기름을 넉넉히 두른 팬에 바짝 지져 소금과 후춧가루를 솔솔 뿌려 간하여 그릇에 담고,

4 다른 팬에 올리브오일을 두르고 양념한 ②를 넣어 달달 볶다가 고기가 익으면 참기름 1, 통깨 0.5를 넣고 뒤적거려 두부 위에 얹으면 끝.

새콤달콤한 소스를 끼얹은

두부 완자탕수

두부 요리 콘테스트에 응모하려고 심혈을 기울여 만든 요리 중 하나예요.
자투리 채소와 두부만 있으면 되고, 맛은 좋은데 시간은 좀 걸리니 주말에 별미로 도전해보세요.

Cooking Tip 완자를 **식용유에** 지질 때는 큰 팬에 완자 사이의 간격을 띨 어뜨려야 서로 달라붙지 않아 식용유을 덜 먹게 돼요.

40분 2~3인분

Ingredients

주재료 두부 2/3모(약 300g), 다진 게맛살(크래미 큰 것) 1줄분, 다진 당근 2, 다진 양파 3, 다진 파 1, 다진 피망 2, 녹말가루·식용유 적당량 씩 **양념 재료** 소금·후춧가루 약간씩 **소스 재료** 물 5, 간장 2, 물 엿 3, 맛술 1, 식초 1, 다진 마늘 0.5

1 볼에 다진 게맛살 1줄분, 다진 당근 2, 다진 양파 3, 다진 파 1, 다진 피망 2를 한데 섞고,

2 두부 2/3모는 칼을 옆으로 눕 혀 잘근잘근 짓이겨 면보자기 에 넣고 꼭 짜 ①에 넣어 소금, 후 춧가루로 간하고,

3 채소와 두부 반죽을 팍팍 치대 어 한입 크기로 동글동글하게 빚어 녹말을 골고루 묻혀, 식용유 를 넉넉히 두른 팬에 굴려가면서 바삭하게 지져,

4 물 5, 간장 2, 물엿 3, 맛술 1, 식초 1, 다진 마늘 0.5를 한데 섞어 처음 양의 반이 되도록 끓여 지진 완자에 끼얹으면 끝.

두부강정

고기 요리가 부럽지 않은 반찬이라면 단연 두부강정이죠.
고추장으로 양념을 해서 떡볶이 느낌도 살짝 나고 땅콩을 넣어 씹는 맛도 좋아요.
도시락 반찬으로도 제격이에요.

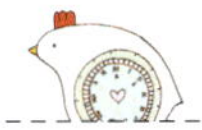  35분 2인분

Ingredients

주재료 두부 1/2모(약 200g), 녹말가루 2, 땅콩 1줌, 식용유 적당량, 대파·검은깨 약간씩

양념 재료 고추장 2, 토마토케첩 0.5, 물엿 2, 흑설탕 0.3, 물 7, 다진 마늘 0.5, 참기름 0.5, 통깨 0.5

Cooking Tip

땅콩은 마른 팬에 살짝 볶거나 전자레인지에서 수분을 날려 바삭하게 준비하세요.

1 두부 1/2모는 깍두기 모양으로 썰어 비닐팩에 녹말가루 2와 함께 넣고 흔들어 두부에 녹말가루 옷을 입히고,

2 팬에 식용유를 넉넉히 두르고 두부를 데굴데굴 굴려가며 노릇하게 익히고,

3 고추장 2, 토마토케첩 0.5, 물엿 2, 흑설탕 0.3, 물 7, 다진 마늘 0.5를 한데 섞어 바글바글 끓여,

4 두부와 땅콩 1줌을 넣어 버무린 후 참기름 0.5, 통깨 0.5를 넣고 대파를 송송 썰어 넣고 검은깨를 뿌리면 끝.

김치 두부 동그랑땡

김치만 있으면 식비를 줄일 수 있어요. 김치가 주재료가 되기 때문에 부재료가 되는 것들만
조금씩 구입하면 되거든요. 예를 들면 돼지고기나 참치 통조림이 있으면 김치찌개를 끓이면 되고,
두부 한 모만 있으면 두부 김치나 김치 두부 동그랑땡으로 반찬을 만들 수 있으니까요.

 25분　 2~3인분

 **Ingredients**

주재료　두부 1/2모(약 200g), 송송 썬 배추김치 1컵, 부침가루 3, 달걀
1개, 송송 썬 대파 3, 식용유 적당량

1 두부 1/2모는 볼에 담아 손으
로 대강 으깨고, 송송 썬 김치 1
컵을 넣고,

2 두부와 김치가 담긴 볼에 부
침가루 3, 달걀 1개, 송송 썬
대파 3을 넣어 골고루 섞고,

3 팬은 중간 불로 은근히 달군
후 식용유를 적당히 두르고,

4 반죽을 한 숟가락씩 떠 넣어
동글 넓적하게 모양을 잡아 노
릇노릇하게 구우면 끝.

Cooking Tip **반죽할 때** 부침가루와 김치에 간이 있기 때문에 따로 간을
하지 않아도 돼요. 맛을 보아 싱거우면 초간장이나 양념 간장을 곁들이세요. 또 부침가
루 대신 밀가루를 사용할 경우에는 소금 간을 살짝 하거나 김치 국물을 약간 넣어요.

쪽파 두부 동그랑땡

찌개 끓여 먹고 남은 두부가 있어 쪽파를 넣고 부쳤어요.
어렸을 때는 파를 잘 먹지 않았는데 요즘에는 파의 단맛도 좋고 음식 맛도 살려줘서 참 좋아요.
쪽파를 왕창 넣었는데도 아이들이 잘 먹네요.

 35분  3인분

Ingredients

주재료 두부 1모(약 400g), 달걀 1개, 송송 썬 쪽파(또는 실파) 1컵, 소금 0.3, 후춧가루 약간, 식용유 적당량

마요네즈 돈가스 소스 재료 마요네즈 1, 돈가스 소스 2, 다진 오이피클 1, 후춧가루 약간

Cooking Tip

두부에 쪽파를 넣어 치댈 때 질퍽하면 밀가루를 살짝 넣어도 되지만 반죽의 부드러운 맛이 떨어지므로 가급적 넣지 마세요. 만약 반죽이 질퍽한데 밀가루를 넣지 않으려면 식용유를 넉넉히 두른 팬에 동그랑땡을 빚어서 바로 넣고 부치세요.

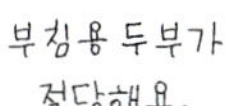

1 두부 1모는 키친타월에 올려 두거나 체에 밭쳐 물기를 쏙 빼고,

2 볼에 두부를 담고 손으로 곱게 풀고, 소금 0.3, 후춧가루를 약간 넣어 간을 한 다음 달걀 1개와 송송 썬 쪽파 1컵을 넣어 골고루 치대고,

3 마요네즈 1, 돈가스 소스 2, 다진 오이피클 1, 후춧가루를 한데 섞어 소스를 만들고, 두부 반죽을 둥글 넓적하게 빚어,

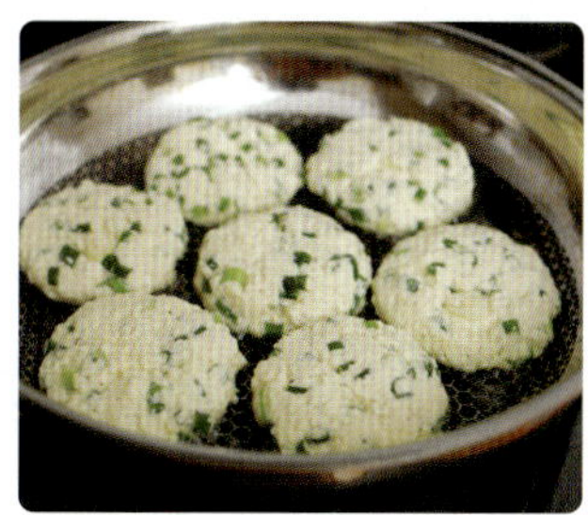

4 충분히 달군 팬에 식용유를 넉넉히 두르고 완자를 넣어 앞뒤로 노릇노릇하게 지지고, 미리 만들어둔 마요네즈 돈가스 소스를 뿌려 먹으면 끝.

멸치 고추장무침

여러 가지 멸치 요리 중 고추장에 무쳐 먹는 기본 요리예요.
물에 만 밥 위에 얹어 먹기도 하고 김에 싸서 먹기도 하지요.
한 번 만들어두면 일주일이 든든한 밑반찬이에요.

25분　　일주일 반찬

Ingredients

주재료　중멸치 2줌(약 100g)

양념 재료　고추장 3, 고춧가루 1, 다진 마늘 0.5, 맛술 1, 설탕 0.5, 물엿 2, 참기름 1, 통깨 1

1 중멸치 2줌은 기름을 두르지 않은 팬에 넣어 타지 않도록 약한 불로 4~5분 정도 달달 볶고,

2 볶은 멸치는 체에 넣고 탈탈 털어 여분의 가루나 불순물 등을 날려버리고,

3 고추장 3, 고춧가루 1, 다진 마늘 0.5, 맛술 1, 설탕 0.5, 물엿 2를 한데 섞어,

4 멸치를 넣고 숟가락이나 젓가락으로 살살 무쳐, 참기름 1, 통깨 1을 넣고 가볍게 버무리면 끝.

Cooking Tip 올해 초등학교에 입학한 큰아들이 제가 사용하는 재료를 검사해야 한다며 꼼꼼히 살피더라고요. 고추장은 국산을 사용한다고 해서 일단 합격. 시판 고추장은 국산 태양초 고추장을 주로 사용해요. 익히는 음식은 물론 생으로 무치는 음식에도 안심하고 사용할 수 있거든요.

멸치 바삭볶음

칼슘의 왕 멸치로 만든 간단한 반찬은 자꾸만 손이 가도록 유혹해요.
과자처럼 바삭하게 볶아 밀폐 용기에 담아 냉장고에 넣어두면 다 먹을 때까지 바삭거려요.
김가루와 섞어 멸치 김주먹밥도 만들 수 있어요.

 25분　 일주일 반찬

 **Ingredients**

주재료　잔멸치 2컵, 올리브오일 3

양념 재료　설탕 2, 물엿 1, 간장 0.5, 통깨 1

1 중간 불이나 약한 불로 달군 팬에 올리브오일 3을 두르고 잔멸치 2컵을 넣어 타지 않게 달달 볶아 불을 끄고,

2 설탕 2, 물엿 1, 간장 0.5를 넣어,

3 다시 불을 켜고 중간 불로 달달 볶다가,

4 멸치가 바삭하게 볶아지면 통깨 1을 넣어 살짝 볶으면 끝.

Cooking Tip 멸치에 짠맛이 있으므로 간장은 아주 조금만 넣으세요. 단맛을 좋아하면 레시피보다 설탕을 더 넣으면 돼요.

촉촉한 멸치볶음

멸치볶음 하나만 해도 식성에 따라 갖가지 요리법이 있잖아요.
이번에는 촉촉하고 부드럽게 멸치를 볶아보았어요.
멸치랑 기본 양념만 있으면 돼요.

 25분　 2~3인분

 **Ingredients**

주재료　잔멸치 2컵

주재료　올리브오일 2, 다진 마늘 0.5, 청주 3, 간장 0.5, 설탕 0.3, 물엿 5, 통깨 1

1 잔멸치 2컵은 기름을 두르지 않은 팬에 약한 불로 달달 볶아 그릇에 담아두고,

2 다시 약하게 달군 팬에 올리브오일 2를 두르고 다진 마늘 0.5를 넣어 타지 않게 볶다가,

3 잔멸치를 팬에 넣어 청주 3, 간장 0.5, 설탕 0.3을 넣어 재빨리 버무려,

4 불을 끄고 물엿 5를 넣어 재빨리 뒤적거리다 통깨 1을 솔솔 뿌리면 끝.

Cooking Tip **기름을 두르지** 않은 팬에 멸치를 볶으면 눅눅했던 멸치도 보송보송해져요. 요즘 잔멸치는 짠맛이 많이 나므로 간장을 많이 넣으면 짜서 못 먹을 수도 있으니 잔멸치의 짠맛을 확인한 다음 요리하세요.

연근조림

어렸을 때는 별로 좋아하지 않았지만 어른이 되어서 맛을 들인 식재료가 연근이에요.
아이들은 입에 넣어줘야 어쩌다가 먹어주지요. 대신 남편은 연근을 너무 좋아해서
예쁜 짓 할 때만 만들어주는 찬이랍니다. 호호.

 25분  4~5인분

Ingredients

주재료 연근 400g

연근 데치는 물 굵은소금 0.5, 식초 2

양념 재료 다시마 육수 3컵, 간장 6, 맛술 4, 흑설탕 2, 물엿 7, 올리브
오일 2, 참기름 0.5, 통깨 0.5

1 연근 400g은 필러로 껍질을
벗겨서 0.5cm 두께로 자르고,

2 연근이 잠길 정도의 물을 냄
비에 넣고 끓여 굵은소금 0.5
를 넣어 3분쯤 데쳐 체에 밭쳐 물
기를 빼고,

3 다시마 육수 3컵, 간장 6, 맛
술 4, 흑설탕 2, 물엿 5, 올리
브오일 2를 한데 넣어 끓여 끓어오
르면 연근을 넣고 중간 불로 은근
히 조려,

4 뚜껑을 덮고 40분에서 1시간
정도 은근히 졸여 조림장이 거
의 졸아들면 물엿 2, 참기름 0.5,
통깨 0.5를 넣고 한 번 더 바짝 조
리면 끝.

Cooking Tip 연근조림에 다시마 육수를 넣으면 맛이 좋아요. 다시마 육
수는 물 4컵에 다시마(10×10cm) 1장을 넣고 30분에서 1시간 정도 두면 육수가 만들
어져요. 귀찮으면 생수로 만드세요.

오이볶음

오이가 싸고 맛있을 때 자주 상에 올려요. '볶음이라 맛이 이상하지 않을까' 라고
생각하실지 모르겠지만 아삭아삭하고 맛있어요. 그렇지 않아도 맛있는 밥이 오이볶음 하나로
꿀떡꿀떡 잘 넘어가서 큰일이라니까요.

40분 2인분

Ingredients

주재료 오이 1개, 굵은소금 0.5, 올리브오일 적당량

양념 재료 다진 마늘 0.5, 설탕 0.3, 참기름 0.5, 깨소금 0.5, 후춧가루
약간

1 오이 1개는 흐르는 물에 깨끗
이 씻어 동그랗게 모양을 내어
얇게 썰어,

2 굵은소금 0.5를 뿌려 30분
간 절여 오이가 나른해지면
손으로 물기를 꼭 짜고,

3 약하게 달군 팬에 올리브오일
을 적당히 두르고 다진 마늘
0.5를 넣고 타지 않게 볶다가,

4 오이를 넣어 재빨리 볶아 설탕
0.3, 참기름 0.5, 깨소금 0.5,
후춧가루 약간을 넣어 볶으면 끝.

Cooking Tip 오이를 절일 때 굵은소금을 넣었으니 볶은 후에 소금 간을
따로 하지 않아도 돼요. 요리가 완성되면 충분히 식힌 후 용기에 넣어 보관하세요. 식
지 않은 상태에서 밀봉해두면 파란 오이가 누렇게 변색하니까요.

콩나물 맛살무침

장을 볼 때마다 저도 모르게 장바구니에 담는 재료가 콩나물이에요.
그냥 콩나물만 무칠까 하다가 아이들 생각에 맛살도 넣었어요. 콩나물무침 해주면
시큰둥하던 쌍둥이들이 맛살 먹는 재미에 콩나물도 먹어요.

 35분  4인분

Ingredients

주재료 콩나물 3줌(약 300g), 맛
살(큰 것) 3줄

콩나물 삶는 물 물 1컵+1/2컵, 굵
은소금 0.2

양념 재료 국간장 0.5, 다진 파 3,
다진 마늘 1, 설탕 0.3, 참기름 1, 통
깨 1, 소금·후춧가루 약간씩

Cooking Tip

콩나물무침은 양념에 국간장을 넣어야 맛있
어요. 그러나 하얗게 무쳐야 하는 콩나물무침
에 까만 간장 색이 맛을 떨어뜨리므로 살짝
넣긴 하되 간을 한다는 느낌으로 넣으세요.

1 콩나물 3줌은 다듬어 깨끗이
씻어 물 1컵+1/2컵, 굵은소금
0.2를 녹인 물에 7~8분 정도 삶
아,

2 콩나물을 삶은 물은 쪽 따라
내고 콩나물은 넓게 펼쳐 식
히고,

3 맛살 3줄은 콩나물 길이로 쭉
쭉 찢어 국간장 0.5, 다진 파
3, 다진 마늘 1, 설탕 0.3과 함께
볼에 넣어 조물조물 무치고,

4 소금과 후춧가루로 간하여 참
기름 1, 통깨 1을 넣어 버무리
면 끝.

애호박 표고버섯볶음

며칠 동안 과식을 하게 되면 채소 반찬의 식단을 짜요.
쇠고기 맛이 나는 표고버섯에 애호박과 단맛 나는 양파만 있으면 별다른 반찬이 필요 없어요.
고기 반찬 생각도 덜 나고요.

Cooking Tip 채소를 볶을 때는 식용유나 포도씨오일, 올리브오일 등 식물성 오일을 쓰는데, 올리브오일이 가장 무난하더라고요.

 25분    2~3인분

 **Ingredients**

주재료   애호박 1/2개, 표고버섯 3개, 양파(큰 것) 1/4개, 대파 1/4대, 올리브오일 적당량

표고버섯 양념 재료   간장 1, 다진 마늘 0.5, 설탕 약간

양념 재료   맛술 0.5, 참기름 0.3, 소금·후춧가루 약간씩

1 애호박 1/2개는 반달썰기하여 소금을 약간 뿌려 숨이 죽도록 살짝 절이고,

2 표고버섯 3개는 얇게 썰어 간장 1, 다진 마늘 0.5, 설탕 약간을 넣고 조물조물 무치고, 양파 1/4개도 표고버섯과 같은 두께로 썰고,

3 달군 팬에 올리브오일을 적당히 두르고 표고버섯을 넣어 달달 볶다가, 애호박과 양파를 넣어 볶고,

4 재료가 익으면 맛술 0.5, 참기름 0.3, 대파 1/4대를 송송 썰어 넣고 살짝 볶아 소금과 후춧가루로 간하면 끝.

달걀 장조림

가끔 가격 따지다가 서른 개짜리 한 판을 살 때가 있어요. 그리고 냉장고에 넣어두죠.
냉장고 정리하다가 남은 달걀로 장조림을 만들곤 해요. 달걀노른자를 살살 이겨 국물에
밥을 비벼 먹으면 정말 끝내줘요.

 25분  3~4인분

 **Ingredients**

주재료　달걀 7개, 마늘 2쪽, 마른 고추 1개

달걀 삶는 물 재료　굵은소금 0.5, 식초 2

양념 재료　물 1컵, 간장 5, 맛술 1, 물엿 1, 흑설탕 0.5, 생강가루 약간

1 달걀 7개는 냄비에 넣어 찰랑
찰랑 잠길 정도로 물을 부어 굵
은소금 0.5, 식초 2를 넣고 삶아,

2 삶은 물을 따라내고 찬물을
약간 부어 뚜껑을 덮고 냄비
째 마구 흔들어 껍데기를 까고,

3 팬에 물 1컵, 간장 5, 맛술 1,
물엿 1, 흑설탕 0.5, 생강가루
약간과 편으로 썬 마늘 2쪽분, 송
송 썬 마른 고추 1개분을 넣어 바글
바글 끓여,

4 양념장에 달걀을 넣고 중간 중
간 국물을 끼얹어가며 국물 양
이 3분의 1로 졸아들 때까지 조리
면 끝.

Cooking Tip 달걀을 삶을 때 중간 중간 숟가락으로 굴리면 달걀노른자
가 가운데로 가요. 식성에 따라 마른 고추 대신 베트남 고추 3개를 넣어 칼칼한 맛을
내도 좋아요.

매콤한 고추장 맛

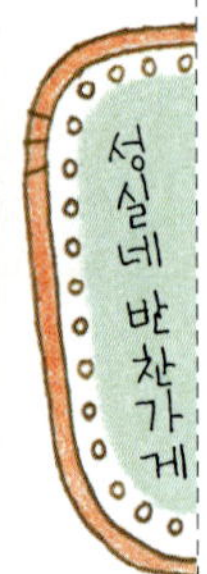

닭 고구마강정

집에서 닭 요리는 주로 어떻게 해서 드시나요? 삼계탕이나 닭볶음탕을 자주 하게 되죠. 닭과 고구마만 있으면 푸짐한 강정을 만들 수 있어요. 고추장으로 양념해 맛있게 매운맛이 나는데 쌍둥이들도 "매워요, 매워" 하면서도 연신 물을 들이켜면서 참 잘 먹어요. 밥보다는 일품요리 같은 반찬이 필요할 때 닭 고구마강정을 만들어보세요.

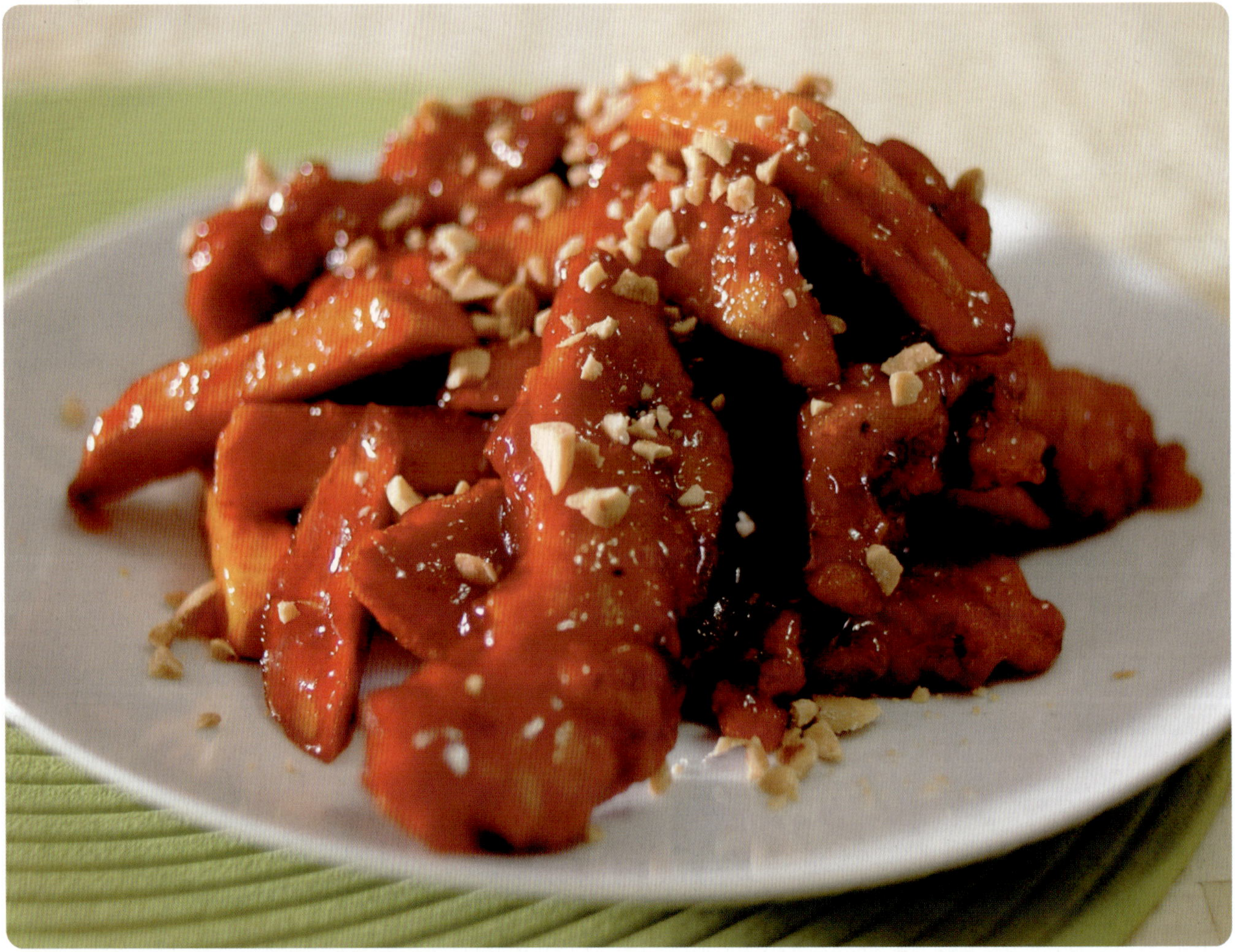

 30분  4인분

 **Ingredients**

주재료   닭 가슴살 2조각, 고구마(큰 것) 1개, 땅콩 10개, 튀김기름 적당량

닭 밑간 재료   청주 1, 소금·후춧가루 약간씩

튀김옷 재료   달걀 1개, 녹말가루 4

소스 재료   고추장 2, 토마토케첩 2, 맛술 3, 물엿 4, 물 8, 다진 마늘 0.5, 생강가루·후춧가루 약간씩

1 닭 가슴살 2조각은 손가락 마디 길이로 자르고, 고구마 1개도 껍질을 벗겨 닭 가슴살 크기로 자르고,

2 닭 가슴살은 밑간 재료인 청주 1, 소금과 후춧가루를 약간씩 넣어 살짝 재우고,

3 닭 가슴살에 달걀 1개, 녹말가루 4를 풀어 넣고 튀김옷을 입혀,

4 튀김기름에 고구마를 먼저 넣어 튀기고, 이어서 닭 가슴살을 두 번 튀기고, 키친타월에 올려 기름기를 빼고,

5 고추장 2, 토마토케첩 2, 맛술 3, 물엿 4, 물 8, 다진 마늘 0.5, 생강가루와 후춧가루를 약간씩 한데 넣고 바글바글 끓이다가,

6 고구마와 닭 가슴살을 넣고 양념이 골고루 묻도록 버무려 땅콩 10개를 굵직하게 부수어 뿌리면 끝.

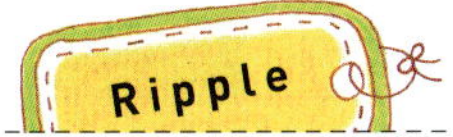
Ripple

❓ 튀김이 너무 어려워요. 어떨 때는 설익고 어떨 때는 너무 타버리고요…. 노하우를 알려주세요.

❗ 처음에는 튀겨서 그대로 꺼내 두었다가 물기가 살짝 배어나오면 아주 뜨거운 튀김기름에 한번 더 튀기면 돼요.

오징어볶음

오징어가 쌀 때 만만하게 만들어 먹어요.
뜨끈한 밥에 비벼 먹으면 꿀맛이죠. 하지만 만들어서 바로 먹어야 해요.
데워 먹게 되면 영 맛이 별로거든요.

Cooking Tip **오징어를 손질하는** 방법은 먼저 오징어의 몸통에 칼집을 쫙 내어 내장을 꺼내고 지저분한 것들을 떼어내고 다리 쪽 빨판을 손으로 쭉 훑어 씻어요.

 25분  2~3인분

 **Ingredients**

주재료　오징어 1마리, 양배추 2줌, 양파(큰 것) 1/2개, 깻잎 10장, 대파 1/3대, 올리브오일 2

양념 재료　고추장 2, 고춧가루 1, 맛술 2, 간장 1, 흑설탕 1, 다진 마늘 1, 생강가루·후춧가루 약간씩, 참기름 1, 깨소금 1

1 오징어 1마리는 손질하여 몸통은 링 모양으로 썰고, 다리는 먹기 좋게 자르고 양배추 2줌과 양파 1/2개는 굵게 채썰고,

2 고추장 2, 고춧가루 1, 맛술 2, 간장 1, 흑설탕 1, 다진 마늘 1, 생강가루와 후춧가루를 약간씩 한데 섞어 양념장을 만들고,

3 달군 팬에 올리브오일 2를 두르고 양파와 양배추를 넣고 달달 볶다가 오징어도 넣어 볶고 재료가 익으면 양념장을 넣어 재빨리 골고루 볶다가,

4 깻잎 10장은 큼직하게 찢어 넣고, 대파 1/3대는 어슷하게 썰어 넣고 참기름 1, 깨소금 1을 넣어 살짝 볶으면 끝.

오징어초무침

오징어는 예나 지금이나 가격이 그렇게 많이 오르지 않았어요.
오징어 역시 서민적인 재료이지요. 장에 갈 때 싱싱한 오징어를 보면 사들고 와서
볶아 먹고 살짝 데쳐 초고추장도 찍어 먹고 이렇게 새콤하게 무쳐 먹기도 해요.

35분 · 3인분

Ingredients

주재료 오징어 1/2마리, 당근 1/6
개, 양배추 잎 1장, 오이 1/3개, 양파
(큰 것) 1/4개, 굵은소금 약간

양념 재료 고추장 1, 고춧가루 0.5,
식초 1, 설탕 0.5, 다진 마늘 0.5, 통
깨 0.5, 소금 약간

Cooking Tip

갓 무친 오징어초무침의 채소는 썰어서 소
금에 살짝 절였다가 오징어 양념장과 무쳐
야 간이 잘 배어 맛있어요. 양념장에 소금
간을 하면 채소에 간이 배지 않아 맛이 별로
거든요.

1 오징어 1/2마리는 손질하여
먹기 좋게 썰어 굵은소금을 약
간 넣어 살짝 데쳐 찬물에 헹구고,
당근 1/6개, 양배추 잎 1장, 오이
1/3개, 양파 1/4개는 먹기 좋게 썰
어 소금에 살짝 절이고,

2 고추장 1, 고춧가루 0.5, 식초
1, 설탕 0.5, 다진 마늘 0.5를
한데 섞어 양념장을 만들고,

3 볼에 데친 오징어와 채소를 모
두 담고 양념장을 넣고 조물조
물 무쳐,

4 통깨 0.5를 솔솔 뿌리고 간을
보아 싱거우면 소금으로 간하
면 끝.

가지 고추장볶음

가지는 한여름이 되면 값싸고 맛도 좋지요.
그런데 가지는 조리법이 한정되어 있어서 자주 못 드시는 것 같아요.
친근한 고추장으로 만든 가지 반찬이랍니다.

 50분  2~3인분

 **Ingredients**

주재료 가지 2개, 올리브오일 1, 고추기름 1, 굵은소금 0.5

양념 재료 고추장 1, 간장 1, 설탕 0.7, 맛술 1, 다진 마늘 1, 다진 파 3,
참기름 0.5, 통깨 0.5, 소금·후춧가루 약간씩

1 가지 2개는 씻어 엄지손가락 크기만하게 잘라 굵은소금 0.5를 뿌려 30분에서 40분 정도 절여 가지에서 물이 나오면 손으로 꾹 짜고,

2 고추장 1, 간장 1, 설탕 0.7, 맛술 1, 다진 마늘 1, 다진 파 3, 참기름 0.5, 통깨 0.5, 소금과 후춧가루를 적당히 한데 섞어 양념장을 만들고,

3 달군 팬에 올리브오일 1을 두르고 고추기름 1, 가지를 넣고 센 불에서 재빨리 볶고,

4 가지가 골고루 볶아지면 양념장을 넣어 양념이 골고루 배도록 재빨리 뒤적거리듯 볶으면 끝.

Cooking Tip **가지는** 그냥 볶는 것보다 소금에 절여 볶아야 씹히는 맛이 좋아져요. 가지를 절이는 시간에 밥도 짓고 국도 끓이세요.

자반고등어찜

촉촉한 소스에 찍어 먹는 고등어찜이라니
맛이 잘 상상이 되지 않지요? 밥상에 자주 올리면 건강해진다는 등푸른 생선을
다양하게 먹는 방법이 없을까 고민하다가 만들게 되었어요.

 25분  4인분

 **Ingredients**

주재료 고등어(중간 것) 2마리, 청주 2, 양파와 대파 등 채소 적당량

마늘 대파 소스 재료 마늘 3쪽, 대파 1/3대, 홍고추(또는 빨강 피망) 약간, 간장 1, 청주 2, 맛술 1, 물엿 2, 후춧가루 약간, 올리브오일 적당량

1 손질한 고등어 2마리에 청주 2를 뿌려 밑간을 하고,

2 찜기에 대충 썬 양파와 대파를 약간 깔고 고등어를 올린 후 그 위에 대파와 양파 썬 것을 한 번 더 올려 찌고,

3 달군 팬에 올리브오일을 두르고 마늘 3쪽은 편으로 썰고, 대파 1/3대는 송송 썰고, 홍고추는 잘게 썰어 넣고 볶다가, 간장 1, 청주 2, 맛술 1, 물엿 2, 후춧가루를 약간 넣고 끓여 소스를 만들고,

4 고등어가 다 쪄지면 그릇에 담고 그 위에 소스를 뿌리면 끝.

Cooking Tip 자반고등어는 찬물에 살짝 헹궈 물기를 톡톡 닦아 사용하는데, 짜지 않게 먹으려면 쌀뜨물에 잠깐 담갔다가 요리하세요. 눈에 보이는 큰 가시는 손으로 대충 발라내고요.

감칠맛의 대명사

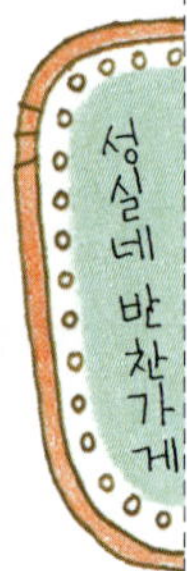

고등어 무조림

고등어조림 하는 날에는 다른 반찬이 필요 없어요. 밥과 고등어조림만 있으면 반찬 고민이 해결되지요. 나이가 들면서 고등어보다는 무가 더 맛있어요. 푹 무르게 익은 무가 어찌나 맛있는지 몰라요. 자주 해 먹어도 질리지 않는 반찬이야말로 고등어 무조림입니다.

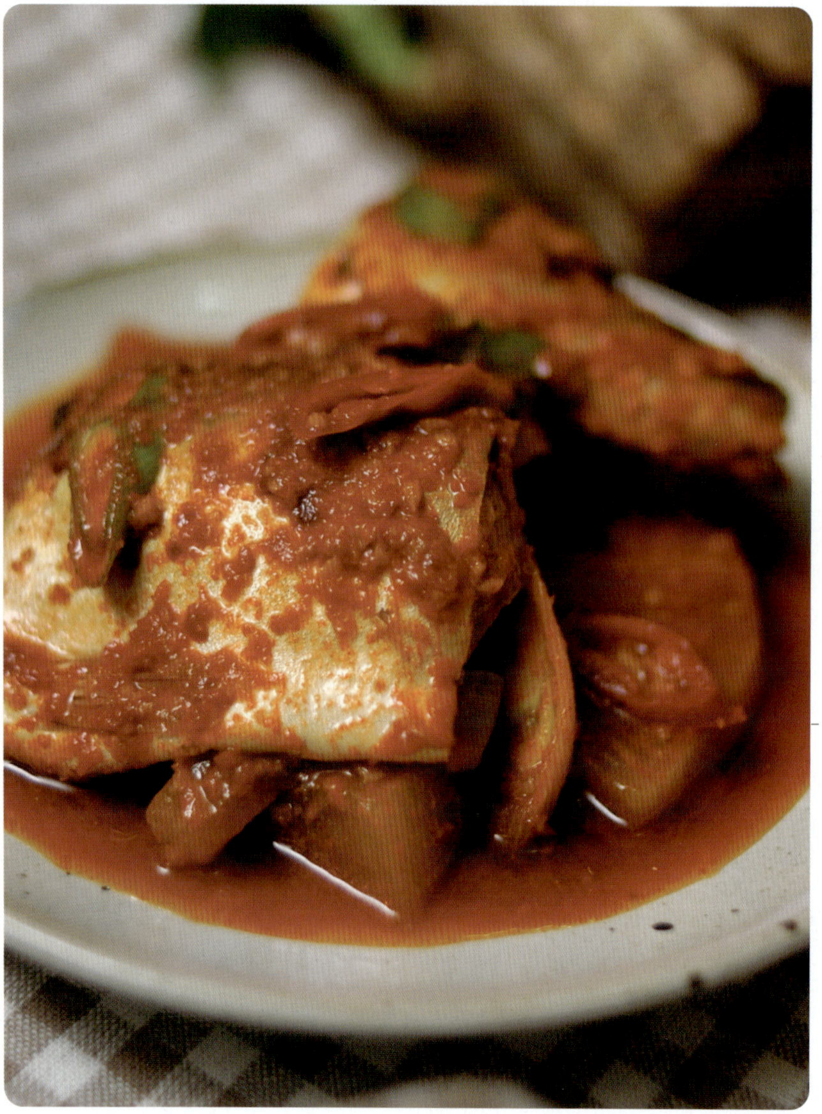

Ripple

? 오늘 갈치조림을 만들어 먹었는데 어찌나 맛있었는지 몰라요. 신랑은 무가 좋다고 하고, 아들은 감자가 좋다고 하니 다음에는 반반씩 넣어 조리기로 합의 봤어요!

! 무도 감자도 다 맛있죠. 고등어조림에는 멸치다시마 육수를 꼭 넣어야 해요. 맹물로 끓이면 맛이 덜하죠. 고등어조림 국물은 밥에 비벼 먹어도 맛있고, 상추쌈에 싸 먹어도 맛나요.

 45분  3~4인분

 **Ingredients**

주재료 고등어(작은 것) 2마리, 청주 1, 무 3줌, 양파(중간 것) 1/2개, 대파 1/2대, 홍고추 1개, 멸치다시마 육수 2컵

양념 재료 간장 3, 고추장 1, 고춧가루 2, 청주 2, 다진 마늘 1, 다진 생강(또는 생강가루) 약간, 물엿 0.5

1 고등어 2마리는 손질하여 2토막으로 잘라 청주 1을 뿌리고,

2 무 3줌은 도톰하게 썰고, 양파 1/2개는 굵게 채썰고, 대파 1/2대와 홍고추 1개도 어슷하게 썰고,

3 간장 3, 고추장 1, 고춧가루 2, 청주 2, 다진 마늘 1, 다진 생강 약간, 물엿 0.5를 한데 섞어 양념장을 만들고,

4 냄비 바닥에 무를 깔고 그 위에 고등어, 양파 순으로 올리고 양념장을 골고루 끼얹어,

5 진하게 끓인 멸치다시마 육수 2컵을 붓고 센 불에 자글자글 끓이다가 어느 정도 끓으면 중간 불로 줄여,

6 무가 푹 무르게 익고 고등어에 간이 배면 대파와 홍고추를 넣어 살짝 더 조리면 끝.

맛이 밴 감자를 먹는 즐거움

갈치 감자조림

갈치에 늘 넣는 무 대신 감자를 넣고 조렸는데 갈치와 감자의 궁합이 꽤 훌륭해요.
고등어 감자조림과는 또 다른 맛이죠. 텔레비전에서 보았던 남대문표 갈치조림을 제멋대로
상상하고 만들어보았어요.

 25분  2~3인분

Ingredients

주재료 갈치(큰 것) 1마리, 감자(중간 것) 2개, 양파 1/2개, 대파 1/2대, 물(또는 멸치다시마 육수) 2컵

양념 재료 다진 청양고추 1개분, 다진 홍고추 1개분, 간장 2, 참치진국 2, 고춧가루 2, 맛술 2, 청주 2, 다진 마늘 1, 다진 생강(또는 생강가루) 0.3, 설탕 0.5, 후춧가루 약간

Cooking Tip

조림 양념장에 청양고추를 꼭 넣어야 해요. 참치진국이 없다면 멸치다시마 육수를 넣어야 감칠맛이 난답니다. 혹 고추나 마늘장아찌 국물이 있으면 2숟가락 정도 넣으세요. 비린내도 훨씬 덜하고 맛도 좋아요.

1 갈치 1마리는 손질하여 3등분하고, 감자 2개와 양파 1/2개는 큼직하게 자르고,

2 다진 청양고추 1개분, 다진 홍고추 1개분, 간장 2, 참치진국 2, 고춧가루 2, 맛술 2, 청주 2, 다진 마늘 1, 다진 생강 0.3, 설탕 0.5, 후춧가루를 약간 섞어 양념장을 만들고,

3 감자와 양파를 냄비에 깔고 갈치를 얹어 양념장을 끼얹은 다음 물 2컵을 붓고 뚜껑을 열고 센 불로 조리다가,

4 어느 정도 조려지면 중간 불로 줄여 뚜껑을 덮고 살짝 조리다가 국물이 적당히 졸면 대파 1/2대를 어슷하게 썰어 넣어 살짝 조리면 끝.

갈치 카레구이

늘 굽던 갈치구이 방법에 카레가루만 넣었을 뿐인데 쌍둥이들이
며칠 밥 굶은 아이들처럼 열심히 먹더라고요. 평소 비싼 갈치를 맘껏 못 먹여서 그런지….
밀가루 옷을 입혀 구우면 기름도 덜 튀고 생선즙이 빠져나가지 않으니 일석이조랍니다.

 25분  2~3인분

 **Ingredients**

주재료 갈치 1마리(3토막), 굵은소금 약간, 카레가루 1, 밀가루 1, 식용유 적당량

1 갈치 1마리는 물에 잘 씻어 굵은소금을 뿌려 간하여 먹음직스럽게 칼집을 내고,

2 카레가루 1과 밀가루 1을 섞어 비닐팩에 담고 갈치를 넣어 골고루 묻히고,

3 달군 팬에 식용유를 적당히 두르고 갈치를 넣어,

4 한 면이 노릇하게 익으면 뒤집어 남은 면을 마저 익히면 끝.

Cooking Tip 갈치를 손질하여 소금을 뿌리는 것은 간을 배게 하려는 목적도 있지만 갈치 살을 단단하게 하는 역할도 해요. 보통 마트에서 갈치를 구입하면 소금을 뿌려주니까 집에 와서 소금기를 흐르는 물에 씻으면 돼요.

견과류 멸치 새우볶음

친정엄마표 레시피인데요, 친정엄마표 중독 밑반찬이 제가 붙인 이름이에요.
만드는 방법을 물으면 엄마는 항상 대충 설명하시면서 그냥 볶으셨대요. 맛의 포인트는
엄마가 직접 담그신 고추장이지만 저는 시판 고추장으로 얼추 맛을 냈어요.

  25분 2~3인분

 **Ingredients**

주재료 멸치 2/3컵, 왕밥새우 2/3컵, 아몬드 1/3컵, 땅콩 1/3컵

양념 재료 올리브오일 3, 다진 마늘 0.3, 설탕 0.5, 맛술 1, 고추장 2,
물엿 4, 통깨 1, 참기름 1

1 멸치 2/3컵, 왕밥새우 2/3컵,
아몬드 1/3컵, 땅콩 1/3컵을
준비하고,

2 은근히 달군 팬에 올리브오일
3을 두르고 멸치, 새우, 땅콩,
아몬드를 넣고 타지 않게 달달 볶
다가,

3 다진 마늘 0.3, 설탕 0.5를 넣
고 설탕이 녹을 때까지 볶아
양념이 타지 않도록 잠시 불을 끄
고,

4 맛술 1, 고추장 2, 물엿 4를 넣
어 불을 켜고 골고루 섞이도록
볶아 통깨 1을 뿌리고 참기름 1을
두르면 끝.

Cooking Tip 견과류는 일부러 챙겨 먹기 쉽지 않죠. 멸치와 새우를 넣어
볶아 먹으면 영양 만점 반찬이 돼요. 견과류를 좋아하시면 새우와 멸치 대신 그 양을
늘리세요.

돼지고기 장조림

우리나라 사람들이 가장 즐겨 먹는 돼지고기. 그런데 삼겹살 가격은 날마다 치솟죠.
그닥 인기 없는 안심, 등심, 뒷다리살로 맛있게 먹는 돼지고기 레시피를 궁리했어요.
연하고 부드러운 돼지 안심으로 만든 최강의 레시피는 장조림이에요. 게다가 값도 저렴하고요.

 50분  4인분

 **Ingredients**

주재료 돼지고기(안심) 500g, 청양고추 1개

돼지고기 삶는 물 재료 된장 1, 통후추 0.5, 대파(흰 부분) 2대, 마늘 7쪽, 생강(또는 생강가루) 0.3, 물 2컵

조림장 재료 간장 7, 청주 3, 맛술 3, 흑설탕 1, 물엿 1, 물 2컵

 **Cooking Tip**

돼지고기를 삶을 때 월계수 잎 1~2장을 넣으면 더 깔끔한 맛이 나요. 또 돼지고기의 잡냄새를 없앨 수 있는 재료를 추가해 넣으셔도 좋아요. 저는 돼지고기 보쌈을 만들 때나 장조림을 할 때 된장을 넣어요.

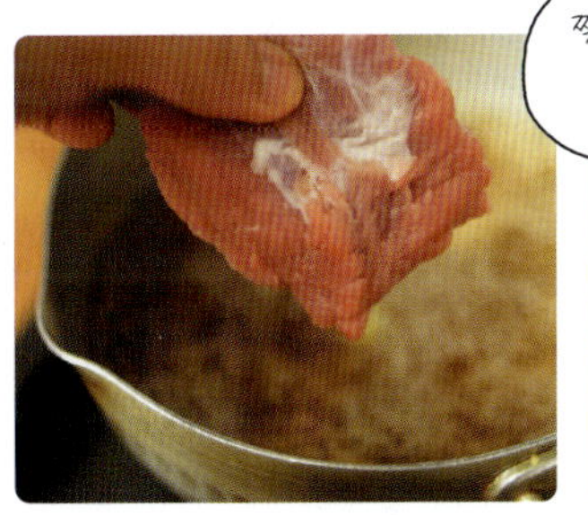

1 돼지고기 500g은 찬물에 30분 정도 담가 핏물을 빼서 5~6토막으로 자르고, 냄비에 된장 1, 통후추 0.5, 대파 2대, 마늘 7쪽, 생강 0.3, 물 2컵을 넣고 끓여,

2 팔팔 끓으면 돼지고기를 넣어 10분 정도 삶아 고기를 건져 식으면 결대로 먹기 좋게 찢고,

3 간장 7, 청주 3, 맛술 3, 흑설탕 1, 물엿 1, 물 2컵을 냄비에 붓고 찢어둔 돼지고기를 넣고,

4 바글바글 조리다가 자작하게 졸면 청양고추 1개를 반 갈라 넣고 살짝 더 조리면 끝.

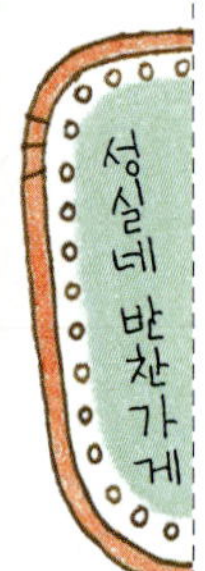

고추장 두부조림

간단하게 만들면서 한끼 맛있고 배부르게 먹을 수 있는 요리야말로
모든 주부들이 꿈꾸는 레시피일 거예요. 두부 한 모로 얼큰하게 먹는 두부조림은 어떨까요?
자, 그럼 쉬운 재료, 쉬운 조리법으로 뚝딱뚝딱 요리를 한번 만들어볼까요.

 25분  3~4인분

Ingredients

주재료   두부 1모(약 400g), 잘게 다진 돼지고기(또는 쇠고기) 1컵(약 80g), 대파 1/4대, 풋고추 1/2개, 멸치 육수 1컵, 식용유 적당량

고기 밑간 재료   청주 1, 소금·생강가루·후춧가루 약간씩

양념 재료   고추장 2, 간장 1, 청주 1, 물엿 1, 설탕 0.3, 다진 마늘 0.5, 참기름 0.5, 통깨 0.5

Cooking Tip

조릴 때 국물을 끼얹어가며 조려요. 또 고기 대신 버섯이나 채소를 넣어도 맛있어요.

1 두부 1모는 큼직하게 썰어 식용유를 두른 팬에 앞뒤로 노릇노릇하게 지지고,

2 돼지고기 1컵은 청주 1, 소금, 생강가루, 후춧가루를 약간씩 뿌려 조물조물 주물러 밑간을 하고,

3 고추장 2, 간장 1, 청주 1, 물엿 1, 설탕 0.3, 다진 마늘 0.5, 참기름 0.5를 한데 섞어 양념장을 만들고,

4 달군 팬에 돼지고기를 넣어 볶다가 양념장과 멸치 육수 1컵을 부어 끓이다가, 두부를 넣고 익을 때까지 조리다가 대파 1/4대와 풋고추 1/2개를 어슷 썰어 넣고 통깨 0.5를 뿌려 살짝 더 조리면 끝.

꼬막 불고기

겨울이 되면 바다내음 가득한 꼬막으로 양념 간장 끼얹어 자주 먹지요.
이 요리는 늘 먹던 꼬막이 살짝 지겨워서 변형해보았어요.
꼬막살과 아삭아삭하게 볶은 채소가 어우러져 입맛을 돋워요.

 25분  2인분

 ## Ingredients

주재료 꼬막 20~30개, 굵은소금
0.5, 식용유 적당량

부재료 당근 약간, 양파(중간 것)
1/2개, 풋고추 1개, 홍고추 1/2개, 깻
잎 3~4장

양념 재료 간장 2, 물엿 1, 청주 1,
다진 마늘 0.5, 다진 파 1, 깨소금 1,
참기름 0.5

 ## Cooking Tip

꼬막은 입이 살짝 벌어질 때까지만 삶아요.
너무 오래 삶으면 맛이 없어요.

1 꼬막 20~30개는 바락바락 씻
어 끓는 물에 굵은소금 0.5를
넣어 팔팔 끓여 살을 발라내고,

2 간장 2, 물엿 1, 청주 1, 다진
마늘 0.5, 다진 파 1, 깨소금
1, 참기름 0.5를 한데 섞어 양념장
을 만들어 꼬막살을 넣어 재우고,

3 당근 약간과 양파 1/2개는 굵
직하게 채썰고, 풋고추 1개와
홍고추 1/2개는 어슷하게 썰고,
깻잎 3~4장은 적당히 썰고,

4 달군 팬에 식용유를 살짝 두
르고 당근과 양파를 넣고 볶
다가, 꼬막을 넣어 볶고 고추와 깻
잎을 넣어 재빨리 볶으면 끝.

꽈리고추무침

한여름에는 꽈리고추가 엄청 싸지요. 이렇게 팔아도 농부 아저씨가 밑지지 않으실까
걱정될 만큼요. 1천 원어치 사와서 장조림에도 넣기도 하고 무쳐 먹기도 해요.
꽈리고추나 깻잎, 애호박, 오이 등 채소가 넘쳐나는 여름에는 시장 볼 맛이 난다니까요.

 25분　 3~4인분

Ingredients

주재료　꽈리고추 크게 2줌, 밀가루 적당량

양념 재료　간장 3, 맛술 1, 설탕 0.5, 다진 파 2, 다진 마늘 0.5, 다진 홍고추 1, 고춧가루 1, 깨소금 0.5, 참기름 0.5, 소금(또는 국간장) 약간

Cooking Tip

꽈리고추무침은 한끼 분량씩만 만들어 드세요. 밀가루 옷을 입혔기 때문에 냉장 보관하면 맛이 없어요.

1 꽈리고추 2줌은 꼭지를 따서 물에 서너 번 헹궈 물기를 빼고, 이쑤시개나 바늘로 2~3군데 찌르고,

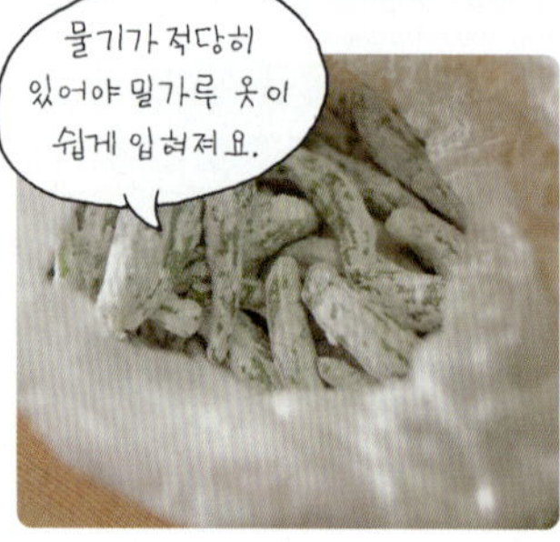

2 비닐팩에 밀가루와 꽈리고추를 넣어 골고루 흔들어 밀가루 옷을 입히고,

3 김이 오른 찜통에 밀가루 옷을 입힌 꽈리고추를 골고루 펼쳐 담고 손에 물을 묻혀 살짝 뿌려 찐 다음 한 김 식히고,

4 간장 3, 맛술 1, 설탕 0.5, 다진 파 2, 다진 마늘 0.5, 다진 홍고추 1, 고춧가루 1, 깨소금 0.5, 참기름 0.5를 한데 섞어 꽈리고추에 조물조물 무치면 끝.

도토리묵무침

이상하게 도토리묵무침은 명절 때 자주 만들게 돼요. 아무래도 기름진 음식을 많이 먹게 되니까 식구들에게 먹이고 싶어지나 봐요. 한 접시 무치면 밥반찬으로, 오랜만에 모인 식구들의 안줏감으로 인기 폭발이죠.

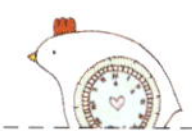 25분  4인분

Ingredients

주재료 도토리묵 1모(약 400g), 오이 1개, 당근 1/4개, 상추 10장, 김 1장, 통깨 0.5

양념 재료 간장 4, 고춧가루 2, 맛술 1, 물엿 1, 식초 1, 들깻가루 1, 참기름 1, 다진 파 1, 다진 마늘 0.5

Cooking Tip

도토리묵무침 맛의 비밀은 양념장 맛. 그중에서도 간장 맛이 중요하지요. 생으로 먹는 음식이니 질 좋은 간장을 사용하세요.

1 간장 4, 고춧가루 2, 맛술 1, 물엿 1, 식초 1, 들깻가루 1, 참기름 1, 다진 파 1, 다진 마늘 0.5를 한데 섞어 양념장을 만들고,

2 오이 1개와 당근 1/4개는 반 잘라 어슷하게 썰고, 상추 10장도 적당한 크기로 썰고,

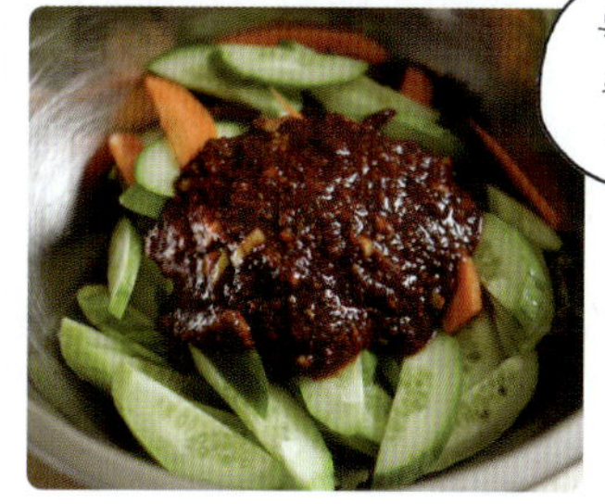

3 채소에 양념장을 넣어 대강 버무리고,

4 도토리묵 1모는 먹기 좋게 썰어 넣고 양념장에 살살 버무려 그릇에 담고 통깨 0.5와 김 1장을 살짝 구워 잘게 부숴 묵 위에 뿌리면 끝.

마늘종볶음

마늘종에 새우나 멸치, 호두 등을 넣어 자주 볶아 드시죠? 어렸을 때는 정말 먹기 싫은 반찬이었는데
역시나 쌍둥이 녀석들은 쳐다보지도 않아요. 그런데 요즘은 제가 먹고 싶어서 자주 만들어요.
달랑 마늘종 하나만 넣어서요. 물에 만 찬밥 한 그릇일지라도 마늘종볶음만 있으면 뚝딱이에요.

 25분　 3~4인분

 **Ingredients**

주재료　마늘종(작은 것) 1단, 굵은소금 0.5, 올리브오일 적당량

양념 재료　간장 1, 물엿 0.5, 참기름 0.5, 통깨 0.5, 소금·후춧가루약간씩

1 마늘종 1단은 깨끗이 씻어 먹기 좋게 4~5cm 길이로 썰고,

2 끓는 물에 굵은소금 0.5를 넣고 마늘종을 30초에서 1분 정도 살짝 데쳐 재빨리 찬물에 헹구고,

3 달군 팬에 올리브오일을 넉넉히 두르고 마늘종을 넣어 살짝 볶다가,

4 간장 1, 물엿 0.5를 넣고 볶다가, 간을 보아 소금과 후춧가루로 간하고 참기름 0.5, 통깨 0.5를 뿌려서 뒤적거리면 끝.

Cooking Tip 마늘종을 데칠 때는 소금을 꼭 넣어야 해요. 간도 되고 푸릇푸릇한 색깔도 살려주거든요. 또 데치는 과정 없이 그냥 볶아도 돼요. 담백하게 먹으려면 들기름에 살짝 볶아 소금과 후춧가루로만 간해서 먹기도 해요.

색다른 낙지볶음

낙지볶음은 매번 맵게 해야 제맛이라며 고추장과 고춧가루를 듬뿍 넣어
요리하곤 했는데, 그럴 때마다 아이들에게는 미안했어요.
이번에는 아이들을 위한 낙지볶음을 만들었어요.

 35분  4인분

 **Ingredients**

주재료 낙지 2마리, 양파(중간 것)
1/2개, 대파 1/4대, 홍고추 1/2개

낙지 씻을 때 굵은소금·밀가루 적
당량씩

양념 재료 다진 마늘 1, 설탕 0.5,
물엿 1, 간장 2, 국간장(또는 참치진
국) 0.5, 맛술 1, 깨소금 1

 **Cooking Tip**

낙지 요리는 바로 먹어야 맛있어요. 데워서
먹으면 질겨지고 맛이 떨어지거든요. 오랜만
에 남편 몸보신 해준다고 미리 만들어놓았
다가 데워 드시지 마세요.

1 낙지 2마리는 머리의 내장을
떼어내고 밀가루와 굵은소금
을 적당히 뿌려 박박 씻어 흐르는
물에 거품이 나지 않을 때까지 헹
구고,

2 양파 1/2개는 채썰고, 대파
1/4대와 홍고추 1/2개는 어
슷하게 썰고,

3 낙지와 채소를 볼에 담고 다진
마늘 1, 설탕 0.5, 물엿 1, 간
장 2, 국간장 0.5, 맛술 1, 깨소금
1을 모두 넣어 조물조물 무쳐 20
분간 재우고,

4 달군 팬에 낙지와 채소를 넣고
익히다가 낙지가 살짝 익으면
가위로 먹기 좋게 잘라 살짝 더 볶
으면 끝.

맛있게 매운

주꾸미볶음

입맛 없을 때는 매콤한 음식을 만들어 먹어요.
시장에 나갔다가 물 좋은 주꾸미를 보면 사와서 맵게 볶아요.
국물을 자작하게 해서 밥에 비벼 먹어도 맛있어요.

Cooking Tip **주꾸미볶음을 다 먹고** 난 후에는 남은 양념에 김을 살짝 구워 부숴 넣고 밥을 비벼 먹어요.

 25분  2인분

Ingredients

주재료 주꾸미(작은 것) 15마리, 양파(중간 것) 1/2개, 당근 1/5개, 대파 1/2대, 소금 약간, 식용유 적당량 **부재료** 청양고추 1/2개, 홍고추 1/2개 **주꾸미 씻을 때** 굵은소금·밀가루 적당량씩 **양념 재료** 고추장 1, 고춧가루 3, 다진 마늘 1, 간장 2, 청주 1, 설탕 1, 물엿 0.5, 참기름 1, 깨소금 0.5, 생강가루 약간

1 주꾸미 15마리는 머리의 내장을 떼어내고 굵은소금과 밀가루를 뿌려 바락바락 씻어 물에 여러 번 헹궈 끓는 물에 소금을 넣고 살짝 데치고,

2 주꾸미에 고추장 1, 고춧가루 3, 다진 마늘 1, 간장 2, 청주 1, 설탕 1, 물엿 0.5, 생강가루를 약간 넣어 조물조물 무치고,

3 양파 1/2개와 당근 1/5개는 굵게 채썰고, 대파 1/2대와 청양고추 1/2개, 홍고추 1/2개는 어슷하게 썰어 양념한 주꾸미에 넣어 살짝 재우고,

4 달군 팬에 식용유를 살짝 두르고 주꾸미를 넣고 센 불로 재빨리 볶다가 어느 정도 익으면 참기름 1, 깨소금 0.5를 넣어 버무리듯 볶으면 끝.

썰렁 잡채

백반집에 가면 가끔 잡채 반찬이 나올 때가 있어요.
한두 가지 채소만 넣어 볶은 잡채를 저는 썰렁 잡채라 부르지요.
보기에는 맛이 있을까 싶지만 의외로 맛난 반찬이랍니다.

 35분  4인분

Ingredients

주재료 당면 2줌(약 200g), 양파 (중간 것) 1/2개, 노랑 파프리카 1/2 개, 빨강 파프리카 1/2개, 식용유 적 당량

양념 재료 식용유 3, 다진 마늘 0.5, 간장 6~7, 흑설탕 1, 맛술 1, 물 엿 1, 참기름 2, 통깨 1, 소금·후춧가 루 약간씩

Cooking Tip

당면을 삶을 때 쫄깃한 맛을 즐기려면 약간 덜 삶고, 푹 퍼진 맛을 즐기려면 조금 더 삶 아요. 하지만 삶은 당면은 절대 물에 헹구지 마세요.

1 당면 2줌은 물에 담가 30분 정 도 불리고,

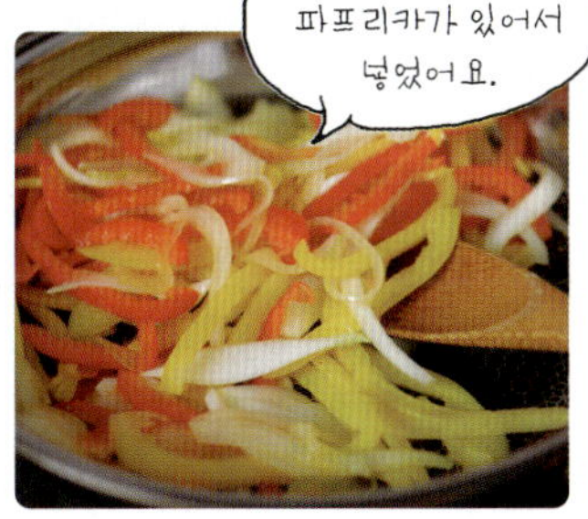

2 양파 1/2개와 노랑 파프리카 1/2개, 빨강 파프리카 1/2개 는 일정한 두께로 채썰어 달군 팬 에 식용유를 살짝 두르고 숨이 죽 을 정도로만 볶고,

3 냄비에 물을 넉넉하게 붓고 팔 팔 끓여 당면을 넣어 투명해질 때까지 삶아 체에 밭치고,

4 팬을 달궈 식용유 3을 두르고 다진 마늘 0.5를 넣어 타지 않 게 볶다가 당면을 넣고 간장 6~7, 흑설탕 1, 맛술 1, 물엿 1을 넣어 재빨리 달달 볶은 후 채소를 넣고 참기름 2, 통깨 1을 뿌리면 끝.

왕년에는 삼겹살보다 빅 스타

제육 고추장볶음

어렸을 때는 정말 너무 맛있었던 음식이 제육볶음이었어요. 그때는 지금보다
음식이 귀할 때라 제육볶음 한 번 하면 식구들이 난리법석을 떨면서 먹던 일이 생각나네요.
부모님은 늘 빈 젓가락만 왔다 갔다…. 다들 그런 경험 있으시죠?

 25분  4인분

Ingredients

주재료 돼지고기(불고깃감) 400g,
양파(중간 것) 1/2개, 송송 썬 쪽파 2

양념 재료   오렌지주스 3, 고추장
2, 두반장 1, 고춧가루 1, 간장 1, 맛
술 3, 물엿 1, 흑설탕 1, 다진 마늘 1,
다진 파 3, 참기름 1, 생강가루 1, 후
춧가루 약간

Cooking Tip

제육볶음에 **당면과** 떡을 넣어 볶아 먹어도
맛있고, 김치찌개에 넣어 끓여도 좋아요.
또 신 김치와 밥을 넣어 볶아 먹어도 별미
예요.

1 돼지고기 400g은 먹기 좋은 크
기로 잘라 볼에 넣고, 오렌지주
스 3을 뿌려 살짝 재우고,

2 고추장 2, 두반장 1, 고춧가
루 1, 간장 1, 맛술 3, 물엿 1,
흑설탕 1, 다진 마늘 1, 다진 파 3,
참기름 1, 생강가루 1, 후춧가루
약간을 한데 섞어 돼지고기에 양
념하고,

3 양파 1/2개를 채썰어 돼지고
기 양념에 넣어 버무리고,

4 달군 팬에 돼지고기를 넣어
달달 볶다가 고기가 다 익으
면 송송 썬 쪽파 2를 넣으면 끝.

제육 간장볶음

어릴 때 엄마가 비싼 쇠고기 대신 돼지고기 한 근을 사와 해주셨던 요리예요.
쇠고기라고 거짓말을 하시면서요.
상추에 싸 먹던 맛이 그리울 때면 종종 만들어 먹어요.

 25분  4인분

 **Ingredients**

주재료 돼지고기(불고깃감) 400g,
팽이버섯 2줌, 쪽파 3뿌리

양념 재료 간장 3, 굴소스 1, 맛술
3, 흑설탕 1, 다진 마늘 1, 다진 파 3.
참기름 1, 생강가루 0.3, 후춧가루
약간

 **Cooking Tip**

팽이버섯 대신 새송이버섯을 얇게 썰어 볶
아도 맛있고, 양파나 당근 등 자투리 채소
를 넣어도 돼요.

1 돼지고기 400g은 간장 3, 굴소
스 1, 맛술 3, 흑설탕 1, 다진 마
늘 1, 다진 파 3. 참기름 1, 생강가
루 0.3, 후춧가루 약간을 넣고,

2 양념이 잘 배도록 골고루 무
쳐 재우고,

3 고기 굽는 팬에 돼지고기를
올려 익히고,

4 돼지고기가 익으면 팽이버섯
2줌은 밑동을 잘라내고 적당
한 크기로 찢어 넣고, 쪽파 3뿌리
는 적당한 길이로 썰어 넣고 살짝
익히면 끝.

손이 가요, 손이 가

주삼불고기

외식 메뉴로 종종 주꾸미 삼겹살이나 오징어 삼겹살을 많이 드시죠?
쉽게 구할 수 있는 재료들이니 이번에는 집에서 도전해보세요.

1시간 15분　4인분

Ingredients

주재료　돼지고기(삼겹살) 400g, 주꾸미(큰 것) 4마리, 식용유 약간

부재료　양파(중간 것) 1개, 홍고추 1개, 청양고추 1개, 대파 1/2대

주꾸미 씻을 때　굵은소금·밀가루 적당량씩

양념 재료　고추장 6, 고춧가루 3, 간장 3, 청주 2, 맛술 2, 설탕 1, 물엿 1, 생강즙 0.3, 후춧가루 약간, 통깨 1, 참기름 1

Cooking Tip

삼겹살이나 주꾸미의 냄새를 제거할 때는 생강술이나 청주를 살짝 뿌리세요. 주꾸미 대신 오징어나 낙지를 넣어도 되고요.

1 고추장 6, 고춧가루 3, 간장 3, 청주 2, 맛술 2, 설탕 1, 물엿 1, 생강즙 0.3, 후춧가루 약간을 한데 섞어 양념장을 만들고,

2 돼지 삼겹살 400g은 적당히 썰고, 주꾸미 4마리는 굵은소금과 밀가루를 뿌려 바락바락 씻어 물에 헹구고, 각각 볼에 담아 양념장을 반으로 나눠 버무려서 1시간 정도 재우고,

3 양파 1개는 굵직하게 채썰고, 홍고추 1개와 청양고추 1개, 대파 1/2대는 어슷하게 썰고,

4 달군 팬에 식용유를 살짝 두르고 돼지 삼겹살을 넣고 볶다가 반 이상 익으면 주꾸미를 넣어 볶고 양파, 홍고추, 청양고추를 넣어 볶은 후 통깨 1, 참기름 1을 뿌리면 끝.

숙주나물볶음

쌀국수를 즐겨 먹으면서 좋아하게 된 숙주나물.
콩나물과는 색다른 맛이에요. 숙주나물을 넉넉하게 사서 소금 간하여
무쳐 먹기도 하지만 센 불에 볶아 먹기도 해요.

 25분　 3~4인분

Ingredients

주재료　숙주나물 300g, 쪽파(또는 대파) 적당량

양념 재료　식용유 2, 국간장 1, 다진 마늘 0.5, 참기름 1, 통깨 1, 설탕·소금·후춧가루 약간씩

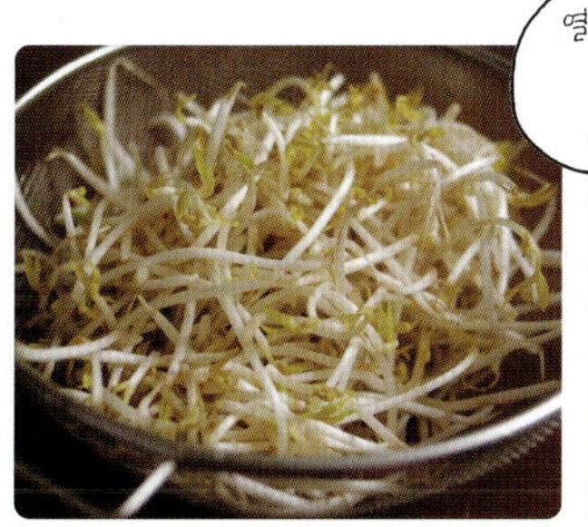

1 숙주나물 300g은 물에 씻어 체에 받쳐 물기를 쏙 빼고,

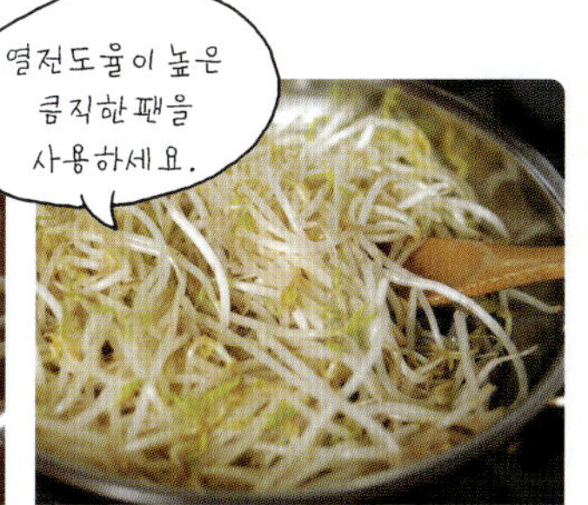

2 달군 팬에 식용유 2를 두르고 숙주나물을 넣어 센 불에 달달 볶다가,

3 숙주나물의 숨이 살짝 죽으면 국간장 1, 다진 마늘 0.5, 참기름 1, 통깨 1, 설탕 약간을 넣고 볶다가 송송 썬 쪽파를 넣고 소금, 후춧가루로 간하면 끝.

Cooking Tip 통후추나 후춧가루를 약간 넣어야 맛있어요. 국간장으로 미리 간을 하지만 간이 약간 부족하다 싶으면 구운소금 등으로 간을 해요. 또 엄지와 검지로 약간 집을 만큼의 설탕을 넣었어요. 꼭 넣지 않아도 되지만 설탕을 약간 넣으면 감칠맛이 나거든요.

저렴하고 맛난

코다리 간장조림

친정엄마는 명절이면 통북어로 조림을 해주시는데 정말 그 맛이 끝내줘요.
북어조림 솜씨는 식구들이 하나같이 혀를 내두를 정도예요.
그 비법을 여쭤보니 식물성 기름을 함께 넣고 조려야 맛있다고 귀띔하시네요.

  25분   4인분

Ingredients

주재료 코다리 2마리, 어슷 썬 청
양고추 2개

조림장 재료 멸치 육수 1컵+1/2
컵, 간장 4, 맛술 2, 청주 2, 설탕 1,
물엿 2, 다진 마늘 0.5, 생강즙 약
간, 포도씨오일 2

Cooking Tip

생선조림에도 육수를 넣어요. 진하게 우린
멸치다시마 육수가 적당합니다. 육수만
있으면 조미료가 필요 없어요.

1 코다리 2마리는 머리와 꼬리를
잘라내고 먹기 좋은 크기로 토
막 내 찬물에 여러 번 헹구고,

2 냄비에 멸치 육수 1컵+1/2
컵, 간장 4, 맛술 2, 청주 2, 설
탕 1, 물엿 2, 다진 마늘 0.5, 생강
즙 약간, 포도씨오일 2, 큼직하게
어슷 썬 청양고추 2를 넣어 바글바
글 조리고,

3 조림장이 끓으면 코다리를 넣
어 뚜껑을 열고 센 불로 조리
다가,

4 코다리가 익고 국물이 자작해
지면 불을 끄면 끝.

소시지 채소볶음

바쁘거나 장 보기 귀찮을 때면 집에 있는 식재료를 찾아내 반찬으로 만들어요.
워낙 식재료를 집에 쟁여놓는 걸 좋아해서 며칠은 거뜬하게 버틸 수 있을 정도랍니다.
토마토케첩으로 맛을 내던 소시지 채소볶음을 매콤하게 먹고 싶어 고추장 소스로 만들었어요.

 25분  2인분

 **Ingredients**

주재료 비엔나 소시지 20개, 굵은 소금 약간, 양파(큰 것) 1/2개, 피망 1개+1/2개, 당근 1/4개, 대파 약간, 식용유 적당량

양념 재료 다진 마늘 0.5, 고추장 0.5, 토마토케첩 5, 간장 1, 설탕 0.5, 물엿 3, 후춧가루 약간, 통깨 0.5

 **Cooking Tip**

비엔나 소시지는 모양이 귀여워서 아이들이 좋아해요. 굵은소금을 약간 넣고 데쳐 조리하면 훨씬 맛있어요. 소시지 대신 햄을 넣고 볶아도 돼요.

1 비엔나 소시지 20개는 끓는 물에 굵은소금을 약간 넣고 살짝 데쳐 칼집을 넣고,

2 양파 1/2개, 피망 1개+1/2개, 당근 1/4개, 대파 약간은 먹기 좋은 크기로 썰고,

3 달군 팬에 식용유를 두르고 다진 마늘 0.5를 넣고 볶다가 양파, 피망, 당근, 대파를 넣고 볶다가 비엔나 소시지를 넣어 볶고,

4 고추장 0.5, 토마토케첩 5, 간장 1, 설탕 0.5, 물엿 3, 후춧가루 약간을 넣고 양념하여 볶다가 통깨 0.5를 솔솔 뿌리면 끝.

뽀빠이도 울고 갈

시금치무침

이제 시금치는 사시사철 먹을 수 있게 되었지요. 그런데 겨울철 반짝 나오는 시금치가 있어요. 이름하여 섬초. 전남 신안군 비금도에서 재배되는 재래종 시금치라는데, 한겨울 바닷바람과 눈서리를 견디느라 땅바닥에 붙어 자란다고 해요. 그래서 그런지 씹히는 맛이 아주 좋아요.

25분 4인분

Ingredients

주재료 시금치(다듬은 것) 350g, 당근 1/4개, 굵은소금 1

양념 재료 조선간장 1, 다진 마늘 1, 다진 파 2, 물엿 약간, 소금 0.3, 통깨 0.5, 참기름 2, 후춧가루 약간

Cooking Tip

시금치는 뜨거운 물에 축인다 싶을 정도로 아주 살짝 데쳐야 해요. 다른 채소처럼 오랜 시간 데치면 누렇게 뜨고 잎도 흐물거려요.

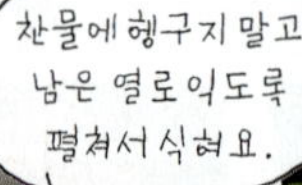

1 당근 1/4개는 채썰어 굵은소금 1을 넣고 팔팔 끓인 물에 10초 정도 살짝 데치고,

2 끓는 물에 시금치를 넣고 2~3초 있다가 뒤집어서 다시 2~3초 정도 데쳐 재빨리 찬물에 담가 두세 번 헹궈 물기를 쏙 빼고,

3 조선간장 1, 다진 마늘 1, 다진 파 2, 물엿 약간, 소금 0.3을 한데 섞어 양념장을 만들고,

4 볼에 시금치, 당근, 양념장을 넣어 조물조물 무쳐 통깨 0.5, 참기름 2, 후춧가루 약간을 솔솔 뿌려 살짝 버무리면 끝.

파래무침

시장에 갔다가 싱싱해 보이는 파래가 있으면 꼭 사와요.
그것도 겨울 한철뿐이지만…. 새콤하게 무쳐 먹으면 입안은 바다내음으로 가득하지요.
이렇게 반짝 시장에 나왔다 사라지는 식재료들은 제철에 부지런히 만들어 먹어요.

 25분　 2~3인분

Ingredients

주재료　파래(씻어서 물기를 짠 것) 2덩이, 채썬 무 2줌

무 양념 재료　식초 1, 설탕 0.5, 소금 0.3

양념 재료　식초 3, 설탕 1, 물엿 1, 국간장 1, 간장 1, 다진 마늘 1, 다진 파 3, 통깨 1

1 파래 2덩이는 손으로 바락바락 씻어 여러 번 물에 헹궈 체에 밭쳐 물기를 쏙 빼고 적당한 크기로 자르고,

2 채썬 무 2줌은 볼에 담고 식초 1, 설탕 0.5, 소금 0.3을 넣고 미리 양념해두고,

3 식초 3, 설탕 1, 물엿 1, 국간장 1, 간장 1, 다진 마늘 1, 다진 파 3, 통깨 1을 한데 섞어 양념장을 만들고,

4 파래에 양념장을 넣어 조물조물 무치다가 무채를 넣고 대강 버무리면 끝.

Cooking Tip　파래무침은 **깔끔하게** 소금으로 간을 하기도 하는데 깊은 맛을 내려고 조선간장과 일반 간장을 반반씩 넣었어요. 또 매콤하게 먹으려면 고춧가루를 넣어도 되고, 까나리액젓을 넣어도 감칠맛이 나요.

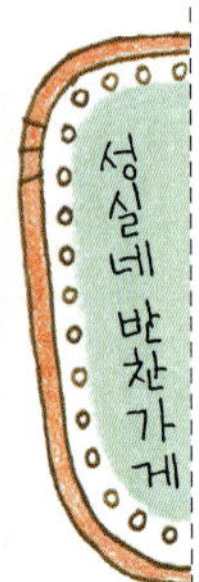

쥐포 양념무침

쥐포는 잘근잘근 씹는 재미가 일품인 간식이지만 무치니까 별미가 되더라고요.
술안주나 간식으로 먹던 쥐포를 밑반찬으로 많이 애용합시다!

  25분　4인분

Ingredients

주재료　쥐포 5장, 양파(중간 것) 1/2개, 당근 약간, 풋고추 2개

양념 재료　간장 2, 물엿 1, 다진 마늘 0.5, 고춧가루 1, 설탕 0.5, 식초 1, 참기름 1, 통깨 0.5

Cooking Tip

쥐포 양념무침은 냉장고에 두고 먹어도 맛있어요. 채소에서 적당히 수분이 나와 쥐포가 더욱 야들야들해지거든요.

1 쥐포 5장은 물에 살짝 헹궈 식용유를 두르지 않은 팬에 앞뒤로 노릇노릇하게 구워 가위로 4~5cm 길이로 자르고,

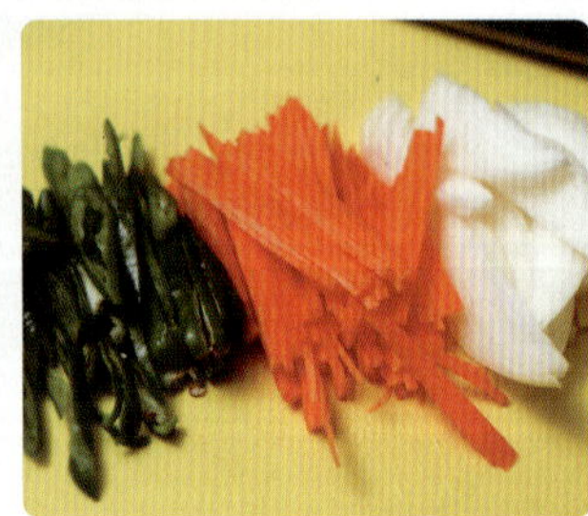

2 양파 1/2개와 당근 약간은 채썰고, 풋고추 2개는 어슷하게 썰고,

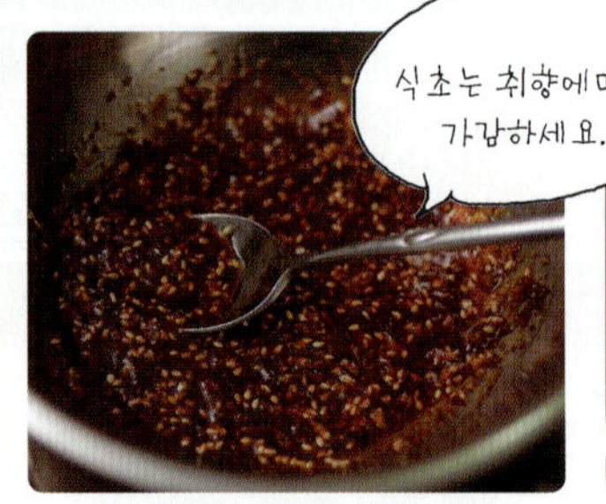

3 간장 2, 물엿 1, 다진 마늘 0.5, 고춧가루 1, 설탕 0.5, 식초 1, 참기름 1, 통깨 0.5를 한데 섞어 양념장을 만들고,

4 채썬 양파, 당근, 풋고추, 쥐포를 볼에 담고 양념장을 넣어 조물조물 무치면 끝.

양배추김치

김장김치가 물릴 때나 장마철 배추가 금추가 될 때 양배추김치가 등장해요.
재료와 과정을 최소화한 성실 버전으로 담근 양배추김치입니다.

1시간 20분

김치통 1통

Ingredients

주재료 양배추(큰 것) 1/2통, 양파 (중간 것) 1개, 대파 1대

절임물 재료 물 1컵, 굵은소금 2

양념 재료 고춧가루 5, 멸치액젓 7, 다진 마늘 1, 생강즙 약간, 설탕 1

Cooking Tip

멸치액젓 대신 까나리액젓이나 새우젓 3에 멸치액젓 4를 섞어 넣어도 좋아요.

1 양배추 1/2통은 깨끗이 씻어 큼직큼직하게 썰고 물 1컵에 굵은소금 2를 풀어 절임물을 만들고,

2 큰 볼에 양배추를 담고 절임 물을 골고루 뿌려 1시간쯤 절이고,

3 양파 1개는 채썰고, 대파 1대 는 적당하게 어슷 썰고, 양배 추는 찬물에 두어 번 헹궈 물기를 쏙 빼고,

4 양배추에 고춧가루 5, 멸치액 젓 7, 다진 마늘 1, 생강즙 약 간, 설탕 1과 양파, 대파를 넣어 골 고루 버무리면 끝.

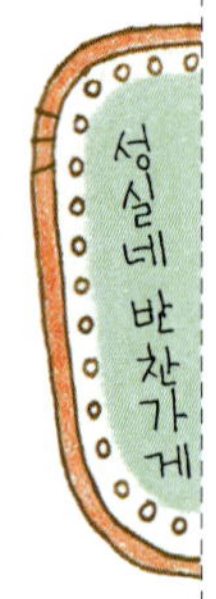

아삭아삭 씹히는

오이소박이

가장 자주 해 먹는 김치는 오이소박이와 파김치예요. 배추김치나 물김치는
시댁과 친정에서 차고 넘치게 주시니 꾀 부리느라 자주 담지 못하거든요. 한 통 담아두면 뿌듯하고,
점점 줄어드는 것이 아까울 정도로 맛나고 간단한 레시피를 공개합니다.

Ingredients

주재료 조선오이 8개, 자른 부추 8줌(약 200g), 잘게 썬 양파 1/4개분

절임물 재료 물 8컵, 굵은소금 4

밀가루풀 재료 물 1컵+1/2컵, 밀가루 1.5

양념 재료 멸치액젓 8, 새우젓 2, 고춧가루 7, 다진 마늘 2, 다진 생강 0.3, 설탕 2, 소금 적당량

1 조선오이 8개는 굵은소금으로 오돌토돌한 돌기를 살살 문질러 씻은 후 하나씩 4등분 하여 끝부분을 1cm 정도 놔두고 열십자로 칼집을 내고,

2 절임물 재료인 물 8컵과 굵은소금 4를 냄비에 넣고 팔팔 끓여 뜨거울 때 오이에 부어 1시간 정도 절이고,

3 물 1컵+1/2컵에 밀가루 1.5를 멍울 없이 풀어 뭉근하게 끓여 밀가루풀을 쑤어 완전히 식히고,

4 밀가루풀에 부추, 양파, 멸치액젓 8, 새우젓 2, 고춧가루 7, 다진 마늘 2, 다진 생강 0.3, 설탕 2, 소금 적당량을 넣어 부추의 풋내가 나지 않도록 재빨리 섞고,

5 절인 오이는 체에 밭쳐 물기를 쏙 뺀 다음 열십자 안쪽으로 부추 소를 적당히 넣고,

6 차곡차곡 김치통에 담아 하루 정도 실온에서 익혀 냉장고에 넣으면 끝.

Cooking Tip

아삭한 오이소박이의 비결은 끓는 소금물 붓기랍니다. 뜨거운 물을 부으면 오이가 익을 것 같지만 그렇지 않아요. 그리고 굵은 소금 4를 4컵으로 오해하시기도 하는데요, 4숟가락입니다.

시원한 여름 김치

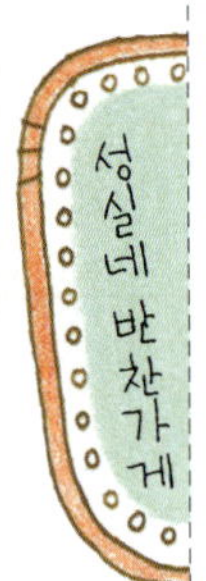

오이물김치

더운 여름 오이물김치 한 그릇이면 하루가 행복합니다. 시원한 국물은 꿀떡꿀떡 마시기도 하고 국수도 말아 먹지요. 초보자도 쉽게 따라 할 수 있으니 함께 만들어보아요.

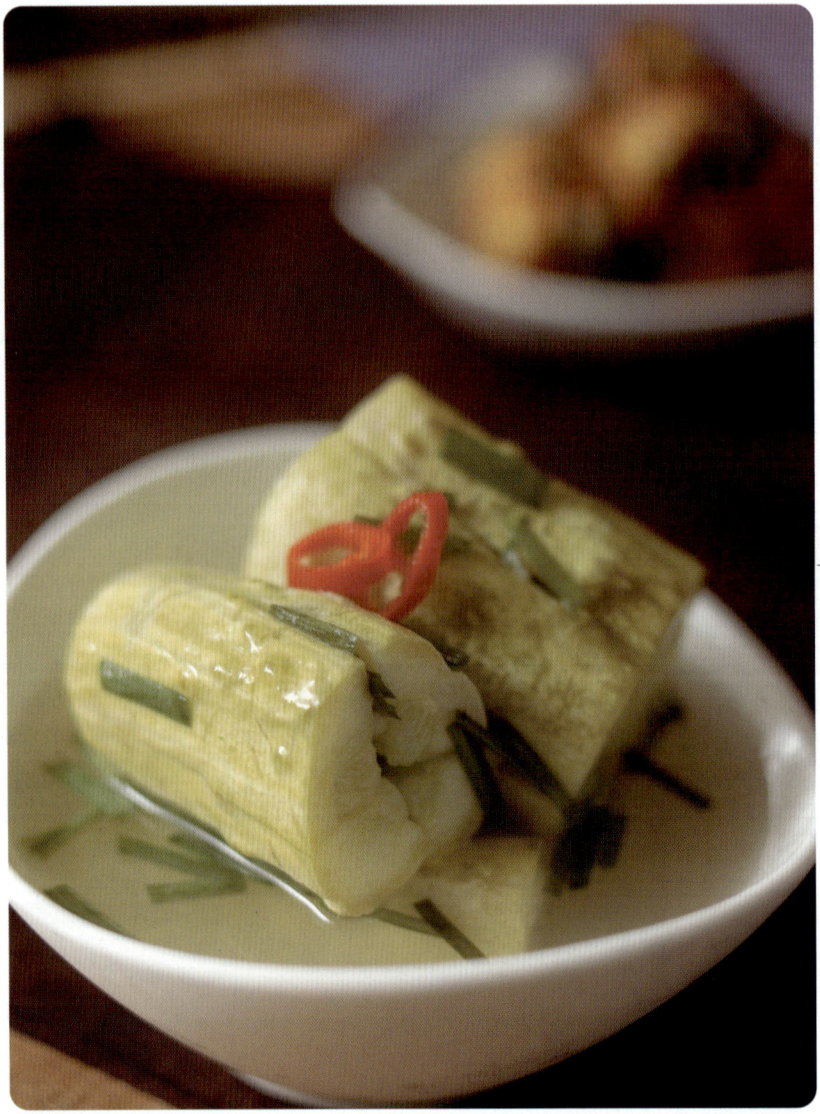

또 하나의 요리!

오이물김치 국물말이 국수

(1인분)

How to cook 오이물김치 국물에 식초 0.5, 설탕과 소금을 약간씩 넣어 쫄깃하게 삶은 국수를 넣어 말아 먹어요. 잘 익은 오이를 썰어서 고명으로 올려도 맛있어요.

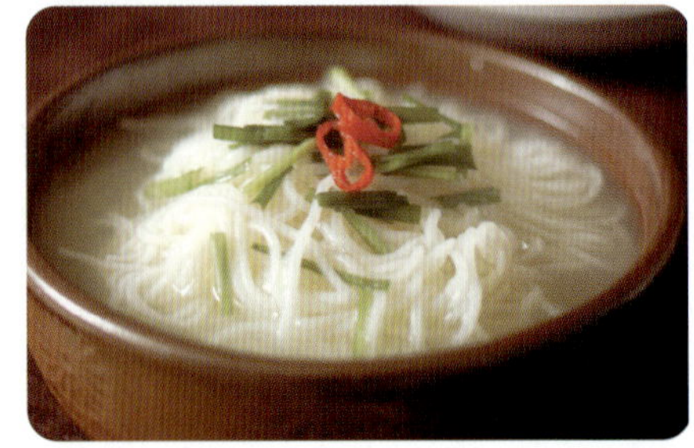

Ingredients

주재료 조선오이 4개   **절임물 재료** 물 4컵, 굵은소금 2   **밀가루풀 재료** 물 1컵, 밀가루 1

양념 재료 자른 부추 1줌, 어슷 썬 홍고추 1개분, 다진 마늘 1, 다진 생강 약간, 멸치액젓(또는 까나리액젓) 4, 설탕 1

김치 국물 재료 생수 8컵, 굵은소금 1, 밀가루풀 1컵

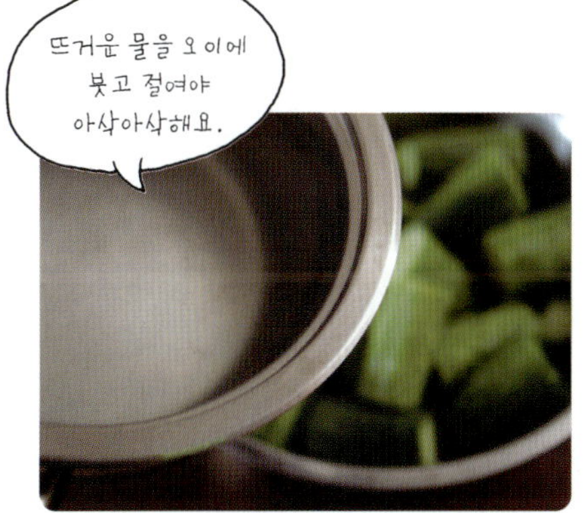

1 조선오이 4개는 굵은소금으로 살살 문질러 씻은 후 하나씩 4등분 하여 열십자로 칼집을 내어, 물 4컵과 굵은소금 2를 넣고 끓인 물을 붓고,

2 자른 부추 1줌, 어슷 썬 홍고추 1개분, 다진 마늘 1, 다진 생강 약간, 멸치액젓 4, 설탕 1을 한데 섞고,

3 생수 8컵에 굵은소금 1을 푼 물에 물 1컵과 밀가루 1로 쑨 밀가루풀 1컵을 체에 이겨가며 풀어 김치 국물을 만들고,

4 1시간 정도 절인 오이는 체에 밭쳐 물기를 쏙 빼고,

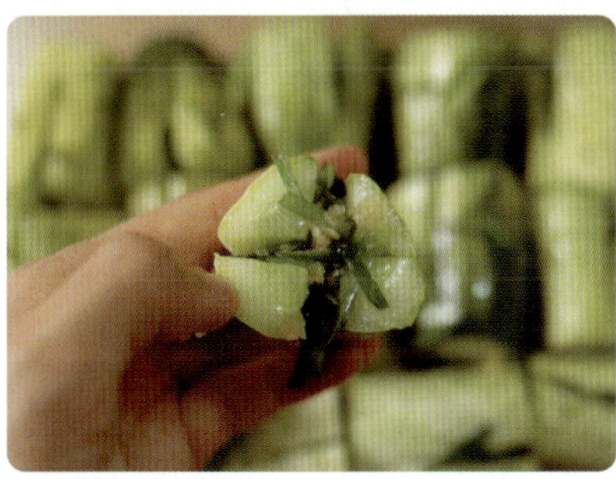

5 소를 적당히 나누어 오이 안쪽에 야무지게 넣어 김치통에 차곡차곡 담고,

6 김치 국물을 부어 하루 정도 실온에 익혔다가 냉장고에 넣으면 끝.

오이 부추생채

오이와 부추는 여름이 되면 매우 저렴하면서도 기특한 식재료예요.
갓 무친 맛깔스러운 오이 부추생채 한 접시에 밥 한 그릇만 있으면 여름 더위가 두렵지 않아요.
오이소박이를 만들려고 사온 오이와 부추는 항상 생채를 만드는 바람에 축낸답니다.

45분 | 2인분

Ingredients

주재료 오이 1개, 부추 1줌, 양파 1/4개, 굵은소금 0.5

양념 재료 고춧가루 1, 멸치액젓(또는 까나리액젓) 1, 설탕 0.5, 다진 마늘 0.5, 통깨 1

Cooking Tip 오이를 절일 때는 굵은소금을 넣어야 해요. 꽃소금을 사용하면 맛이 짜요.

1 오이 1개는 먹기 좋게 잘라 굵은소금 0.5를 뿌려 30분간 절여 물기를 살짝 짜고,

2 부추 1줌은 4~5cm 길이로 썰고, 양파 1/4개는 가늘게 채썰고,

3 볼에 절인 오이와 부추, 양파를 넣고 고춧가루 1, 멸치액젓 1, 설탕 0.5, 다진 마늘 0.5, 통깨 1을 넣고,

4 조물조물 무치면 끝.

생배추무침

배춧국도 끓이고, 배추전도 부치고, 배추 겉절이도 만들고.
배추 한 통이면 밥상이 풍요로워요. 생배추무침은 누룽지 닭백숙집에서
나오는 풋풋한 배추무침이 생각나서 만들어보았어요.

  25분 4인분

Ingredients

주재료   배추 속대 700g, 들깻가
루 2

양념 재료   멸치액젓(또는 까나리
액젓) 2, 진간장 1, 설탕 0.7, 다진
마늘 0.5, 고춧가루 2, 들기름 1

Cooking Tip

양념은 가능하면 최대한 자제해야 배추의
풋풋하고 시원한 맛을 살릴 수 있어요. 들
기름은 없으면 안 넣어도 되지만 들기름이
나 들깻가루 중 하나는 꼭 넣어야겠더라고
요. 또 들깻가루는 굵게 간 것을 넣어야 씹
히는 맛이 나요.

1 배추 속대 700g은 찬물에 씻어
물기를 툭툭 털고 손으로 먹기
좋게 찢어 볼에 담고,

2 멸치액젓 2, 진간장 1, 설탕
0.7, 다진 마늘 0.5, 고춧가루
2, 들기름 1을 한데 골고루 섞어
양념장을 만들고,

3 배추에 양념장을 붓고 양념이
골고루 배도록 살살 버무리
고,

4 들깻가루 2를 골고루 뿌려 살
살 뒤적거리면 끝.

풋풋한 채소들 집합

생채소무침

시부모님께서 논과 밭이 있는 곳으로 이사를 가셨어요.
그래서 매주 찾아뵐 때마다 온갖 채소들을 챙겨주시거든요.
냉장고에 상추, 치커리, 풋고추 등이 넘쳐나서 밥상에 올려보았어요.

Cooking Tip 양념장과 채소를 미리 준비하여 냉장고에 넣었다가 상에
내기 직전에 무치면 더 맛있어요. 고기 요리에 곁들이면 좋을 환상의 짝꿍이에요.

 25분　 한 접시

Ingredients

주재료　상추, 치커리, 양파 등 채소 넉넉히 2줌

양념 재료　설탕 1, 식초 2, 간장 1, 참치진국 1, 다진 마늘 0.5, 다진 파
1, 고춧가루 0.5, 레몬즙 약간, 참기름 1, 통깨 0.5

1 양념장 재료 중 설탕 1과 식초
2를 섞어 설탕이 다 녹을 때까
지 젓고,

2 나머지 양념장인 간장 1, 참
치진국 1, 다진 마늘 0.5, 다
진 파 1, 고춧가루 0.5, 레몬즙 약
간, 참기름 1, 통깨 0.5를 넣어 섞
고,

3 채소는 찬물에 깨끗이 씻어 채
소 탈수기에 넣어 물기를 쏙
빼서 먹기 좋은 크기로 썰어 볼에
담고,

4 양념장을 붓고 젓가락으로 살
살 뒤적거리듯 무치면 끝.

오이 셀러리피클

기분을 업시키고 싶을 때 만들어 먹는 음식이에요. 향이 강하고
풋풋한 셀러리를 넣어 더욱 맛나요. 셀러리가 없으면 오이를 더 넣거나 무나 양파를
같이 넣으면 돼요. 고기 요리나 스파게티, 피자 먹을 때 내놓으세요

  25분　넉넉한 양

Ingredients

주재료　조선오이 4개, 셀러리 4
대, 청양고추 2개

단촛물 재료　물 3컵, 식초 1컵+1/2
컵, 설탕 1컵+1/2컵, 굵은소금 1.5,
피클링 스파이스 0.5

Cooking Tip

피클링 스파이스는 대형마트에서 구입했는
데 한 번 사면 두고두고 쓸 수 있어요. 남은
것은 잘 밀봉해서 냉동실에 넣어두세요.

1 오이 4개는 굵은소금으로 오돌
토돌한 돌기를 문질러 씻고 물
기를 뺀 후 손가락 3분의 1마디 정
도 되는 크기로 자르고,

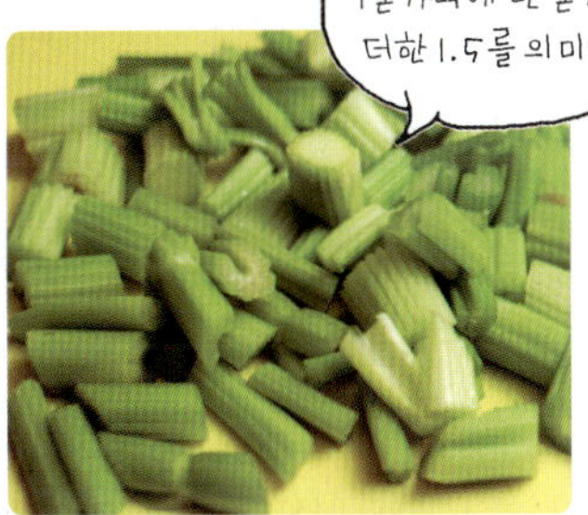

2 셀러리 4대는 씻어서 물기를
닦고 먹기 좋은 크기로 썰어
큰 볼에 오이와 함께 넣은 후 청양
고추 2개를 어슷 썰어 넣고,

3 물 3컵, 식초 1컵+1/2컵, 설
탕 1컵+1/2컵, 굵은소금
1.5, 피클링 스파이스 0.5를 냄비
에 넣고 팔팔 끓이고,

4 뜨거운 단촛물은 체에 밭쳐
오이와 셀러리가 담긴 볼에
부었다가 단촛물이 식으면 용기에
담고 뚜껑을 덮어 실온에 잠시 두
었다가 냉장고에 넣으면 끝.

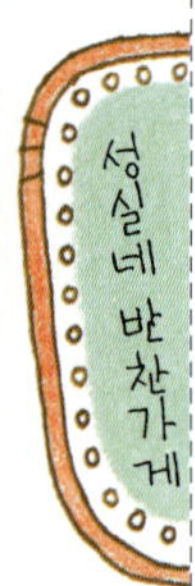

우거지 된장지짐

시아버님이 좋아하시는 음식이 조물조물 된장에 무친 우거지를 푹 끓인 우거지 된장지짐이에요.
우거지를 손으로 찢어 밥에 얹어 먹으면 씹지 않아도 술술 넘어가요. 시아버님은 생새우를 넣고 지진
것을 좋아하시더라고요. 시집 와서 이 음식의 팬이 되어버렸어요.

Cooking Tip 배추 잎은 배추 중간쯤 있는 걸 소금물에 데쳐 사용해요.
안쪽 속대는 겉절이를 만들고 잎 부분은 데쳐서 찬물에 헹궈 물기를 꼭 짜서 한 번 먹
을 양만큼씩 비닐팩에 담아 냉동 보관했다가 된장에 무쳐 끓여 먹어요.

 25분　 2~3인분

Ingredients

주재료　데친 배추 잎 8장, 풋고추 1/2개, 홍고추 1/2개, 소금 약간, 멸
치 쌀뜨물 2컵+1/2컵(쌀뜨물 4컵+국물용 멸치 1줌)

양념 재료　된장 2, 고추장 0.5, 다진 마늘 0.3, 밥새우 1, 고춧가루 0.5

1 쌀뜨물 4컵에 국물용 멸치를 크게 1줌을 넣어 팔팔 끓여 멸치 쌀뜨물을 만들고,

2 배추 잎 8장은 끓는 소금물에 데쳐 찬물에 헹궈 물기를 꼭 짜서 찢어 풋고추와 홍고추를 어슷 썰어 넣고 된장 2, 고추장 0.5, 다진 마늘 0.3을 넣어 무치고,

 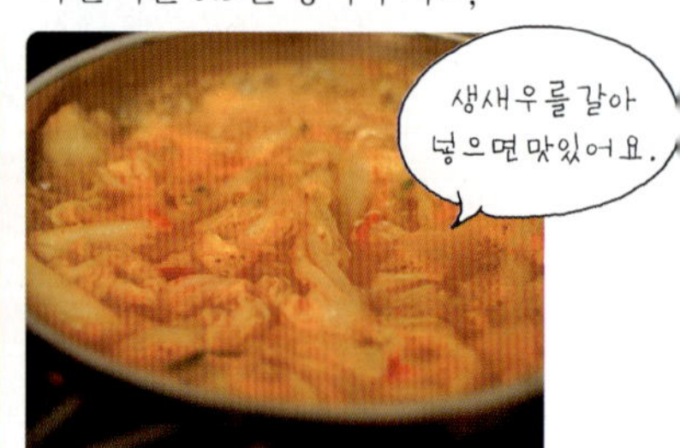

3 뚝배기에 배추를 담고 멸치 쌀뜨물 2컵+1/2컵을 붓고 보글보글 끓이다가,

4 밥새우 1을 넣고 푹 무르게 끓여 자작하게 국물이 남으면 고춧가루 0.5를 넣어 한소끔 더 끓이면 끝.

애느타리버섯 깨 소스

볶아 먹거나 찌개에 넣어 먹던 버섯을 새로운 맛의 소스로 무쳤어요.
버섯 샐러드도 아닌데 맨입에 자꾸 먹게 돼요.
깨 소스는 팽이버섯이나 새송이버섯과도 잘 어울려요.

 35분  3~4인분

 **Ingredients**

주재료 애느타리버섯 1팩(약 200 g), 식용유 적당량, 소금·당근·양파 약간씩

깨 소스 재료 통깨 1, 다진 마늘 0.5, 설탕 1, 식초 2, 간장 1, 연겨자 0.3, 참기름 0.3

 **Cooking Tip**

깨 소스는 분량을 다 넣어도 되지만 맛을 봐서 재료를 적당히 덜어내도 돼요.

1 애느타리버섯 1팩은 가닥가닥 찢어 물에 씻어 물기를 짜서 달군 팬에 식용유를 살짝 두르고 볶고,

2 당근과 양파는 채썰어 식용유를 약간 두른 팬에 살짝 볶고 버섯과 함께 볼에 담아 펼쳐 식히고,

3 절구에 통깨 1을 넣고 갈아 다진 마늘 0.5, 설탕 1, 식초 2, 간장 1, 연겨자 0.3, 참기름 0.3을 한데 섞어 깨 소스를 만들고,

4 애느타리버섯과 당근, 양파에 깨 소스를 넣어 조물조물 무치면 끝.

삼치탕수

이 요리는 만들 때보다 이름을 지으면서 더 많은 고민을 했어요.
삼치 간장조림이라고 해야 할까, 삼치 간장 소스 탕수라고 해야 할까?
광어탕수를 응용한 요리라 그냥 삼치탕수라 부르기로 했어요.

  25분 · 2~3인분

Ingredients

주재료 삼치 3토막, 소금·후춧가루 약간씩, 밀가루(또는 녹말가루)·식용유 적당량씩 **부재료** 마늘 4쪽, 청양고추 1개, 홍고추 1/2개

소스 재료 간장 1, 굴소스 1, 맛술 2, 청주 1, 물엿 2, 식초 2, 물 3, 생강가루·후춧가루 약간씩

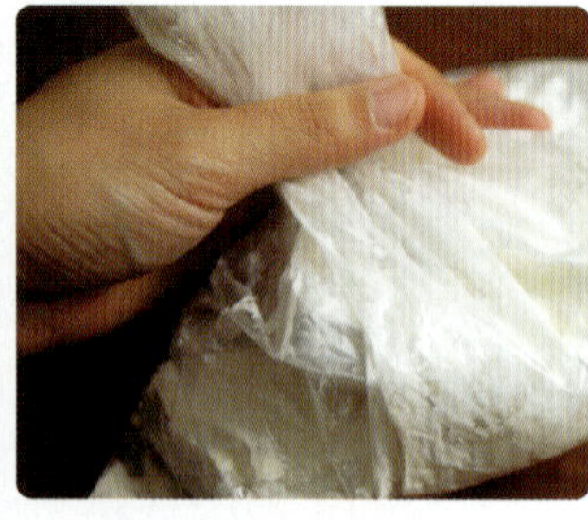

1 손질한 삼치 3토막은 소금과 후춧가루로 살짝 밑간하여 밀가루가 든 비닐팩에 넣어 밀가루 옷을 입히고,

2 충분히 달군 팬에 식용유를 넉넉히 두르고 삼치를 앞뒤로 노릇노릇하게 구워 접시에 담고,

3 약하게 달군 팬에 식용유를 살짝 두르고 마늘 4쪽을 편으로 썰어 마늘 향을 내어 볶다가,

4 ③에 간장 1, 굴소스 1, 맛술 2, 청주 1, 물엿 2, 식초 2, 물 3, 생강가루와 후춧가루를 약간씩 넣고, 청양고추 1개, 홍고추 1/2개는 송송 썰어 넣고 바글바글 끓여 삼치 위에 끼얹으면 끝.

Cooking Tip 삼치는 생강 향이 나야 맛있어요. 생강즙이나 생강가루를 꼭 넣으세요. 후춧가루 대신 통후추를 갈아 넣어야 맛있어요.

미역 오이무침

여름이면 생각나는 미역 오이무침과 미역 냉국. 더운 여름에 가능하면 불을 안 쓰면서
시원한 반찬을 만들 수 있는 법을 알려드릴게요. 뚝딱뚝딱 금세 만들 수 있는 미역 오이무침에
찬밥에 물 말아 든든하게 드세요.

 25분  2~3인분

Ingredients

주재료 불린 미역(물기를 꼭 짠 미역) 2/3컵, 오이 1/2개, 통깨 적당량

양념 재료 식초 3, 설탕 1.5, 굵은 소금 0.3, 송송 썬 실파 1, 송송 썬 홍
고추 1

1 오이 1/2개는 가늘게 채썰고,
불린 미역 2/3컵도 준비하고,

2 끓는 물에 불린 미역을 살짝
데쳐 찬물에 씻어 한 김 식히
고,

3 큼직한 볼에 미역과 오이채를
넣고 식초 3, 설탕 1.5, 굵은
소금 0.3, 송송 썬 실파 1, 송송 썬
홍고추 1을 한데 넣고 조물조물 무
치면 끝.

또 하나의 요리!

미역 냉국(4인분)

How to cook 미역 오이무침에 얼음물 3
컵, 식초 4, 설탕 2, 소금 0.3, 참치진국(또는 국
간장) 1을 한데 섞어 부으면 미역 냉국이 뚝딱
만들어져요.

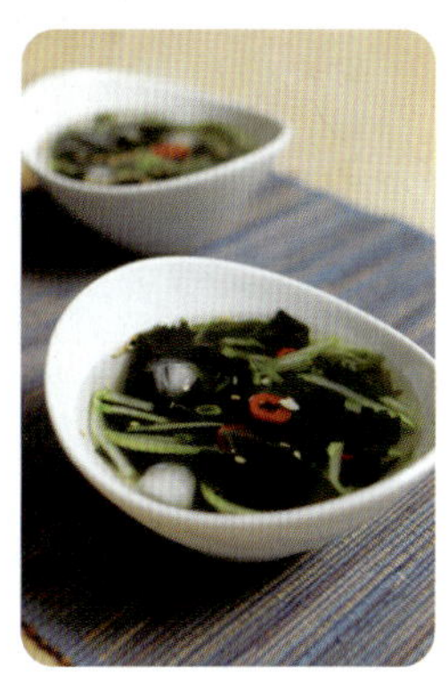

일 년 내내 매일 밑반찬

애호박 새우젓볶음

겨울에는 애호박이 금값이 되어 자주 해 먹으려면 살짝 부담이 되지만
제철인 여름이면 부담없이 해 먹을 수 있어요. 애호박과 환상궁합을 자랑하는 새우젓.
소금으로는 맛볼 수 없는 깊은 맛이 나지요.

 25분  3~4인분

 **Ingredients**

주재료 애호박 1개, 양파(작은 것) 1/4개, 홍고추 1/3개, 식용유 적당량,
후춧가루 약간

양념 재료 다진 마늘 0.5, 새우젓 1, 다진 파 2, 참기름 1, 후춧가루 약
간

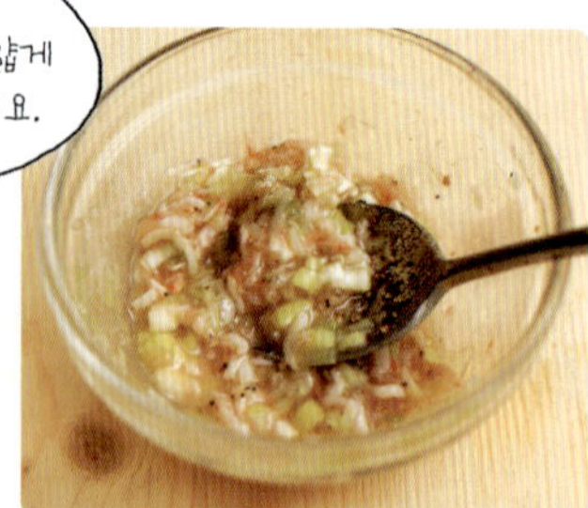

1 애호박 1개는 은행잎 모양으로 도톰하게 썰고, 양파 1/4개도 적당한 크기로 썰고,

2 새우젓 1, 다진 파 2, 참기름 1, 후춧가루 약간을 한데 섞고,

3 달군 팬에 식용유를 적당히 두르고 다진 마늘 0.5를 넣고 타지 않게 달달 볶다가 호박과 양파를 넣고 달달 볶고,

4 애호박과 양파가 말캉하게 볶아지면 양념장과 홍고추 1/3개를 어슷하게 썰어 넣고 볶아 후춧가루를 솔솔 뿌리면 끝.

Cooking Tip **새우젓 양념을** 미리 섞어두었다가 넣으면 양념들이 겉돌지 않아서 깊은 맛이 나요. 또 후춧가루보다는 통후추를 먹기 직전 갈아 넣으면 맛있어요.

 성 실 네 **반 찬 가 게**

새우젓 달걀찜

자주 해 먹는 만만한 반찬 달걀찜. 아는 분 댁에 놀러 갔다가 맛본 달걀찜과
분식집의 달걀찜 맛에 반해 비법을 캐보았어요. 같은 재료가 만드는 사람의 손끝의 차이에
따라 맛이 달라지는 묘미야말로 요리하는 매력이 아닐까요.

 25분　 2~3인분

Ingredients

주재료　달걀 3개, 물 1컵, 대파 약간, 청양고추 1/3개

양념 재료　새우젓 1, 후춧가루 약간

달걀 양념 재료　재료 설탕 0.3

1 뚝배기에 물 1컵을 붓고 새우젓 1을 넣어 새우젓의 맛이 우러나도록 팔팔 끓여,

2 달걀 3개는 설탕 0.3을 넣고 잘 풀어 팔팔 끓는 새우젓 국물에 넣고,

3 달걀이 탕처럼 풀어지면 숟가락으로 바닥을 긁어가며 휘휘 몇 번 저어 약한 불로 줄여 뚜껑을 덮고 뭉근히 익혀,

4 달걀찜이 부풀어 오르면 대파 약간과 청양고추 1/3개를 송송 썰어 넣고 후춧가루를 살짝 뿌리면 끝.

Cooking Tip　달걀에 설탕을 넣어 풀면 비린 맛도 사라지고 감칠맛도 더 해요. 또 먹기 직전에 참기름을 한 방울 떨어뜨려도 맛이 좋아져요.

열무김치

열무김치는 찬밥에 고추장 한 숟가락 넣고, 따끈한 달걀 프라이 올려 비벼 먹어도 좋고,
국수나 냉면에 듬뿍 넣어 먹어도 맛이 나죠. 그래서 열무김치를 담그게 되면 밥이랑 면을
많이 먹게 되어 살이 오르기도 합니다. 그래도 맛있는 걸 어쩌겠어요.

Cooking Tip **열무김치 맛의** 승패는 열무 절이는 타이밍이에요. 절이는
시간은 계절에 따라 다른데 여름에는 40분에서 1시간 정도 절이면 적당해요. 또 열무
를 씻을 때 세게 문지르면 풋내가 나니 흐르는 물에 살살 흔들어 씻으세요.

 1시간 20분　 열무 2단 분량

 **I n g r e d i e n t s**

주재료　열무 2단(약 2kg)　**절임물 재료**　굵은소금 1컵, 물 4컵

양념 재료　홍고추 12개, 양파(중간 것) 1개, 마늘 20쪽, 생강 2톨, 멸치
액젓 1/2컵, 찬밥 5, 설탕 3, 고춧가루 5, 열무 절인 물 2컵

1 열무 2단은 뿌리 쪽을 살살 긁
어 지저분한 부분만 도려내고,
시든 잎은 떼어내고 큼직한 볼에
담고,

2 물 4컵에 굵은소금 1컵을 녹
여 절임물을 열무에 부어 40
분에서 1시간 가량 절이고,

3 홍고추 12개, 양파 1개, 마늘
20쪽, 생강 2톨, 멸치액젓
1/2컵, 찬밥 5를 믹서에 넣어 갈아
설탕 3, 고춧가루 5, 열무 절인 물
2컵을 넣고,

4 열무를 찬물에 헹궈 물기를 뺀
다음 양념장을 넣어 살살 버무
려 김치통에 가지런히 담고 실온
에서 하루 정도 익혀 냉장고에 넣
고 며칠 지나 먹으면 끝.

김장아찌

김으로 만든 장아찌, 들어보셨어요? 일부러 김을 사서 만들어 먹을 만큼 맛있기도 하고 만들기도 쉬워 자주 만들어요. 요즘 도시락을 싸 가지고 다니는 알뜰족이 많다고 하던데요, 김장아찌는 도시락 반찬으로도 그만이에요.

25분　한 달 밑반찬

Ingredients

주재료 김 70장, 통깨 4, 참기름 적당량

조림장 재료 간장 1컵, 조선간장 1/2컵, 물 1/3컵, 물엿(또는 아가베 시럽) 1컵, 청주 2/3컵, 고추장 2, 생강즙(또는 생강가루) 0.3, 마늘 5쪽

1 냄비에 간장 1컵, 조선간장 1/2컵, 물 1/3컵, 물엿 1컵, 청주 2/3컵, 고추장 2, 생강즙 0.3, 마늘 5쪽을 한데 넣고 바글바글 끓기 시작하면 2분 정도 더 끓이고,

2 김 70장은 10장씩 나누어 반으로 자른 후 다시 4등분 하고,

3 자른 김을 5장에서 10장 정도 끝부분이 살짝 포개지게 계단처럼 층층이 올린 다음 끓인 조림장을 적당히 바르고 통깨를 솔솔 뿌리고,

4 김, 조림장, 통깨 순으로 김장아찌를 만들어서 실온에 하루 정도 두었다가 냉장고에 보관하면 끝.

Cooking Tip 오래 보관하고 먹는 김장아찌는 조림장에 멸치나 다시마, 마른 표고버섯 등으로 우린 육수를 넣지 않아요. 멸치 육수가 들어가면 맛은 있지만 오래 보관하면 군내가 나더라고요. 한끼 맛배기로 만드실 요량이라면 멸치 육수를 넣어도 돼요. 그리고 끓인 조림장은 완전히 식은 후에 사용하세요.

쇠고기 완자장조림

친정엄마가 자주 해주셨던 반찬이에요. 어렸을 때 쇠고기와 돼지고기 값이 천지 차이라 특별한 날에는
쇠고기로 만드셨지만 보통 때는 돼지고기로 만드셨지요. 쇠고기 완자장조림은 밥을 먹기 시작하는 어린아이에게도
먹일 수 있는 반찬이에요. 연하고 부드러워 살살 으깨어 밥과 함께 비벼 먹이면 아이들이 참 잘 먹거든요.

25분 10인분

Ingredients

주재료 다진 쇠고기 600g **고기 밑간 재료** 다진 마늘 1, 청주 2, 생강즙(또는 생강가루)·후춧가루 약간씩 **조림장 재료** 대파(흰 부분) 2대, 간장 8, 맛술 4, 물 3컵, 물엿 1

1 다진 쇠고기 600g에 다진 마늘 1, 청주 2, 생강즙과 후춧가루를 약간씩 넣어 치대고,

2 쇠고기를 끈기 있게 치댄 후 동글동글하게 완자 모양으로 빚고,

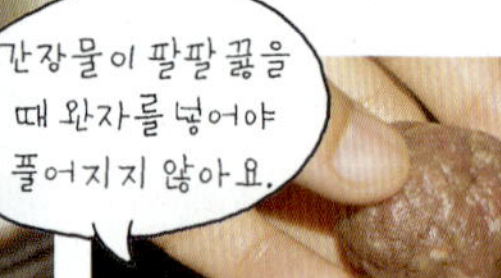

3 대파 2대, 간장 8, 맛술 4, 물 3컵을 냄비에 넣고 바글바글 끓이다가 고기 완자를 하나씩 굴리듯 넣고,

4 끓이는 중간 중간 기름과 거품을 건어내고 어느 정도 국물이 졸아들면 물엿 1을 넣어 윤기를 내면 끝.

Cooking Tip 쇠고기 1근이면 완자를 30개에서 35개 정도 만들 수 있어요. 완자는 크기가 너무 작으면 잘 풀어지고 그렇다고 너무 크면 속이 퍽퍽하고 속까지 잘 안 익으므로 적당한 크기로 빚어야 해요.

버섯볶음 두부스테이크

마트에 갈 때마다 집어 들고 오는 버섯과 두부. 저만 그런 건 아니겠지요? 버섯과 두부로 근사하면서도 맛난 일품요리 같은 반찬을 만들어봤어요. 반찬 삼아 먹어도 좋고, 메인 요리로 먹어도 훌륭한 한끼가 돼요. 만만한 두부와 버섯으로 새로운 메뉴 하나 추가해보세요.

 25분　 2~3인분

Ingredients

주재료　두부 1모(약 400g), 녹말가루 적당량, 애느타리버섯 1팩(약 200g), 팽이버섯 1봉지, 양파(중간 것) 1/2개, 빨강 파프리카 약간, 청양고추 1개, 식용유 적당량　**양념 재료**　고추장 1, 간장 2, 참치진국 1, 설탕 1, 맛술 1, 다진 마늘 1, 참기름 1, 통깨·후춧가루 약간씩

1 두부 1모는 썰어 키친타월로 물기를 뺀 다음 소금을 뿌려 밑간을 하여 녹말가루를 적당히 묻혀 충분히 달군 팬에 식용유를 넉넉히 두르고 노릇노릇하게 부치고,

2 애느타리버섯 1팩, 팽이버섯 1봉지는 물에 씻어 밑동을 자르고 가닥가닥 뜯고, 양파 1/2개는 채썰고, 빨강 파프리카 약간과 청양고추 1개도 썰고,

3 고추장 1, 간장 2, 참치진국 1, 설탕 1, 맛술 1, 다진 마늘 1, 참기름 1을 한데 섞어 양념장을 만들고,

4 달군 팬에 식용유를 살짝 두르고 버섯과 양파를 달달 볶다가 숨이 살짝 죽으면 양념장을 넣고 볶다가 파프리카, 청양고추를 넣어 살짝 볶은 후 통깨와 후춧가루를 뿌리면 끝.

Cooking Tip　**볶음 양념장에** 참치진국 대신 간장을 넣어도 돼요. 또는 굴소스 0.5를 대신 넣어도 되고요. 단맛을 좋아하지 않으면 설탕 양을 살짝 줄이세요.

NAT
KEIN
CONTEMPORARY
M
73
COLA

2

냉장고만 열면 뚝딱!

성실네 찌개집

잘 익은 김치 한 접시에 맛있는 국이나 찌개 하나만 있으면 반찬투정 안
하고 밥 한 공기 뚝딱 해치우는 식구들. 깊은 국물 맛이 식탐을 부르는
우리집 단골 국, 찌개, 전골을 밥상에 올립니다.

생일상에 빠질 수 없는

쇠고기 미역국

아이를 낳고 내내 먹었던 국이 미역국인데도 질리지 않는 것을 보면 참으로 희한합니다.
제가 좋아해서인지 우리 아이들도 정말 좋아하는 국이에요. 한꺼번에 많은 양을 만들어야 더 맛있는 음식이
몇 가지 있는데요, 대표적인 음식이 미역국이랍니다. 많이 끓일수록 더욱 맛이 깊어지니까요.
갖가지 미역국 버전 중 깊은 맛을 즐길 수 있는 쇠고기를 넣은 미역국을 끓여보았어요.

 2시간  4인분

Ingredients

주재료　쇠고기(국거리용) 400g, 마른 미역 크게 1줌(약 20g)

고기 삶는 물 재료　물 20컵, 통후추 0.5, 대파(흰 부분) 1대

양념 재료　참기름 1, 다진 마늘 1, 국간장 3, 참치진국 4, 소금 0.3

1 쇠고기 400g은 덩어리째 찬물에 담가 핏물과 누린내를 제거하고,

2 고기 삶는 물 재료인 물 20컵, 통후추 0.5, 대파 1대를 넣고 중간 중간 위로 뜨는 기름기와 거품을 걷어내며 고기가 무를 때까지 1시간 이상 삶고,

3 그 사이 마른 미역 1줌은 물에 불려, 충분히 불려지면 물에 헹궈 체에 밭쳐 물기를 빼서 먹기 좋게 자르고,

4 다 삶아진 고기는 건져서 결대로 먹기 좋게 찢고, 육수는 체에 걸러 맑은 육수만 받아내고,

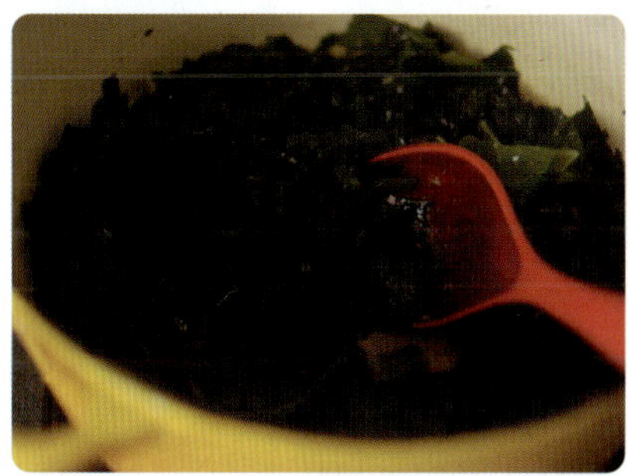

5 달군 냄비에 참기름 1을 두르고, 불린 미역과 다진 마늘 1, 국간장 3, 참치진국 4를 같이 넣고 미역이 부드러워질 때까지 달달 볶다가,

6 미역이 부드럽게 볶아지면 육수를 부어 뚜껑을 덮고 팔팔 끓여 어느 정도 끓으면 쇠고기를 넣어 한소끔 더 끓여 소금 0.3으로 간하면 끝.

Cooking Tip

참치진국은 국이나 찌개를 끓이거나 나물을 무칠 때 애용하고 있어요. 참치 추출액을 다시마, 마늘, 표고버섯 등을 넣어 우린 맛간장이에요.

미역이 주연으로 데뷔한

맹미역국

장을 보지 않아서 끓일 만한 국이 없을 때 만만한 게 미역국이에요.
집집마다 쇠고기, 조개, 굴 등 다양한 재료를 넣고 미역국을 끓이기도 하는데요,
그냥 미역만 넣고 육수도 넣지 않고 끓였어요. 그런데도 평균 이상의 맛이 나네요.

25분　4인분

Ingredients

주재료　불린 미역 2컵, 참기름 1, 다진 마늘 0.5, 향신간장(국·전골용) 3, 물 7컵, 소금·후춧가루 약간씩

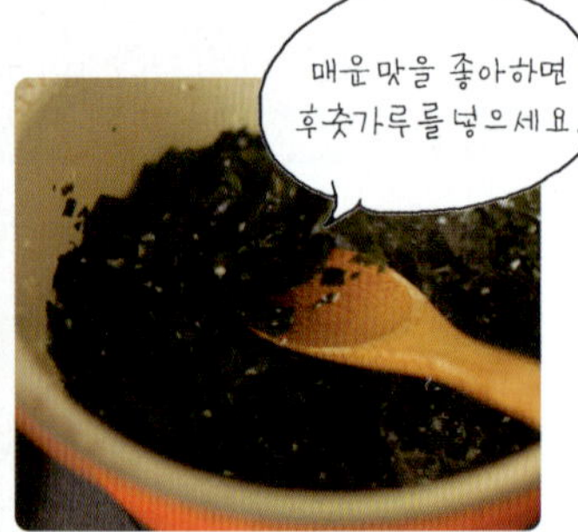

1 미역은 종이컵으로 2컵 정도 되도록 물에 불려 씻어서 체에 밭쳐 물기를 살짝 뺀 후 가위로 듬성듬성 자르고,

2 미역을 냄비에 넣고 참기름 1, 다진 마늘 0.5, 향신간장 3을 넣어 달달 볶다가,

3 미역이 잘 볶아졌으면 물 7컵을 붓고 불을 세게 하여 물의 양이 3분의 2 정도로 줄 때까지 팔팔 끓이고,

4 다 끓여졌으면 소금으로 간을 한 후 후춧가루를 약간 넣어 한소끔 끓이면 끝.

Cooking Tip　**시간이 없거나** 육수 내기가 힘들 때 국간장 대용으로 쓰는 간장이 향신간장이에요. 새우, 멸치, 다시마 등 국산 재료로 만든 천연 간장이라 따로 육수를 내지 않아도 되어 후다닥 국 한 그릇을 끓여낼 수 있어요.

참치 미역국

쌍둥이들이 가끔 요청하는 음식이 있는데 바로 미역국이에요.
미역국에 밥 말아 먹고 싶으니 얼른 해달라고 아우성입니다.
미역과 참치로 끓인 미역국을 삼 일 내내 줘도 잘 먹어요.

 30분　 4인분

 **Ingredients**

주재료　불린 미역 2컵, 참치(통조림) 1/2통(약 80g)

국물 재료　멸치 육수 5~6컵(물 8컵+국물용 멸치 15마리)

양념 재료　국간장(또는 멸치액젓) 2, 다진 마늘 0.5, 소금 약간

 **Cooking Tip**

남은 참치는 냉장고에 있는 자투리 채소를 다져 달걀과 함께 부쳐 먹어요.

1 물 8컵에 국물용 멸치 15마리를 넣어 15분 정도 팔팔 끓여 멸치 육수를 내고,

2 불린 미역 2컵은 먹기 좋게 자르고 참치 통조림의 국물을 넣고,

3 국간장 2와 다진 마늘 0.5를 넣고 미역이 부드러워지고 초록색이 될 때까지 달달 볶다가,

4 멸치 육수를 붓고 뚜껑을 덮고 중간 불로 끓여 깊은 맛이 나면 참치 1/2통을 넣고 센 불로 기름기를 걷어내며 끓여 소금 간 하면 끝.

미소를 짓게 하는

미소 된장국

일본어로 된장이 미소래요. 그래서 일본 된장을 넣고 끓인 된장국이
미소 된장국인 거예요. 만드는 법이 간단한데도 맛은 순하고 부드러워서
주먹밥이나 비빔밥, 김밥과 함께 먹으면 금상첨화예요.

  25분  3~4인분

Ingredients

주재료 다시마(10X10cm) 1장, 두부(팩) 1/2모, 실파(또는 대파) 약간,
일본 된장 2

국물 재료 물 6컵, 국물용 멸치 15마리, 가다랑어포(가츠오부시) 1줌

1 물 6컵에 국물용 멸치 15마리,
다시마 1장을 넣고 10~15분
정도 팔팔 끓인 후 가다랑어포 1줌
을 넣고 불을 끄고 잠시 그대로 두
었다가 체에 밭쳐 국물을 내고,

2 두부 1/2 모는 작은 주사위 모
양으로 깍둑썰고 국물에 넣은
다시마는 건져서 채썰고,

3 국물을 팔팔 끓이다가 두부와
다시마를 넣어 끓이고,

4 어느 정도 익으면 일본 된장 2
를 넣고 2~3분쯤 끓이다 불
을 끄고 송송 썬 실파를 뿌리면 끝.

Cooking Tip **일본 된장**은 백화점 식품매장이나 대형마트, 온라인 쇼핑
몰 등에서 구입할 수 있어요.

쇠고기 대파국

빵을 좋아하면 빵순이라고들 부르죠. 그렇다면 저는 국순이에요. 국물 요리를
너무 좋아하거든요. 쇠고기, 무, 대파만 있으면 되는 간단한 요리인 쇠고기 대파국.
넉넉한 양을 만들어야 깊은 맛이 날뿐더러 끼니마다 데워 먹어도 맛있어요.

3시간 30분 8인분

Ingredients

주재료 쇠고기(양지머리) 400g, 대
파 5대, 무(5cm 길이) 1토막

국물 재료 물 20컵, 통후추 0.3

쇠고기 양념 재료 참치진국 5, 고
춧가루 2, 고추기름 2, 다진 마늘 1

양념 재료 소금·후춧가루·새우젓
약간씩

Cooking Tip

쇠고기로 탕이나 국을 끓일 때 주로 사용하
는 부위는 기름기가 적당히 있는 양지머리
예요. 또 국거리에는 사태도 적당해요. 다소
질긴 부위이지만 오랜 시간 끓이면 담백해
지고 깊은 맛이 나거든요.

1 쇠고기 400g은 덩어리째 찬물
에 2~3시간 담가 핏물을 빼고
압력솥이나 큰 냄비에 물 20컵을
붓고 쇠고기와 무 1토막, 통후추
0.3을 넣어 푹 삶다가,

2 육수는 체에 밭쳐 걸러내고,
쇠고기는 한 김 식으면 손으
로 먹기 좋게 찢고, 대파 5대는
5cm 길이로 길쭉길쭉 썰고,

3 쇠고기에 참치진국 5, 고춧가
루 2, 고추기름 2, 다진 마늘 1
을 넣어 조물조물 무치고,

4 육수를 팔팔 끓이다가 대파를
넣어 끓인 후 쇠고기를 넣고
푹 끓여 소금, 후춧가루, 새우젓으
로 간하면 끝.

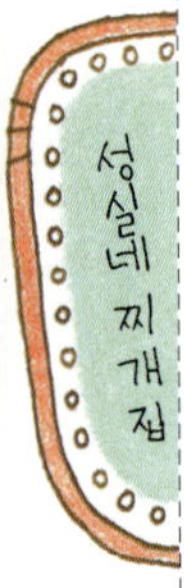

국민 술국

북엇국

남편은 술을 즐기지 않아서 해장국으로 북엇국을 해달라고 하지는 않아요. 그래도 자주 끓여 먹는 국이랍니다. 기름 없이 맑게 끓이는 개운한 스타일과 기름을 두르고 북어를 볶다가 달걀까지 풀어서 끓이는 걸쭉한 스타일을 번갈아 끓여요.

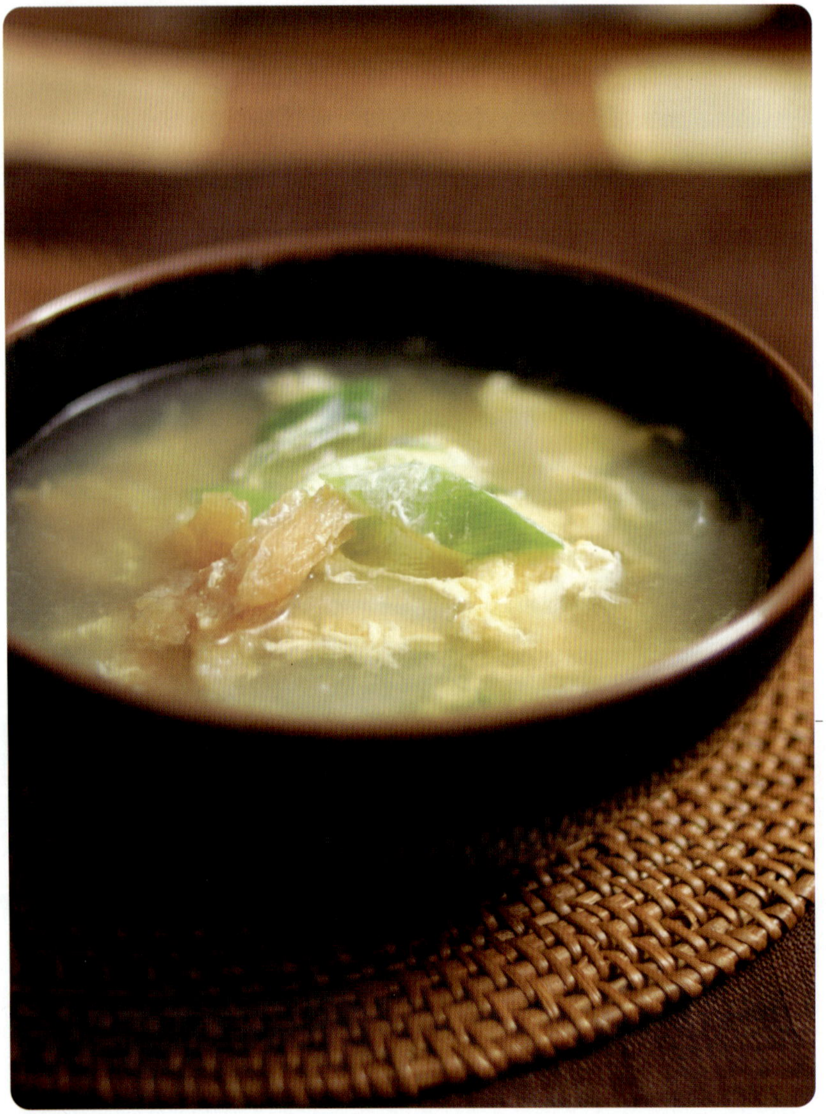

Ripple

? 제사 지내고 남은 통북어 살을 발라서 북엇국을 끓이려 하는데요, 북어 머리는 그냥 버리나요?

! 북어 머리도 함께 넣고 육수를 내면 더 깊은 맛이 나요. 북엇국의 육수는 진하게 내야 해요. 또 북엇국은 넉넉하게 끓여 냉동실에 밀봉해서 넣어 두는 국이랍니다.

 30분  3~4인분

Ingredients

주재료 북어채 2줌, 무(4cm 길이) 1토막, 대파 1/2대, 멸치다시마 육수 6컵, 달걀 1개

양념 재료 참기름 1, 다진 마늘 0.5, 국간장 1, 멸치액젓(또는 까나리액젓) 1, 소금·후춧가루 약간씩

1 북어채 2줌은 물에 살짝 적셔 불리고,

2 무 1토막은 나박 썰고, 대파 1/2대는 어슷하게 썰고,

3 북어채에 참기름 1, 다진 마늘 0.5, 국간장 1, 멸치액젓 1을 넣고 조물조물 무쳐 중간 불로 타지 않게 볶다가 무를 넣고,

4 어느 정도 볶아졌으면 미리 끓여놓은 진한 멸치다시마 육수 6컵을 부어 무가 푹 무를 때까지 끓이다가,

5 끓는 동안 달걀 1개를 볼에 풀어 어슷하게 썬 대파를 넣어 대충 섞고,

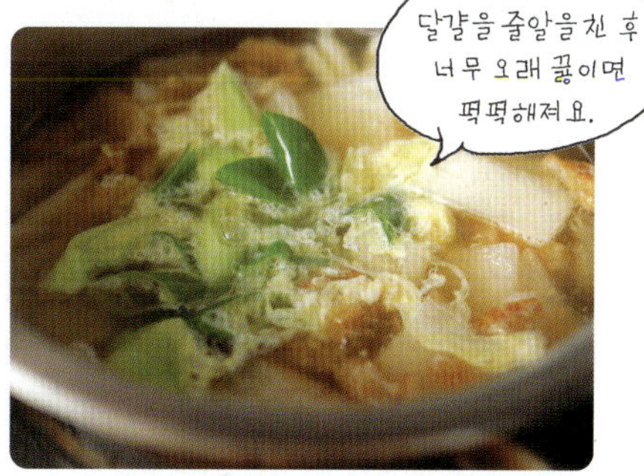

6 달걀물을 국에 넣고 살살 저은 다음 소금과 후춧가루로 간하면 끝.

 ### Cooking Tip

시어머니께서 통북어를 사다가 열심히 두드려서 손질한 북어채를 떨어지지 않게 챙겨주셔서 자주 끓여 먹는데, 북어를 참기름과 국간장 등으로 미리 양념해서 끓이면 깊은 맛이 우러나요.

오징어 호박국

어렸을 때 좋아했던 국이에요. 친정엄마는 무를 잔뜩 넣어
시원하게 끓여주시곤 했어요. 마트에 갔는데 장바구니에 담을 만한 게 없을 때,
매일 뭘 해 먹어야 하나 고민될 때 구세주처럼 떠올립니다.

Cooking Tip 양념장을 미리 준비해두면 날고춧가루 맛이 나지 않아 좋아요. 오징어를 처음부터 넣고 끓이면 질겨서 맛이 없으니까 채소가 어느 정도 익으면 넣으세요.

25분　2~3인분

Ingredients

주재료　오징어(중간 것) 1마리, 애호박 1/3개, 양파 1/2개, 대파 1/3대

국물 재료　멸치다시마 육수 4컵

양념 재료　국간장 1, 고춧가루 1, 고추장 0.3, 다진 마늘 0.3, 소금 약간

1 오징어 1마리는 껍질을 벗겨 물에 씻어 몸통 안쪽에 칼집을 내어 썰고,

2 애호박 1/3개는 반달썰고, 양파 1/2개는 굵직하게, 대파 1/3대는 어슷하게 썰고,

3 국간장 1, 고춧가루 1, 고추장 0.3, 다진 마늘 0.3, 소금 약간을 한데 섞어 양념장을 만들고,

4 냄비에 멸치다시마 육수 4컵 부어 애호박, 양파, 양념장을 넣어 끓이다가 애호박과 양파가 익으면 오징어를 넣어 팔팔 끓여 대파를 넣고 소금 간하면 끝.

콩나물 해장국

쌍둥이를 가졌을 때 제일 많이 사 먹었던 요리예요. 술을 좋아하지 않는데
어찌된 일인지 국은 고기나 선지 빼고는 다 좋아해요. 특히 콩나물 해장국은 재료비도 싸서
경제적인데다 먹고 나면 속도 든든하니 예찬론을 펼 수밖에요.

 25분  3인분

Ingredients

주재료 콩나물 큼직하게 2줌(약 200g), 송송 썬 신 김치 1컵, 대파 1/4대, 홍고추·청양고추 적당량씩

국물 재료 물 11컵, 국물용 멸치 30마리, 다시마(10X10cm) 1장

양념 재료 새우젓 2, 다진 마늘 0.5, 소금·후춧가루 약간씩

곁들이 재료 부순 김·깨소금 약간씩, 달걀 3개(1인분에 1개씩)

Cooking Tip

과정대로 끓여 1인분씩 뚝배기에 담아 국물이 팔팔 끓을 때 달걀을 하나씩 깨뜨려 넣어 휘휘 젓지 말고 가만히 끓여 내세요.

1 물 11컵에 국물용 멸치 30마리와 다시마 1장을 넣고 끓여 국물을 낸 다음 콩나물 2줌을 넣어 팔팔 끓이다가,

2 콩나물이 살짝 익으면 신 김치 1컵을 넣어 중간 중간 거품을 걷어내며 끓이고,

3 어느 정도 끓으면 새우젓 2를 넣어 간을 하고,

4 마지막으로 대파 1/2대와 홍고추, 청양고추를 송송 썰어, 다진 마늘 0.5와 함께 넣어 한소끔 끓여 소금과 후춧가루로 간을 한 다음 곁들이 재료를 얹으면 끝.

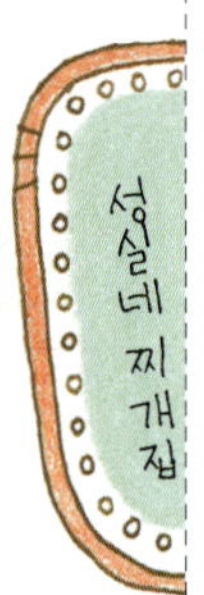

달걀탕

미역국만큼이나 별다른 재료 없어도 쉽고 빠르게 끓일 수 있는 달걀탕.
달걀을 떠 먹으면 찜 같고 국물을 떠 먹으면 탕 같아요. 통후추를 너무 좋아해서
달걀탕에도 팍팍 뿌려 먹는데, 얼큰한 달걀탕이 된답니다.

 10분　 4인분

Ingredients

주재료　달걀 2개, 물 2컵, 향신간
장(국·전골용) 2, 대파(또는 쪽파)
적당량, 소금·후춧가루 약간씩

Cooking Tip

향신간장으로 처음 달걀탕을 끓여보았는데
국물 맛을 내는 데 부족함이 없네요. 향신
간장은 국산의 질 좋은 식재료로 만든 천연
간장으로, 국간장 대용이나 마무리 간을 할
때 요긴하게 쓰여요.

1 뚝배기에 물 2컵을 붓고 향신
간장 2를 넣고 팔팔 끓이고,

2 달걀 2개는 소금을 약간 넣어
젓가락으로 곱게 풀어 뚝배기
에 조금씩 따라 붓고,

3 젓가락으로 달걀을 휘휘 저
어,

4 식성에 따라 대파나 쪽파 썬
것을 넣고 탕이 끓어 오르기
시작하면 후춧가루를 약간 뿌리고
바로 불을 끄면 끝.

꽃게탕

갓 결혼한 친구가 비싼 꽃게탕을 끓였는데 망쳤다고 속상해 하더라고요.
어떻게 끓였냐고 물었더니 맹물 잔뜩 붓고 팔팔 끓여다네요.
한 번 배워두면 실패하지 않는 꽃게탕 비법을 전수해 드릴게요.

 25분    5~6인분

Ingredients

주재료 꽃게 3마리, 새우(중하) 10마리, 무(6cm 길이) 1토막, 애호박 1/2개, 양파 1/4개, 대파 1/2대, 홍고추 1개, 쑥갓 적당량 **국물 재료** 멸치다시마새우 육수 7~8컵 **다진 양념 재료** 고춧가루 2, 고추장 1, 멸치액젓 2, 청주 1, 다진 마늘 1 **양념 재료** 된장 1, 소금·후춧가루 약간씩

1 꽃게 3마리는 흐르는 물에 주방용 솔로 살살 닦은 후 등딱지를 떼고 아가미를 제거하여 2~4토막 내고, 새우 10마리는 물에 씻어 등 쪽 내장만 빼내고,

2 다진 양념 재료인 고춧가루 2, 고추장 1, 멸치액젓 2, 청주 1, 다진 마늘 1을 한데 섞어 다진 양념장을 만들고,

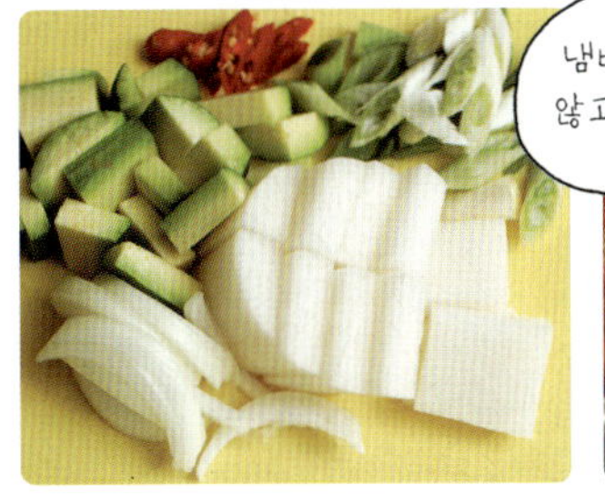

3 무 1토막과 애호박 1/2개는 도톰하게 나박 썰고, 양파 1/4개는 채썰고, 대파 1/2대와 홍고추 1개는 어슷하게 썰고,

4 육수 7~8컵을 냄비에 붓고 무, 된장 1, 다진 양념장을 넣어 팔팔 끓이다가 애호박, 양파, 꽃게, 새우 순으로 넣고 푹 끓이다가 소금과 후춧가루로 간하고 홍고추와 대파, 쑥갓을 넣어 한소끔 끓이면 끝.

Cooking Tip 꽃게탕 맛없게 끓이는 법
하나, 신선하지 않은 재료 쓰기 **둘**, 맹물을 잔뜩 붓고 끓이기 **셋**, 한꺼번에 모든 재료 넣고 끓이기 **넷**, 꽃게는 한 마리만 달랑 넣고 다른 재료들만 왕창 넣고 끓이기

녹두 삼계탕

음식 솜씨 좋은 친정엄마의 전문 분야는 삼계탕입니다. 여름마다 수백 그릇의 삼계탕을 끓이시는 것 같아요. 주변분들을 초대해서 내놓으시거나, 사돈댁에 드릴 게 없다며 몇 마리씩 담아 들통째 선물하시기도 해요. 엄마표 삼계탕이 더 맛있지만 문성실표 삼계탕을 공개합니다.

80분　2~3인분

Ingredients

주재료　닭 1마리(약 800g), 녹두 1컵, 찹쌀 1컵, 물 15~18컵

부재료　황기 2~3뿌리, 대추 4개, 마늘 7~8쪽, 대파(흰 부분) 1대

양념 재료　소금·후춧가루 약간씩

1 물 15컵에 깨끗이 씻은 황기 2~3뿌리를 넣고 4~5시간 동안 그대로 두고, 찹쌀 1컵과 녹두 1컵은 두세 번 씻어 불리고,

2 닭의 뱃속에 찹쌀과 녹두 약간, 대추 2개, 마늘 2쪽을 넣어 닭다리 쪽 껍질에 칼집을 내고 다리를 꼬아 풀어지지 않게 끼우고,

3 황기 우린 물에 대추 2개, 대파 1대, 남은 마늘을 넣고 중간 중간 거품이나 기름을 걷어내며 40~60분간 팔팔 끓이다가,

4 닭이 익으면 대추와 대파 등을 건지고 남은 녹두와 소금과 후춧가루를 넣고 팔팔 끓이면 끝.

Cooking Tip　집에서 **삼계탕**을 끓일 때 500g 정도의 작은 닭을 주로 이용해요. 닭은 뱃속 안에 손을 넣어 훑으면서 깨끗이 씻고 꽁지 부분은 잘라내세요.

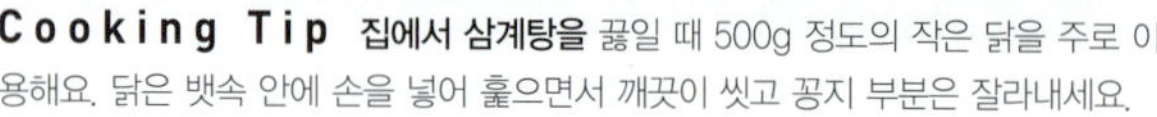

닭곰탕

예전에 홍대에 갈 때면 값싸고 푸짐한 닭곰탕을 사 먹곤 했어요.
솔직히 저는 입맛이 촌스러워 한 마리 다 주는 삼계탕보다는 닭곰탕을 더 선호해요.
닭 한 마리로 온 가족이 포식하는 날이면 곰탕을 끓여요.

 50분　 4인분

 **Ingredients**

주재료 닭(중간 것) 1마리, 굵은소금 적당량　**부재료** 송송 썬 대파·청양고추 적당량씩　**닭 삶는 물 재료** 마늘 10쪽, 생강 1톨, 대파(흰 부분) 2대, 통후추 0.5　**양념 재료** 고춧가루 2, 다진 마늘 0.5, 닭 육수 5
닭 양념 재료 소금·후춧가루 약간씩

1 닭 1마리는 푹 잠길 만큼 넉넉하게 물을 붓고 마늘 10쪽, 생강 1톨, 대파 2대, 통후추 0.5를 넣어 닭이 흐물흐물해질 때까지 푹 삶아,

2 체에 밭쳐 맑은 육수를 받고, 닭은 결대로 찢어 소금과 후춧가루로 간하여 조물조물 버무리고,

3 고춧가루 2, 다진 마늘 0.5, 닭 육수 5를 한데 섞고,

4 닭 육수를 먹기 직전에 푸르르 끓여 뚝배기에 밥을 담고 닭 육수를 넉넉히 붓고 닭고기와 양념장, 대파, 청양고추를 적당히 올리면 끝.

Cooking Tip 닭을 삶을 때 압력솥을 이용해요. 단시간에 야들야들하게 삶을 수 있거든요. 추가 흔들리기 시작하고 2~3분 그대로 두었다가 약한 불로 줄여 4~5분간 더 끓여요.

땀 흘리며 먹는

대구탕

찬바람이 살살 불면 매콤하게 끓여 김장김치와 함께 먹으면 좋은 대구탕이에요.
추운 겨울, 땀을 뻘뻘 흘리며 먹는 재미에 자주 상에 올려요.

Cooking Tip 생선탕 **끓이는** 법은 비슷한데요, 국물이 팔팔 끓을 때 생
선을 넣어야 살이 부서지지 않아요. 처음부터 생선을 넣고 끓이면 살이 다 풀어지고
맛도 없어요.

 30분    2~3인분

 **I n g r e d i e n t s**

주재료 대구 3토막, 바지락조갯살 1줌(약 60g), 콩나물 크게 1줌(약
80g), 무(작은 것) 1토막(약 100g), 양파(중간 것) 1/4개, 쑥갓 1줌, 홍고
추 1/2개, 청양고추 1/2개, 팽이버섯 1/2봉지, 대파 1/5대   **국물 재료**
멸치다시마 육수 4컵   **양념 재료** 다진 마늘 0.5, 다진 생강(또는 생
강가루) 약간, 고춧가루 2, 국간장 1, 소금 약간

1 대구 3토막은 껍질의 비늘을
칼로 살살 긁어내 찬물에 씻
고, 바지락조갯살 1줌은 소금물에
살살 흔들어 씻고,

2 콩나물 1줌은 물에 씻고, 무 1
토막은 도톰하게 나박 썰고,
양파 1/4개는 굵직하게 채썰고,
홍고추 1/2개와 청양고추 1/2개,
대파 1/5대는 어슷하게 썰고,

3 냄비에 멸치다시마 육수 4컵
을 붓고 조갯살을 넣어 끓이다
가 무를 넣어 팔팔 끓여 익으면 대
구를 넣어 끓이다가,

4 다진 마늘 0.5, 다진 생강 약
간, 고춧가루 2, 국간장 1을 넣
어 끓이다가 콩나물, 홍고추, 청양
고추, 대파를 넣고 뚜껑을 덮고 한
소끔 끓여 소금으로 간한 다음 팽
이버섯을 넣고 한소끔 끓이면 끝.

알탕

알탕이 가장 맛있을 때는 한겨울.
"오늘은 외출하실 때 단단히 추위 대비를 하셔야겠습니다"라는 일기예보를 들으면
시원하고 얼큰한 알탕 생각이 간절해져요.

  35분 · 4인분

Ingredients

주재료 대구알(또는 명태알) 2줌, 곤이 2줌, 나박하게 썬 무 2줌, 미나리(또는 쑥갓) 1줌, 대파 1/3대, 팽이버섯 1봉지, 청양고추 1개

국물 재료 물 4컵, 국물용 멸치 12마리, 다시마(10X10cm) 1장

양념 재료 고춧가루 2, 새우젓 0.5, 국간장 0.5, 다진 마늘 0.5, 맛술 1, 생강가루 약간

Cooking Tip

국물이 팔팔 끓어 넘치려 할 때 알을 넣어야 알이 탱글탱글 맛있게 익어요. 알탕에는 대구알, 명태알이 적당하고 내장인 곤이를 넣어도 좋아요.

1 냄비에 물 4컵, 국물용 멸치 12마리, 다시마 1장을 넣고 끓여 육수를 내고, 대구알 2줌, 곤이 2줌은 소금물에 씻어 물기를 빼고,

2 미나리 1줌은 적당한 길이로 자르고, 대파 1/3대와 청양고추 1개는 어슷하게 썰고, 팽이버섯 1봉지는 밑동을 잘라내어 물에 씻고,

3 고춧가루 2, 새우젓 0.5, 국간장 0.5, 다진 마늘 0.5, 맛술 1, 생강가루 약간을 한데 섞어 양념장을 만들어서 육수 3컵에 무 2줌을 넣은 냄비에 넣어 팔팔 끓이다가,

4 무가 어느 정도 익으면 대구알과 곤이를 넣어 끓이다가 미나리, 청양고추, 팽이버섯을 넣어 한소끔 끓여 소금과 후춧가루로 간하면 끝.

김치찌개

먹어도 먹어도 질리지 않고, 자꾸 먹고 싶은 우리 밥상의 스테디셀러. 김치찌개는 같이 넣고 요리할 수 있는 재료들도 다양해요. 고등어를 넣어도 좋고, 쇠갈비를 넣어도 별미예요. 또 바쁠 때는 참치 통조림을 넣고 끓여도 좋고, 야외에 나가면 간편하게 햄을 이용하기도 해요. 돼지고기를 숭덩숭덩 썰어 넣은 김치찌개는 완전 소중한 우리 밥상의 영원한 아이템이죠.

성실네 **찌개 집**

50분　　3~4인분

Ingredients

주재료　배추김치(큰 것) 1/2포기(약 300g), 돼지고기 200g, 대파 1/3대, 청양고추 1개, 진한 멸치다시마 육수 5컵, 김치 국물 1/2컵, 두부 1/2모

돼지고기 양념 재료　다진 마늘 0.5, 청주 2, 설탕 0.5, 생강즙(또는 생강가루)·후춧가루 약간씩

양념 재료　고춧가루 0.5, 소금 약간

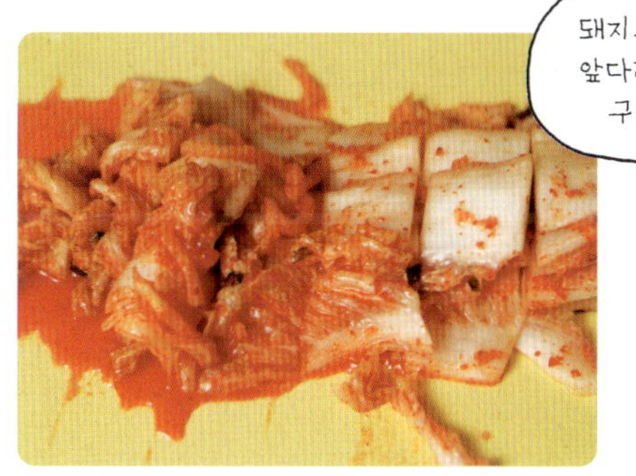

1 김치 1/2포기는 먹기 좋은 적당한 크기로 썰고,

2 돼지고기 200g은 큼직하게 썰어 다진 마늘 0.5, 청주 2, 설탕 0.5, 생강즙과 후춧가루를 약간씩 넣어 밑간하고,

3 냄비에 돼지고기를 넣어 하얗게 익을 때까지 달달 볶다가,

4 김치와 김치 국물 1/2컵을 붓고 김치가 살짝 익을 때까지 볶다가,

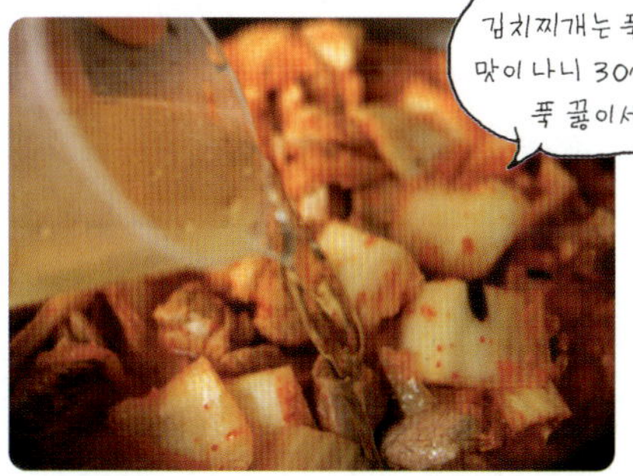

5 미리 만들어놓은 멸치다시마 육수 5컵을 붓고 뚜껑을 열고 10분 정도 바글바글 끓이다가 뚜껑을 덮고 뭉근히 끓여,

6 김치찌개가 다 끓여졌으면 두부 1/2모를 도톰하게 썰어 넣고 대파 1/2대와 청양고추 1개를 어슷 썰어 넣고 한소끔 끓여 고춧가루 0.5를 넣고 소금으로 간하면 끝.

Cooking Tip

김치찌개에는 두 가지 맛을 내는 요소가 있습니다. 돼지고기를 양념하고, 진하게 우린 멸치다시마 육수를 넣는 것이죠.

된장찌개

된장찌개를 끓일 때는 멸치다시마 육수를 내어 끓이곤 하는데 급하게 끓여야 할 때는
미리 만들어놓은 천연조미료 멸칫가루와 새우가루를 넣어 끓여요.

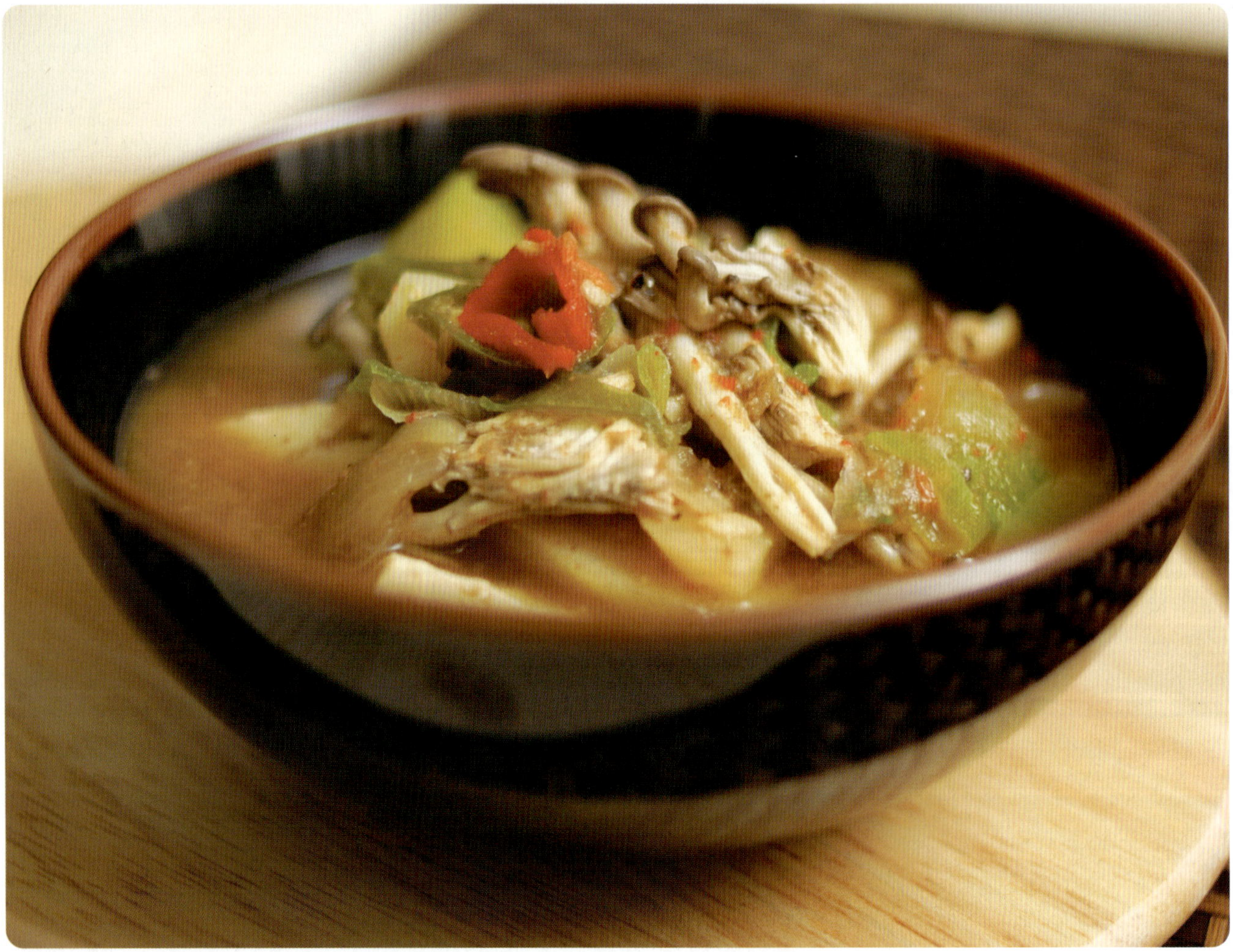

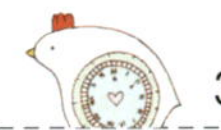 30분  3인분

Ingredients

재료　두부 1/2모, 감자(작은 것) 1개, 호박 1/3개, 양파(작은 것) 1/2개, 느타리버섯 1줌, 물 2컵+1/2컵, 집된장 1, 시판 된장 1, 멸칫가루 1, 새우가루 0.5, 청양고추 1개, 다진 파 2, 고춧가루 0.3

1 두부 1/2모는 도톰하게 썰고, 감자 1개는 필러로 껍질을 벗겨 나박하게 썰고, 호박 1/3개와 양파 1/2개는 먹기 좋게 썰고,

2 뚝배기에 물 2컵+1/2컵을 붓고 집된장 1, 시판 된장 1을 체에 풀어 넣고,

3 뚝배기에 멸칫가루 1과 새우가루 0.5를 넣어 풀고, 감자와 양파를 넣고 감자가 거의 익을 때까지 끓이다가,

4 호박을 넣어 끓이는데, 중간 중간 떠오르는 거품을 걷어내고,

5 두부와 청양고추 1개를 송송 썰어 넣고 다진 파 2, 고춧가루 0.3도 마저 넣고 끓이다가,

6 느타리버섯 1줌을 넣어 한소끔 끓이면 끝.

Cooking Tip

멸치와 새우를 가루로 만들 때는 마른 팬에 바삭바삭하게 볶아 커터에 넣고 곱게 갈아요. 된장찌개 국물을 끓이기 전에 멸치와 새우의 가루를 넣으면 잘 풀려서 지저분해지지 않아요. 멸칫가루와 새우가루는 맑은 국을 끓일 때는 국물이 탁해져서 잘 사용하지 않지만 찌개를 끓일 때 넣으면 편리하고 맛도 좋아요.

냉이 된장찌개

자주 상에 올리는 된장찌개는 계절마다 옷을 갈아입어요. 봄이면 냉이 된장국이 그만이죠.
냉이 한 줌만 넣었을 뿐인데 구수한 된장찌개에 향긋한 향이 더해져 기분까지 밝아지니까요.

 25분  2인분

Ingredients

주재료 냉이 1줌, 바지락 1봉지, 두부 1/4모, 양파 1/2개, 호박 1/4개, 멸치다시마 육수 3컵, 홍고추 약간

국물 재료 물 5컵, 국물용 멸치 12마리, 다시마(10×10cm) 1장

양념 재료 집된장 1, 시판 된장 0.5, 고춧가루 약간

Cooking Tip

된장찌개의 맛은 육수와 된장 맛이 좌우하지요. 된장은 집집마다 맛이 다르니 된장의 간에 따라 된장 양을 조절하세요.

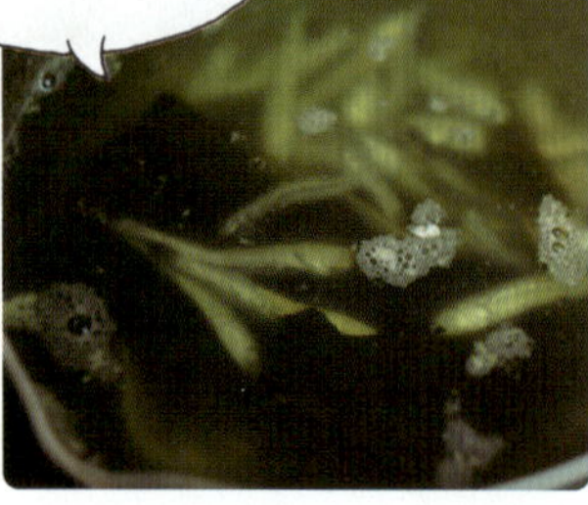

1 물 5컵에 다시마 1장, 국물용 멸치 12마리를 넣어 바글바글 끓여 체에 밭쳐 맑은 육수를 만들고,

2 냉이 1줌은 다듬어 씻어 먹기 좋게 썰고, 바지락 1봉지는 씻어 준비하고, 두부 1/4모와 양파 1/2개는 적당한 크기로 썰고, 호박 1/4개는 반달 모양으로 썰고,

3 진하게 우린 멸치다시마 육수 3컵을 뚝배기에 붓고 집된장 1, 시판 된장 0.5를 체에 걸러 풀어 넣고,

4 호박, 양파를 넣고 바글바글 끓이다가 두부를 넣고 끓어오르면 바지락을 넣어 끓이고, 냉이와 송송 썬 홍고추를 넣고 한소끔 끓이면 끝.

해물 된장찌개

일 년 365일 우리 식탁에 오르는 된장찌개.
해물을 넣은 해물 된장찌개는 귀한 손님상에 내어도 손색이 없어요.
새우와 굴 등의 해산물 덕분에 된장찌개의 맛이 아주 달고 시원해요.

 25분　 3~4인분

 **Ingredients**

주재료　새우(중하) 5마리, 굴 1컵, 바지락 1봉지, 호박 1/2개, 양파(작은 것) 1개, 두부 1/4모　**부재료**　홍고추 1/2개, 청양고추 1/2개, 실파 7뿌리　**국물 재료**　물 3컵, 국물용 멸치 10마리　**양념 재료**　된장 1.5, 고추장 0.5, 고춧가루 0.3, 다진 마늘 0.3

1 물 3컵에 멸치 10마리를 넣고 팔팔 끓여 육수를 내고, 새우 5마리는 수염만 떼어 물에 씻고, 굴 1컵은 소금물에 씻고, 바지락 1봉지는 소금물에 해감하고,

2 호박 1/2개는 반달썰고, 양파 1개는 먹기 좋게 썰고, 두부 1/4모는 깍둑썰고, 홍고추 1/2개와 청양고추 1/2개는 어슷하게 썰고, 실파 7뿌리는 적당히 썰고,

3 멸치 육수에 된장 1.5, 고추장 0.5를 풀어 넣고, 호박과 양파를 넣어 한소끔 끓이고 새우와 굴을 넣고 끓이다가,

4 두부를 넣어 끓이고 바지락을 넣어 끓이다가 바지락이 입을 벌리면 실파, 홍고추, 청양고추, 고춧가루 0.3, 다진 마늘 0.3을 넣어 한소끔 끓이면 끝.

Cooking Tip 해물 된장찌개를 끓일 때는 된장의 양에 주의를 기울여야 해요. 멸치 육수 자체에 짠맛이 있고 해물에서 우러나는 간도 있기 때문에 너무 짜지 않게 끓이세요.

부대찌개

일본에는 좋아하는 재료를 몽땅 넣고 구워 먹는 부침개 같은 오코노미야키가 있어요.
국물 요리를 좋아하는 우리에게는 좋아하는 재료를 모두 넣고 끓이는 부대찌개가 있지요.
먹고 싶은 것을 골라 먹는 재미가 있는 부대찌개를 끓여보았어요.

35분 2~3인분

Ingredients

주재료 다진 돼지고기 1컵, 청주 1, 신 김치 1줌, 조랭이떡(또는 떡국떡) 1줌, 양파 1/4개, 대파 1/3대, 풋고추1/2개, 홍고추 1/2개, 프랑크 소시지 2개, 햄(통조림) 1통, 콩나물 2줌, 팽이버섯 1봉지, 라면사리 1개, 체다 슬라이스 치즈 1장, 멸치다시마 육수 5컵 **양념 재료** 고추장 0.5, 고춧가루 2, 다진 마늘 1, 국간장 1, 설탕 0.3, 소금·후춧가루 약간씩

1 신 김치 1줌은 송송 썰고, 양파 1/4개는 채썰고, 대파 1/3대와 풋고추 1/2개, 홍고추 1/2개는 어슷하게 썰고,

2 프랑크 소시지 2개와 햄 1통은 먹기 좋게 썰고, 다진 돼지고기 1컵은 청주 1을 뿌려 재우고,

3 고추장 0.5, 고춧가루 2, 다진 마늘 1, 국간장 1, 설탕 0.3을 한데 섞어 양념장을 만들고, 냄비에 준비한 재료를 모두 담고 멸치다시마 육수 5컵을 붓고 끓이다가,

4 햄과 김치 등의 재료에서 깊은 맛이 우러나면 팽이버섯 1봉지와 라면사리 1개, 대파를 넣어 끓이다가 체다 슬라이스 치즈 1장을 넣고 소금, 후춧가루로 간하면 끝.

Cooking Tip 원래 **부대찌개에는** 설탕과 고추장을 넣지 않는데 이번에는 넣어보았어요. 약간 달달한 맛을 내는 흰콩 통조림을 넣곤 했는데 그 대신 설탕과 고추장으로 단맛을 냈어요. 그리고 번거롭더라도 꼭 육수를 만들어 넣으세요.

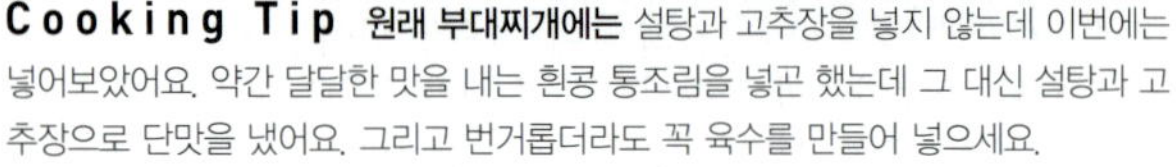

동태찌개

명태를 얼린 동태. 생태보다 맛은 조금 덜하지만 살이 많고 담백한 동태로
끓이는 찌개는 비린 맛과 기름기도 적어요. 이번에는 고춧가루를 팍팍 넣고
얼큰하게 끓였지만 맑은 탕으로 끓여도 시원하니 맛있어요.

 35분　 3~4인분

Ingredients

주재료　동태 1마리, 나박하게 썬 무
2줌, 나박하게 썬 두부 2줌, 대파
1/2대, 팽이버섯 1봉지, 쑥갓 1줌, 홍
고추 1개, 청양고추 1개씩

국물 재료　물 8컵, 국물용 멸치 20
마리, 다시마(10×10cm) 1장

양념 재료　고추장 1, 고춧가루 3,
멸치다시마 육수 5, 멸치액젓(또는
국간장) 1, 다진 마늘 1, 생강가루·후
춧가루 약간씩, 굵은소금 0.3, 맛술 1

Cooking Tip

동태 껍질에는 작은 비늘이 있는데 칼로 살
살 긁어내야 국물이 텁텁하지 않아요. 머리
도 버리지 말고 함께 넣고 끓여야 깊은 맛이
나고요. 시간 여유가 있을 때 동태를 옅은 소
금물에 담가두면 살이 탱탱해져요.

1 물 8컵에 국물용 멸치 20마리,
다시마 1장을 넣고 끓여 국물
이 끓기 시작하면 다시마는 건져내
고 15분 가량 더 끓여 육수를 내고,

2 동태 1마리는 깨끗이 씻고,
대파 1/2대와 홍고추 1개, 청
양고추 1개는 어슷하게 썰고, 팽이
버섯 1봉지와 쑥갓 1줌, 무 2줌,
두부 2줌도 준비하고,

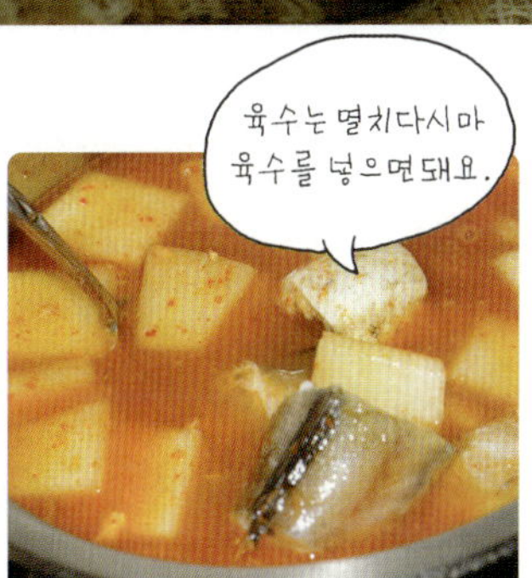

3 고추장 1, 고춧가루 3, 육수
5, 멸치액젓 1, 다진 마늘 1,
생강가루와 후춧가루 약간씩을 한
데 섞어, 멸치다시마 육수에 양념
장을 풀어 넣고 무를 넣어 끓이는
데,

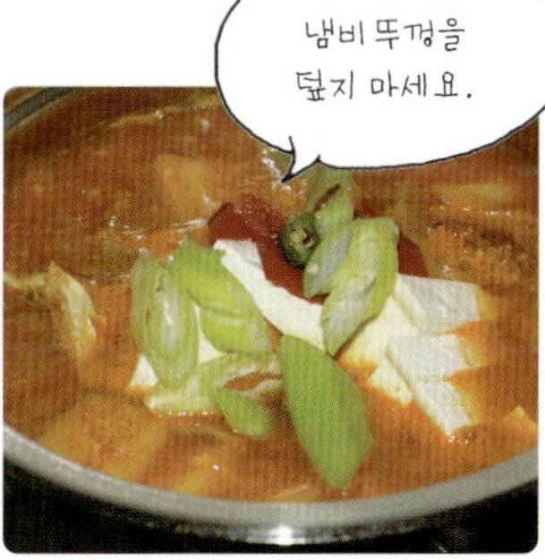

4 국물이 팔팔 끓으면 동태를 넣
어 끓이다가 두부, 대파 등을
모두 넣어 끓이다가 굵은소금 0.3,
맛술 1을 넣어 한소끔 끓이면 끝.

이 요리가 가장 쉬웠어요

간단 순두부

매일 하는 요리, 매일 하지 않으면 안 되는 요리.
가끔씩 게으름 피우고 싶을 때는 간단 순두부를 떠올리세요.
최소한의 재료와 양념으로 음식의 맛을 내보자며 고민하던 중에 완성된 요리 중 하나예요.

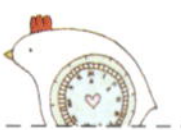

15분 2~3인분

Ingredients

주재료 순두부 1봉지, 진한 멸치 다시마 육수 1/2컵

부재료 달걀 1개, 대파(또는 쪽파) 적당량

양념 재료 새우젓 1, 진간장 1, 맛술 1, 다진 마늘 0.5, 고춧가루 0.5, 참기름 0.5

Cooking Tip

평소보다 진하게 우린 멸치다시마 육수를 넣으면 맛있는 순두부찌개를 끓일 수 있는데요. 멸치, 다시마, 마른 새우를 넣고 끓여요. 미리 천연 육수나 천연조미료를 장만해 두면 화학조미료를 넣지 않아도 맛난 국과 찌개를 먹을 수 있어요.

1 새우젓 1, 진간장 1, 맛술 1, 다진 마늘 0.5, 고춧가루 0.5, 참기름 0.5를 한데 섞어 양념장을 만들고,

2 뚝배기에 순두부 1봉지를 부서지지 않게 조심스럽게 넣고,

3 진하게 우린 멸치다시마 육수 1/2컵을 붓고 미리 만들어놓은 양념장을 끼얹고,

4 순두부 속까지 익도록 바글바글 끓이다가 송송 썬 대파를 넣고 달걀노른자를 올리면 끝.

갈치찌개

갈치는 구워서만 드셨다고요? 이제 찌개로 끓여보세요.
무와 새우젓을 넣고 시원하게 끓여도 되고 신 김치를 넣고 자작하게 끓여도 엄청 맛나요.
도톰한 제주갈치 한 마리 잡아보겠습니다.

 30분　 2~3인분

 **Ingredients**

주재료　갈치(큰 것) 1마리, 무 2줌, 양파(중간 것) 1/2개, 대파 1/2대, 홍고추 1개, 쑥갓 1줌, 진한 멸치다시마 육수 5컵

양념 재료　고추기름 1, 다진 마늘 1, 고춧가루 3, 국간장 2, 새우젓 1, 맛술 1, 소금·후춧가루 약간씩

1 갈치 1마리는 손질하여 찬물에 서너 번 씻어 굵은소금을 살살 뿌리고,

2 고추기름 1, 다진 마늘 1, 고춧가루 3, 국간장 2, 새우젓 1, 맛술 1을 한데 섞어 양념장을 만들고,

3 무 2줌은 도톰하게 썰고, 양파 1/2개는 먹기 좋게 썰어 멸치다시마 육수 5컵을 부은 냄비에 넣고 양념장을 골고루 풀고,

4 무가 푹 익을 때까지 바글바글 끓이다가 갈치를 넣어 뚜껑을 덮고 팔팔 끓여 갈치가 익으면 어슷하게 썬 홍고추 1개와 대파 1/2대, 쑥갓 1줌을 넣어 한소끔 끓여 소금과 후춧가루로 간하면 끝.

Cooking Tip　찌개 **양념장은** 하루 전날 만들어서 냉장고에 넣어 숙성시키면 더욱 깊은 맛이 나요. 그리고 새우젓이 꼭 들어가야 감칠맛이 나요. 갈치 대신 조기로 끓여도 맛있답니다.

찬거리 없을 때 끓이는

참치 감자 호박찌개

맨입으로도 잘 떠 먹는 찌개예요. 짜지 않게 바특하게 끓이면
서양의 스튜 같기도 하고, 인도의 커리 같기도 한 한국형 찌개라고 할까요.
채소 맛이 국물에 우러나 독특한 맛이 나요.

 25분　 3인분

 **Ingredients**

주재료　참치(통조림) 1통, 감자(중
간 것) 2개, 애호박 1/2개, 양파(중
간 것) 1/2개, 대파 1/3대, 멸치다시
마 육수 4컵

양념 재료　고추장 2, 집된장 0.5,
다진 마늘 0.5, 고춧가루 0.3, 소
금·후춧가루 약간씩

 **Cooking Tip**

집된장이 없어서 시판 된장을 넣어야 하면
양을 두 배로 늘리세요. 시판 된장은 집된
장보다 더 달달하면서 간이 삼삼하거든요.

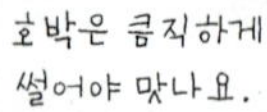

1 참치 통조림 1통은 국물을 따
라내고, 감자 2개와 애호박 1/2
개, 양파 1/2개는 큼직하게 썰고,

2 멸치다시마 육수 4컵에 고추
장 2, 집된장 0.5를 풀어 넣
고,

3 감자와 양파를 넣고 감자가
거의 다 익을 때까지 거품을
걷어내며 팔팔 끓이다가,

4 애호박과 참치를 넣고 참치살
이 부서지지 않게 국물을 걸
쭉하게 끓이다가 대파 1/3대를 어
슷하게 썰어 넣고 다진 마늘 0.5,
고춧가루 0.3, 소금과 후춧가루로
간하면 끝.

감자 멸치 고추장찌개

감자와 멸치, 쌀뜨물로 끓이는 고추장찌개는 여름에 끓여 먹는 별미 찌개예요.
시원한 냉면만 찾는 한여름에 고추장 맛 나는 찌개 한 그릇 놓고 가족끼리 오순도순
땀 쭉 빼면서 이열치열로 여름을 보내는 것도 나쁘지 않답니다.

 35분  3~4인분

Ingredients

주재료 멸치 1줌, 감자(중간 것) 2개, 양파(중간 것) 1/2개, 대파 1/2대, 청양고추 1개, 쌀뜨물 3컵

양념 재료 고추장 2, 국간장 1, 참치진국(또는 진간장) 1, 다진 마늘 1, 맛술 1, 소금·후춧가루 약간씩

Cooking Tip

멸치는 대멸 7.7cm 이상, 중멸 4.6~7.6cm, 소멸 3.1~4.5cm, 자멸 1.6~3cm, 세멸 1.5cm 이하의 다섯 종류로 나뉜대요. 가이리는 자멸, 지리멸은 세멸을 뜻하는 일본어예요.

1 멸치 1줌을 준비하고, 감자 2개는 먹기 좋게 썰고, 양파 1/2개는 네모지게 썰고,

2 쌀뜨물 3컵에 감자, 양파, 멸치를 넣고,

3 고추장 2, 국간장 1, 참치진국 1, 다진 마늘 1, 맛술 1을 넣어 잘 풀고, 청양고추 1개도 송송 썰어 넣고 센 불로 끓이다가,

4 감자가 무르게 익고, 멸치의 구수한 맛도 진하게 우러나면 대파 1/2대를 송송 썰어 넣고 한소끔 끓여 소금과 후춧가루로 간하면 끝.

끼니 걱정 뚝!

햄 고추장찌개

매일 한 번도 아닌 세끼를 책임져야 하는 주부이다 보니 끼니때마다
걱정이 이만저만이 아니에요. 쉬운 재료, 쉬운 조리법으로 뚝딱뚝딱 요리 놀이를 해볼까요?
쌍둥이 친구인 원희, 재희 엄마네 집에 가서 보고 만들어보았어요.

 30분　 2~3인분

 **Ingredients**

주재료　햄(통조림) 1/2통(약 200g), 양파(큰 것)　1/4개, 애호박 1/3개, 두부 1줌, 풋고추 1개, 대파 1/3대　**국물 재료**　물 4컵, 국물용 멸치 15 마리　**양념 재료**　고추장 1, 고춧가루 0.5, 다진 마늘 0.5, 소금·후춧가루 약간씩

1 국물용 멸치 15마리는 내장과 똥을 제거하고 머리와 몸통을 따로 다듬어 물 4컵을 붓고 끓여 육수 3컵을 만들고,

2 햄 통조림 1/2통, 양파 1/4 개, 애호박 1/3개, 두부 1줌 은 같은 크기로 깍둑썰고, 풋고추 1개와 대파 1/3대는 송송 썰고,

3 멸치 육수 3컵에 고추장 1, 고 춧가루 0.5를 넣어 풀고 햄, 애호박, 양파를 넣어 바글바글 끓 이다가,

4 재료가 익으면 두부와 풋고 추, 대파를 넣고 한소끔 끓여 소금과 후춧가루로 간하면 끝.

Cooking Tip　국이나 찌개에 화학조미료를 사용하시는 분들이 많은 것 같은데요, 멸치 육수에 채소들이 가진 원래의 맛을 이끌어내면 충분히 맛있는 국이나 찌개를 끓일 수 있어요.

성실네 **찌개집**

두부지짐찌개

늘 있는 두부로 항상 똑같은 찌개나 국을 끓이기는 싫고 훌훌 잘 넘어가는 음식이
필요해서 조림과 찌개의 중간에 있는 이 요리를 만들어 먹었어요. 맛있어서 세 번 연속으로
먹었는데 남편도 아이들도 잘 먹더라고요.

 30분  2~3인분

 **Ingredients**

주재료 두부 1모(약 400g), 양파 1/4개, 쪽파(또는 대파) 약간, 멸치 육
수 2컵, 식용유 적당량

양념 재료 고추장 1, 고춧가루 1, 다진 마늘 1, 간장 2, 국간장 0.5, 맛술
2, 설탕 0.5, 소금·후춧가루 약간씩

1 두부 1모는 먹기 좋게 썰어 소
금을 솔솔 뿌려서 충분히 달군
팬에 식용유를 두르고 앞뒤로 노릇
하게 지지고,

2 양파 1/4개는 굵직하게 채썰
어 냄비에 깔고, 그 위에 두부
를 켜켜이 담고,

3 고추장 1, 고춧가루 1, 다진
마늘 1, 간장 2, 국간장 0.5,
맛술 2, 설탕 0.5, 후춧가루 약간
을 한데 섞어 양념장을 만들어 두
부 위에 붓고,

4 멸치 육수 2컵을 부어 끓이다
가 국물이 반 정도로 졸아들면
소금으로 부족한 간을 하고 쪽파
를 넣고 살짝 더 끓이면 끝.

Cooking Tip 냄비에 양파를 깔고 두부를 얹는 이유는 조림 때 두부가 냄
비 바닥에 눌어붙지 않도록 하기 위해서예요.

133

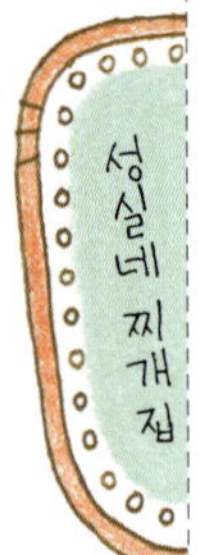

콩비지찌개

보통 콩비지찌개는 두부를 만들고 남은 비지로 만드는데요, 집에서 두부를 해 먹기란 쉽지 않죠. 구수한 진액이 다 빠져나간
비지보다는 불린 생콩을 갈아서 만든 비지가 맛있는 것은 당연할 테고요. 대표적인 단백질 식품인 콩으로 끓인 찌개입니다.
왜 나이를 먹어가면서 친정엄마가 끓여주시던 구수한 찌개가 더 좋아지는 걸까요. 제가 좋아하는 찌개 베스트 10 안에 드는 요리예요.

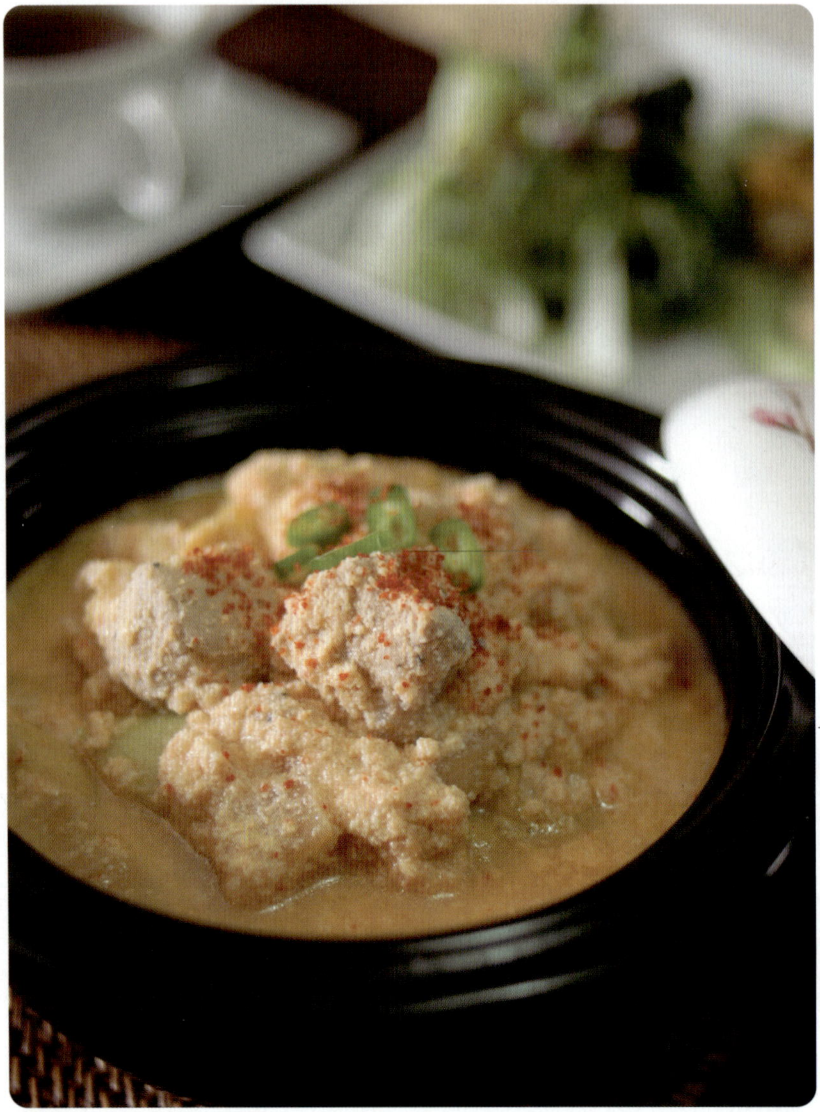

? 끓였다가 실패한 이후로 도전할 엄두를 내지 못
하고 있어요. 콩이 맛있어야 찌개도 맛있나요?

! 그럼요. 좋은 콩을 사용해야 맛이 좋아요. 그리
고 돼지고기는 밑간을 꼭 해야 콩 맛과 잘 어우러
져요.

 7시간　 5~6인분

Ingredients

주재료　메주콩 1컵, 돼지고기 1줌(약 100g), 신 김치 2줌, 김치 국물 4, 대파 1/3대, 청양고추 1개, 참기름 0.3

국물 재료　물 6컵, 국물용 멸치 15마리

돼지고기 밑간 재료　맛술 0.3, 다진 마늘 0.3, 후춧가루·생강즙 약간씩

양념 재료　새우젓 1, 소금·고춧가루 약간씩

1 메주콩 1컵은 하루 전이나 요리하기 5~6시간 전에 물에 담가 불려 흐르는 물에 바락바락 씻어 껍질을 벗기고,

2 물 6컵에 국물용 멸치 15마리를 넣고 끓여 진한 멸치 육수 4컵을 만들고,

3 믹서에 불린 콩을 넣고 물 2컵을 부어 곱게 갈고,

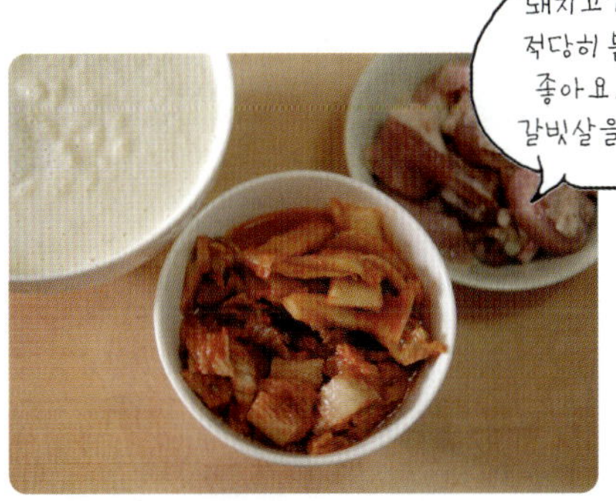

4 돼지고기 1줌은 맛술 0.3, 다진 마늘 0.3, 후춧가루와 생강즙을 약간씩 섞어 밑간하고, 신 김치 2줌은 잘게 송송 썰고,

5 달군 냄비에 참기름 0.3을 두르고 밑간한 돼지고기를 넣고 달달 볶다가, 송송 썬 김치와 김치 국물을 넣어 볶다가,

6 비지를 넣어 끓으면 멸치 육수 4컵을 붓고 새우젓 1을 넣어 푹푹 끓이다가 대파 1/3대와 청양고추 1개를 어슷하게 썰어 넣고 소금으로 간하면 끝.

 Cooking Tip

밍밍한 비지로 끓일 때보다 콩을 갈아서 하니 국물 맛이 고소하고 진해요. 콩 1컵을 불려서 찌개도 끓이고 콩국수도 만들어 드세요.

이보다 얼큰할 수는 없다

돼지목살 고추장찌개

얼큰한 고추장찌개에는 큼직하게 썬 돼지 목살이 들어가야 최고지요.
채소와 고기, 고추장 맛이 어우러져 달착지근하고 맛있는 찌개가 완성된답니다.
구워 먹다 남은 삼겹살을 넣어도 되니까 야외에 놀러 가서 해 먹어도 인기 만점인 요리예요.

Cooking Tip 찌개에 단맛을 더하려면 양파를 레시피보다 넉넉하게 넣으세요.

30분 　 2~3인분

Ingredients

주재료 돼지고기(목살) 200g, 감자(중간 것) 1개, 호박 1/3개, 양파(중간 것) 1/2개, 두부 1/4모　**부재료**　대파 1/3대, 청양고추 1/2개, 홍고추 1/2개　**국물 재료**　물 4컵, 국물용 멸치 15마리　**양념 재료**　고추장 2, 고춧가루 1, 다진 마늘 1, 국간장 0.5, 생강즙(또는 생강가루) 약간

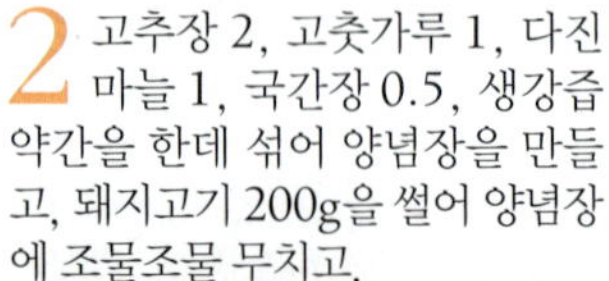

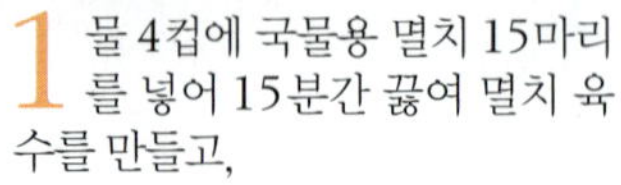

1 물 4컵에 국물용 멸치 15마리를 넣어 15분간 끓여 멸치 육수를 만들고,

2 고추장 2, 고춧가루 1, 다진 마늘 1, 국간장 0.5, 생강즙 약간을 한데 섞어 양념장을 만들고, 돼지고기 200g을 썰어 양념장에 조물조물 무치고,

3 감자 1개, 호박 1/3개, 양파 1/2개, 두부 1/4모는 먹음직스럽게 썰고, 대파 1/3대, 청양고추 1/2개, 홍고추 1/2개는 어슷하게 썰어,

4 냄비에 양념한 돼지고기를 넣고 달달 볶다가 하얗게 익으면 멸치 육수를 붓고 감자, 호박, 양파를 넣고 푹 익을 때까지 센 불로 끓이다가 두부와 대파, 고추를 넣어 한소끔 끓여 소금 간하면 끝.

두부탕

국이나 찌개는 있어야 하는데 달랑 두부밖에 없을 때 걱정 없이 끓여낼 수 있는
든든한 요리예요. 순식간에 만들 수 있는데다 칼칼한 맛이 꽤 훌륭한 국물 요리랍니다.

 20분  4인분

Ingredients

주재료 두부 1/2모(약 200g), 양파
1/4개, 대파 약간, 멸치 육수 3컵

양념 재료 고추기름 2, 까나리액젓
(또는 참치진국) 2, 다진 마늘 0.5,
소금·후춧가루 약간씩

Cooking Tip

두부 양념에 넣은 소금은 천일염을 사용했
어요. 약간 넣고 맛을 본 후 간을 더 했고요.
감칠맛을 내려면 까나리액젓을 넣으세요.

1 냄비에 국물용 멸치 15마리를
넣고 물 4컵을 부어 육수를 내
고,

2 두부 1/2모는 그릇에 담고 손
으로 적당히 부수어 고추기름
2, 까나리액젓 2, 다진 마늘 0.5,
소금 약간을 넣어 살살 섞어 양념
하고,

3 냄비에 두부를 넣고 달달 볶다
가 두부가 어느 정도 익으면
멸치 육수 3컵을 붓고 바글바글 끓
이고,

4 양파 1/4개는 얇게 채썰고, 대
파는 어슷하게 썰어 넣고 한소
끔 끓여 후춧가루를 뿌리면 끝.

구수한 된장 맛으로 먹는

우렁이 된장찌개

된장찌개는 언제 끓여도 맛있어요. 오랜만에 식구들이 다 모여 느긋하게 식사를 하는
주말에는 된장찌개 한 뚝배기와 안동 간고등어 큼직한 것 한 마리 구워내면 행복합니다.
우리집 외식데이에 끓이는 된장찌개에는 특별 게스트로 우렁이도 듬뿍 넣어요.

 30분  4인분

Ingredients

주재료 우렁이 1컵, 밀가루 약간, 느타리버섯 2줌, 감자(중간 것) 1개, 양파(중간 것) 1/2개, 두부 1/2모, 청양고추 1개, 홍고추 1/2개, 진한 멸치 육수 3컵

양념 재료 된장 2, 고추장 0.5, 고춧가루 0.5

Cooking Tip

우렁이는 논에서 자라기 때문에 흙냄새가 나요. 밀가루나 된장으로 바락바락 문질러 씻어 찬물에 헹궈 요리하세요.

1 냄비에 국물용 멸치 15마리를 넣고 물 4컵을 부어 팔팔 끓여 육수를 내고,

2 우렁이 1컵은 밀가루를 넣고 바락바락 문질러 씻어 찬물에 헹궈 물기를 빼고, 감자 1개, 양파 1/2개, 두부 1/2모는 먹기 좋게 썰고, 느타리버섯 2줌은 가닥가닥 찢고, 청양고추 1개, 홍고추 1/2개는 어슷하게 썰고,

3 멸치 육수에 된장 2를 풀어 넣고, 고추장 0.5와 감자, 양파를 넣고 바글바글 끓이다가, 감자가 반 이상 익으면 두부와 버섯, 고추를 넣어 끓이고,

4 마지막으로 우렁이를 넣고, 고춧가루 0.5를 넣어 한소끔 끓이면 끝.

성실네 **찌개집**

오징어 짬뽕

얼큰하고 시원한 짬뽕 국물이 생각나 냉장고를 뒤졌더니 오징어랑 새우, 양배추가 눈에 띄어 후다닥 만들었어요. 중국집에서는 치킨파우더나 치킨스톡을 육수에 쓰는 것 같은데 저는 두반장과 굴소스를 넣었어요. 오래 끓이고 다시 데워 먹을수록 맛이 한층 깊어져요.

 35분  6~7인분

Ingredients

주재료 오징어 1마리, 새우(중하) 10마리, 바지락 1봉지, 양배추 잎 4~5장, 양파(작은 것) 1개, 호박 1/5개, 당근 약간

국물 재료 멸치 육수 8컵(물 11컵 +국물용 멸치 25마리)

고추기름 재료 식용유 2, 고춧가루 0.3

양념 재료 두반장 2, 굴소스 1, 고 춧가루 2, 국간장 1, 다진 마늘 1, 소 금·후춧가루 약간씩

Cooking Tip

달달한 맛이 우러나는 양배추는 꼭 넣어야 끝내주는 국물 맛을 낼 수 있어요.

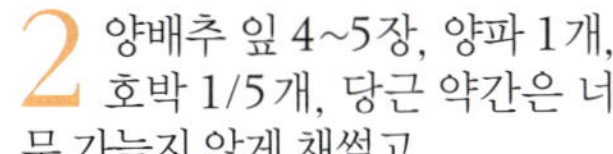

1 물 11컵에 국물용 멸치 25마 리를 넣고 끓여 멸치 육수를 만 들고, 오징어 1마리는 손질하여 먹 기 좋게 썰고, 새우 10마리는 껍질 을 까서 등 쪽 내장을 빼내고, 바지 락 1봉지는 옅은 소금물에 해감하 고,

2 양배추 잎 4~5장, 양파 1개, 호박 1/5개, 당근 약간은 너 무 가늘지 않게 채썰고,

3 팬에 식용유 2, 고춧가루 0.3 을 넣어 약한 불에 살살 볶아 고추기름을 만들어 채소를 넣고 달달 볶다가 오징어, 새우를 넣어 볶고,

4 두반장 2, 굴소스 1, 고춧가 루 2, 국간장 1, 다진 마늘 1 을 넣어 볶다가 멸치 육수 8컵을 붓고 푹 끓이다가 바지락을 넣어 한소끔 끓이고 소금, 후춧가루로 간하면 끝.

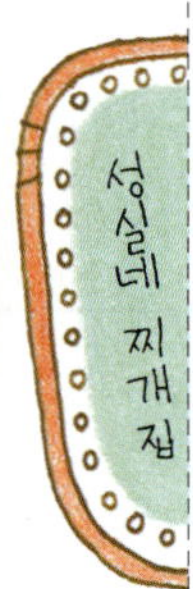

육개장

육개장은 푹푹 끓여야 깊은 맛이 우러나요. 갖가지 채소, 버섯을 함께 넣어 끓이면 국물 맛이 더 좋아지고요.
뜨끈하게 속이 얼얼할 정도로 맵게 끓여서 한 그릇 먹으면 땀에 흠뻑 젖는 것이 '제대로 먹었구나' 싶은 생각이 드실 거예요.
육개장 한 냄비 끓여놓고 나면 김장김치 담근 것처럼 뿌듯해진답니다.

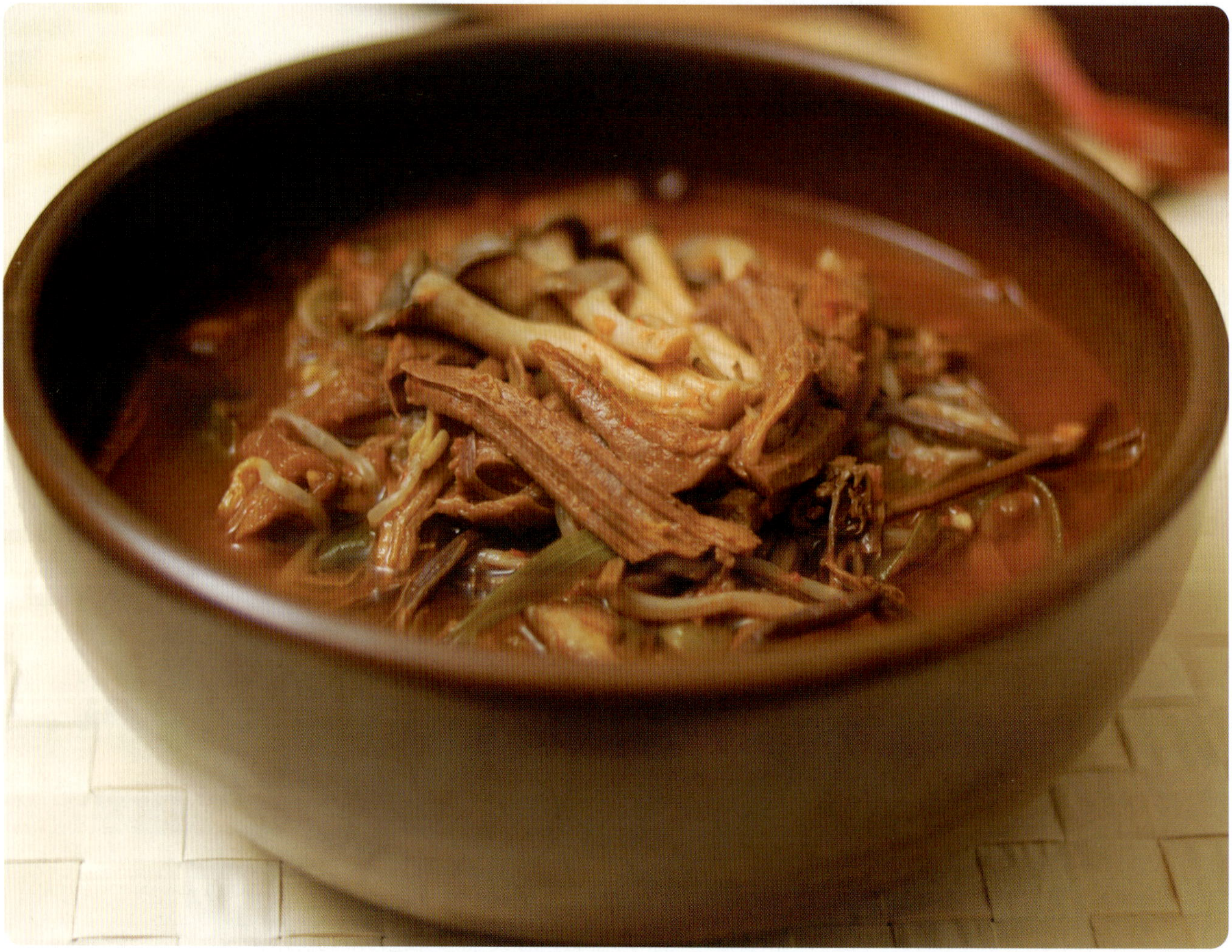

3시간　　7~8인분

Ingredients

주재료　쇠고기(국거리용) 400g, 애느타리버섯 2줌, 대파 2대, 삶은 고사리 2줌, 삶은 토란대 2줌, 삶은 숙주나물 3줌

고기 삶는 물 재료　물 20컵, 통후추 0.5, 대파(흰 부분) 1대

나물 양념 재료　고춧가루 5, 고추기름 2, 국간장 4, 참치진국 6, 다진 마늘 2, 다진 생강 0.3, 후춧가루 약간, 소금 0.5

1 쇠고기 400g은 덩어리째 찬물에 담가 핏물과 누린내를 제거하고,

2 고기 삶는 물 재료인 물 20컵, 통후추 0.5, 대파 1대를 넣고 고기가 푹 무를 때까지 1시간 이상 삶아 육수를 만들고,

3 고사리, 토란대, 숙주나물은 물에 씻어 끓는 물에 소금을 넣고 데쳐 물기를 꼭 짜서 준비하고,

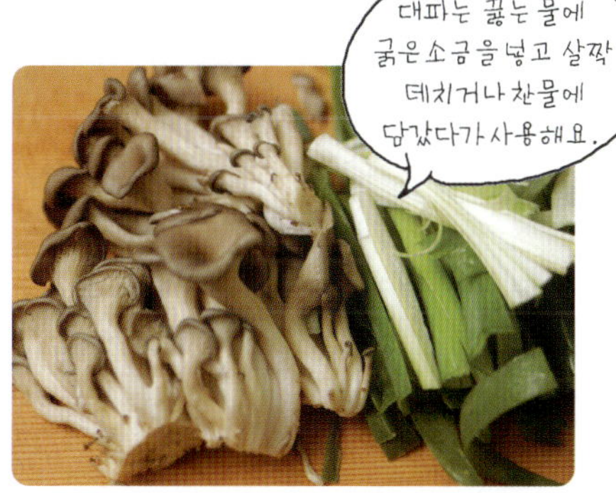

4 애느타리버섯 2줌은 가닥가닥 뜯고, 대파 1대는 적당한 길이로 길쭉하게 썰고,

5 토란대와 고사리, 숙주나물을 한데 넣고 고춧가루 5, 고추기름 2, 국간장 4, 참치진국 6, 다진 마늘 2, 다진 생강 0.3, 후춧가루 약간을 넣어 조물조물 무쳐 양념하고,

6 삶은 고기는 건져 결대로 찢고, 큰 냄비에 양념한 나물과 애느타리버섯을 넣고 달달 볶다가 육수를 넣고 푹 끓여 어느 정도 익으면 대파를 넣고 끓이다가, 쇠고기를 넣어 끓이고 소금 0.5를 넣으면 끝.

Cooking Tip

보통 국이나 찌개를 끓일 때 국간장으로 간을 하시죠? 기본 육수 맛이 풍부하고 좋으면 상관없지만 사실 일반 국을 끓일 때 맛을 내기란 쉽지 않아요. 참치진국을 국이나 찌개에 넣으면 감칠맛이 돌아 더욱 맛있어요. 가격은 조금 비싸지만 훌륭한 맛으로 톡톡히 보답해요.

청국장

한 냄비 끓여놓고 데워 먹고, 또 데워 먹는 청국장. 독특한 냄새로 본의 아니게 '우리집 오늘 청국장 먹어요' 라고 동네방네 알리게 되죠. 그래도 맛있는 걸 어쩌겠어요. 그런데 우리 아이들도 청국장 맛을 기억하게 될까요? 점점 변해가는 음식 문화의 흐름 속에 청국장이 사라지지 않을까 걱정되네요.

Cooking Tip 청국장에는 **멸치 육수와** 쌀뜨물을 반반씩 넣어 끓이면 감칠맛이 나서 맛있어요.

30분　4~5인분

Ingredients

주재료　신 김치 2줌, 무 2줌, 두부 1모, 청국장 8, 버섯 2줌, 대파 1/4대, 홍고추 1개

국물 재료　진한 멸치 육수 6컵, 다진 마늘 0.5, 김치 국물 1/4컵

1 신 김치 2줌은 먹기 좋게 썰고, 무 2줌은 나박 썰고, 두부 1모는 도톰하게 썰고, 버섯 2줌은 먹기 좋게 썰어서,

2 진하게 우린 멸치 육수 6컵에 신 김치, 무, 김치 국물 1/4컵을 넣어 바글바글 끓이다가,

3 무와 김치가 무르게 익으면 청국장 8을 넣고,

4 버섯, 두부, 대파 1/4대와 홍고추 1개는 어슷하게 썰어 다진 마늘 0.5와 함께 넣고 한소끔 끓이면 끝.

성실 네 **찌개 집**

깡장

텔레비전에서 본 음식을 상상하면서 만든 요리예요. 오징어랑 고기를 넣고
바특하게 끓여 밥에 비벼 먹는데요, 입맛 없을 때 밥 많이 먹게 하는 이상한 음식이죠.
조금 쑥스럽지만요, 남편은 제가 해준 음식 중에서 최고로 맛있다고 극찬했어요.

 25분  2~3인분

Ingredients

주재료 돼지고기(목삼겹살) 1줌(약 150g), 오징어 1마리, 양파(큰 것) 1
개, 홍고추 1개, 청양고추 1개, 대파 1/4대, 멸치 육수 1/2컵

돼지고기 양념 재료 청주 1, 다진 마늘 0.5, 후춧가루·생강가루 약간씩

양념 재료 참기름 1, 시판 쌈장 3, 된장 1, 고추장 1, 맛술 1, 다진 마늘 0.5

1 돼지고기 1줌은 살코기를 적
당한 크기로 깍둑썰어 청주 1,
다진 마늘 0.5, 후춧가루와 생강가
루를 약간씩 넣어 양념하고,

2 오징어 1마리, 양파 1개는 네
모지게 썰고, 홍고추 1개, 청
양고추 1개, 대파 1/4대는 동글동
글하게 썰어,

3 살짝 달군 뚝배기에 참기름 1
을 두르고 돼지고기가 하얗게
될 때까지 볶다가, 양파와 오징어
를 넣어 볶고, 청양고추와 홍고추
를 넣어 볶다가,

4 시판 쌈장 3, 된장 1, 고추장 1
을 넣고 달달 볶다가, 멸치 육
수 1/2컵을 붓고 맛술 1, 다진 마
늘 0.5를 넣어 10~15분간 끓여
대파를 넣어 한소끔 끓이면 끝.

Cooking Tip **매콤한 맛을** 내려고 청양고추와 홍고추를 1개씩 넣었는데
요, 매운 음식을 잘 못 드시는 분이나 아이들이 먹는 깡장에는 풋고추를 넉넉하게 넣
으세요. 또 쌈장이 없다면 된장 3, 고추장 1, 고춧가루 1로 대체하셔도 돼요.

순두부 명란탕

내 생애 가장 행복한 순간은 식구들을 위해 밥상을 차리는 주부의 모습일 때예요.
내가 만든 음식으로 우리 식구들을 살찌우는 일….
특히 보글보글 끓인 찌개를 상에 올려 빙 둘러앉아 먹는 저녁상 풍경은 상상만 해도 행복해요.

25분　　2~3인분

Ingredients

주재료　순두부 1봉지, 바지락 1봉지, 명란젓 1덩이, 대파 약간

양념 재료　물 1/2컵, 새우젓 0.5, 간장 1, 고춧가루 0.5, 다진 마늘 0.5, 맛술 1, 참기름 0.5

1 물 1/2컵, 새우젓 0.5, 간장 1, 고춧가루 0.5, 다진 마늘 0.5, 맛술 1, 참기름 0.5를 한데 섞어 양념장을 만들고,

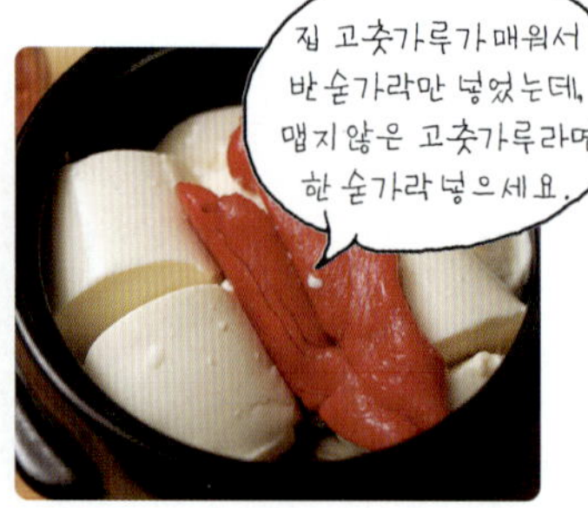

2 뚝배기에 바락바락 씻어 소금물에 해감시킨 바지락을 먼저 넣고 순두부 1봉지와 명란젓 1덩이도 담고,

3 뚝배기에 양념장을 붓고 뚜껑을 덮어 보글보글 끓여 바지락이 입을 벌리고 양념이 순두부에 고루 배면,

4 송송 썬 대파를 넣어 한소끔 끓이면 끝.

Cooking Tip　급하게 끓이면 맛이 없으므로 보글보글 오래 끓여야 맛있어요. 부족한 간은 새우젓이나 간장으로 하세요.

초계탕

초계탕이 삼계탕보다 쉽다는 말은 거짓말이에요.
은근히 손이 많이 가는 요리지만 맛은 좋지요. 만들 때는 땀이 뻘뻘 나고 힘들지만
먹을 때만큼은 언제 더웠냐는 듯 시원하고 얼얼한 맛으로 행복을 안겨줘요.

 1시간  4인분

Ingredients

주재료 닭 1마리, 소금·후춧가루 약간씩, 메밀국수 적당량, 오이 1개, 무 (4cm) 1토막, 달걀 1개, 홍고추 약간　**닭 삶는 물 재료**　물 12컵, 대파(흰 부분) 1대, 마늘 7쪽, 통후추 0.3　**오이 절임 재료**　식초 3, 설탕 2, 굵은 소금 0.3　**무 절임 재료**　식초 3, 설탕 2, 굵은소금 0.3　**국물 재료**　닭 육수 7컵, 설탕 3, 식초 7, 굵은소금 1~2, 연겨자 1, 국간장 1, 깨소금 1

1 닭 1마리는 꽁지를 잘라내고, 껍질을 벗겨 깨끗이 씻은 후 냄비에 넣고 물 12컵, 대파 1대, 마늘 7쪽, 통후추 0.3을 넣고 살이 뼈에서 쉽게 발라질 정도로 푹 삶고,

2 오이 1개와 무 1토막은 적당히 썰어 식초 3, 설탕 2, 굵은 소금 0.3을 한데 섞은 절임물에 각각 절여 물기를 꼭 짜고,

3 푹 삶은 닭은 베보자기에 밭쳐 맑은 육수를 받아내고, 닭은 결대로 찢어 소금과 후춧가루를 솔솔 뿌려 밑간하고,

4 메밀국수는 삶아 그릇에 담고, 닭 육수 7컵에 설탕 3, 식초 7, 굵은소금 1~2, 연겨자 1, 국간장 1, 깨소금 1을 넣고 얼음을 띄워 메밀국수에 붓고 오이와 무 절임, 닭고기를 올리면 끝.

Cooking Tip **기름이 둥둥** 뜬 시원한 닭국물을 드시고 싶지는 않으시죠? 삶은 닭과 육수를 베보자기에 거르면 베보자기에 닭 기름이 들러붙어 맑은 육수만 받아낼 수 있어요.

냉장고만 열면 뚝딱!

3 성실네 밥집

입맛이 없을 때는 외식을 하기도 하고, 배달 음식을 주문해
먹기도 하지만 밥 한 그릇 배불리 먹었을 때만큼 기분 좋은
포만감도 없죠. 맛나고 진귀한 외국 요리를 잔뜩 먹은 후에도
밥 생각이 나는 것을 보면 어쩔 수 없어요. 가끔 밥 차리는 게
귀찮아질 때 꾀를 부리는 방법이 있어요. 별미 밥을 한 냄비
만드는 거예요. 김치만 있으면 온 식구들과 둘러앉아 행복한
한끼를 먹을 수 있답니다.

구수하고 건강한

시래기 나물밥

곤드레나물이나 취나물로는 자주 밥을 지어 먹었는데 시래기로
나물밥을 해 먹을 생각은 못했어요. 시어머님이 시래기를 잔뜩 주셔서
나물밥을 해 먹었더니 우와~ 굉장히 맛있더라고요.

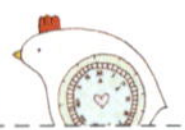 30분  3~4인분

Ingredients

주재료 쌀 2컵, 물에 삶은 시래기 2덩이, 멸치 육수 1컵+2/3컵

나물 양념 재료 들기름 2, 국간장 1, 소금 0.2

밥 양념 재료 통깨 1, 들기름 0.5

양념 간장 재료 간장 3, 맛술 1, 다진 파 2, 다진 마늘 0.3, 통깨 0.3, 참기름 0.3

Cooking Tip

나물밥을 지을 때도 압력솥을 이용해요. 또 맹물을 넣는 것보다 멸치 육수를 넣으면 훨씬 밥이 맛있어요.

1 쌀 2컵은 물에 씻어서 1시간 정도 불리고,

2 물에 삶은 시래기 2덩이는 겉껍질을 벗겨 물기를 꼭 짜 듬성듬성 썰어 들기름 2, 국간장 1, 소금 0.2를 넣어 조물조물 양념하고,

3 불린 쌀의 물기를 쪽 빼서 밥솥에 넣고 그 위에 시래기를 올려 멸치 육수 1컵+2/3컵을 부어 밥을 짓고,

4 간장 3, 맛술 1, 다진 파 2, 다진 마늘 0.3, 통깨 0.3, 참기름 0.3을 한데 섞어 양념 간장을 만들고, 밥이 다 지어지면 통깨 1, 들기름 0.5를 뿌려 뒤적인 다음 대접에 담고 양념 간장을 곁들이면 끝.

김치묵밥

밤에 출출할 때면 뭔가 시원하면서도 뱃속에 부담이 되지 않는 그런 음식이 먹고 싶잖아요.
밤에 먹어도 먹고 나면 기분이 한결 좋아지는 묵밥. 무엇보다 기름지지 않아 참 좋아요.
묵밥 맛을 좌우하는 것은 잘 익은 김치 한 가지뿐입니다.

 25분  2인분

Ingredients

주재료 도토리묵 1모, 배추김치 1/4포기, 오이 1/3개, 김가루 약간

국물 재료 물 5컵, 국물용 멸치 15마리, 다시마(10×10cm) 1장, 청주 1,
소금 0.3

김치 양념 재료 설탕 1, 식초 1.5, 고춧가루 0.5, 참기름 1, 깨소금 1

1 국물용 멸치 15마리와 다시마
1장, 물 5컵을 냄비에 넣고 팔
팔 끓여 육수를 만들고, 마지막에
청주 1을 넣어 비린 맛을 날려 한소
끔 더 끓여 소금 0.3을 넣고,

2 체에 베보자기를 받쳐 맑은
육수만 걸러내 냉장고에 넣어
차게 식히고,

3 배추김치 1/4포기는 송송 썰
어 설탕 1, 식초 1.5, 고춧가
루 0.5, 참기름 1, 깨소금 1을 넣
어 무치고,

4 도토리묵 1모는 길쭉하게 썰
고, 오이 1/3개는 가늘게 채썰
어 묵과 함께 그릇에 담고 육수를
적당히 부어 김치를 올리고 김가
루를 뿌리면 끝.

Cooking Tip **너무 배가** 고파서 국물 낼 기력이 없다면 시판 냉면 육수 1
봉지에 김치 국물 1컵, 식초 2, 연겨자 0.3을 넣으세요.

구원 투수로 나선 참치

참치 채소 비빔밥

참치 통조림을 자주 사용하세요? 저는 상비해두고 가끔 별식이 당길 때,
장을 보지 못했는데 밥때를 맞았을 때 요긴하게 활용한답니다. 냉장고 채소실 청소라도
하는 날이면 참치 통조림과 자투리 채소로 비빔밥을 만들어 먹어요.

 25분  2인분

 **Ingredients**

주재료 참치(통조림) 1통(약 150g), 밥 2공기, 자투리 채소(새싹채소·
양배추·치커리 등) 적당량

참치 양념장 재료 고추장 2, 토마토케첩 1, 간장 1, 물엿 1, 참기름 0.5,
후춧가루·통깨 약간씩

1 참치 통조림 1통은 뚜껑을 따
서 국물을 80% 정도 따라내고
고추장 2, 토마토케첩 1, 간장 1,
물엿 1, 참기름 0.5, 후춧가루와 통
깨 약간씩을 넣어 살살 버무리고,

2 새싹채소와 양배추, 치커리
등의 자투리 채소도 흐르는 물
에 씻어 채썰고,

3 따끈한 밥 한 공기를 대접에
담고 그 위에 채소들을 듬뿍
올리고, 참치 양념장을 얹어 식성
에 따라 통깨와 참기름을 살짝 뿌
리면 끝.

Cooking Tip **참치 통조림의** 참치를 체에 밭쳐 국물을 쏙 빼고, 참기름을
넉넉히 두르고 비벼 먹어도 좋아요.

성실네 **밥집**

즉석 잡채밥

만들다 보면 부잣집의 손 큰 며느리처럼 많이 만들게 되는 요리 중 하나예요. 두 끼 밥상에 올리면 그 후부터는 찬밥 신세인 잡채는 냉동실에 넣어두었다가 찌개 끓일 때 넣기도 하고 밥에 볶아 먹기도 해요. 종종 중국집 잡채밥이 먹고 싶으면 채소를 넣고 담백하게 만들어 먹어요.

 35분  4인분

Ingredients

주재료 불린 당면 3~4줌(약 250g), 쇠고기 1줌(약 100g), 양파 1/2개, 당근 1/4개, 피망 1/2개, 햄 1/2개, 물 1/2컵, 고추기름 1, 참기름·통깨 약간씩, 식용유 적당량

고기 양념 재료 청주 1, 다진 마늘 0.5, 다진 파 1, 후춧가루·생강가루 약간씩

양념장 재료 간장 5, 맛술 2, 물엿 2, 흑설탕 0.5, 다진 마늘 0.5, 참기름 1, 후춧가루 약간

Cooking Tip

달달한 맛이 나는 노랑 파프리카와 빨강 파프리카를 넣으면 맛도 좋고 보기에도 좋아요. 원하는 채소나 버섯을 넣고 볶아도 돼요.

1 양파 1/2개, 당근 1/4개, 피망 1/2개, 햄 1/2개는 적당한 두께로 채썰고, 쇠고기 1줌은 청주 1, 다진 마늘 0.5, 다진 파 1, 후춧가루와 생강가루를 약간씩 넣어 밑간하고,

2 달군 팬에 식용유를 약간 두르고 채썬 채소를 넣어 달달 볶다가 어느 정도 익으면 고추기름 1을 넣어 볶고,

3 불린 당면 3~4줌을 넣고 물 1/2컵을 붓고 익히다가,

4 당면이 익으면 간장 5, 맛술 2, 물엿 2, 흑설탕 0.5, 다진 마늘 0.5, 참기름 1, 후춧가루를 약간 넣어 양념하여 볶다가, 참기름과 통깨를 뿌리면 끝.

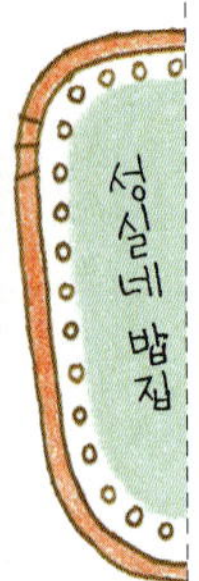

오징어덮밥

오징어덮밥은 빨갛게 양념해 먹어야 맛있지요. 하지만 아이들은 매워서
거들떠보지도 않잖아요. 아이들을 위한 달달한 버전의 오징어덮밥을 만들었어요.

 20분  2인분

Ingredients

주재료 오징어 1마리, 양파(중간
것) 1/2개, 당근 약간, 피망 1/4개,
대파 1/4대, 식용유 적당량

양념 재료 간장 2, 참치진국(또는
국간장) 0.5, 다진 마늘 1, 설탕 0.5,
물엿 1, 맛술 1, 후춧가루 약간, 깨소
금 1, 참기름 1

Cooking Tip

오징어덮밥은 매콤해야 제맛이라고 주장하
는 식구가 있다면 청양고추를 1~2개 썰어
넣어주세요.

1 오징어 1마리는 내장을 꺼내고
껍질을 벗겨 몸통에 칼집을 내
서 적당한 크기로 썰고, 양파 1/2
개, 당근 약간, 피망 1/4개는 채썰
고, 대파 1/4대는 어슷하게 썰고,

2 간장 2, 참치진국 0.5, 다진 마
늘 1, 설탕 0.5, 물엿 1, 맛술
1, 후춧가루 약간, 깨소금 1을 한
데 섞어 양념장을 만들고,

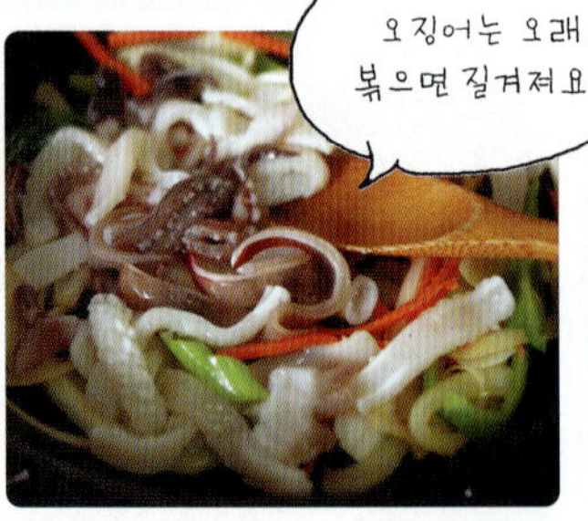

3 달군 팬에 식용유를 두르고 채
소를 넣어 달달 볶다가 오징어
를 넣어 재빨리 볶고,

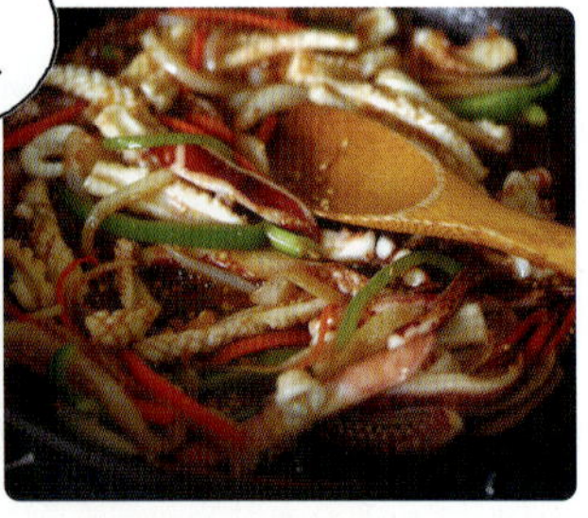

4 오징어가 반쯤 익으면 양념장
을 넣어 볶다가 대파와 참기름
1을 넣고 살짝 더 볶으면 끝.

닭고기덮밥

재료만 있다면 만드는 데 5분에서 10분밖에 걸리지 않는 덮밥이에요. 일찍 출근하는 남편과 늦잠 잔 아이들에게도 든든한 아침을 먹여 보낼 수 있어 예뻐하는 메뉴예요.

 15분  2인분

 **Ingredients**

주재료 닭 다리살 2개분, 양파(중간 것) 1/2개, 달걀 2개, 실파(또는 대파) 적당량, 고춧가루 약간, 밥 2공기

국물 재료 물 1컵, 참치진국 4, 맛술 3, 설탕 0.5, 후춧가루 약간

1 닭 다리살은 먹기 좋은 크기로 자르고, 양파 1/2개는 굵직하게 채썰고,

2 냄비에 물 1컵, 참치진국 4, 맛술 3, 설탕 0.5를 넣고 팔팔 끓여 닭 다리살과 양파를 넣고 닭고기가 충분히 익을 때까지 끓이다가,

3 닭고기가 완전히 익으면 달걀 2개를 대강 풀어 원을 그리듯 냄비에 붓고,

4 뚜껑을 덮고 달걀이 반숙이 될 정도로 익혀 후춧가루를 솔솔 뿌려 밥 위에 얹고 송송 썬 실파를 올리고 고춧가루를 약간 뿌리면 끝.

Cooking Tip 닭의 잡냄새에 민감한 분들은 닭을 미리 우유에 담가두거나 청주를 살짝 뿌려 재우세요. 덮밥용으로 추천하고픈 닭의 부위는 닭 다리살이나 가슴살, 안심이에요.

성실네 밥집

찬거리가 달걀밖에 없을 때

달걀덮밥

점심때 집에 혼자 있을 때 냉장고를 열었더니 찬거리라고는 달걀 몇 개,
찬밥이 남아 있을 때 덮밥을 만들어 먹어요.
썰렁하지 않게 점심밥을 만들어 먹는 방법이 여기 있어요.

Cooking Tip **날달걀을 못 먹는** 분은 2개를 모두 풀어 익혀 드세요. 또 김가루를 뿌려 먹어도 맛있어요.

25분 1인분

Ingredients

주재료 달걀 2개, 양파(중간 것) 1/4개, 대파 적당량, 멸치다시마 육수 1컵+1/2컵

양념 재료 식용유 1, 참치진국 1, 다진 마늘 0.3, 소금·후춧가루 약간씩, 참기름 0.3, 통깨 약간

1 달걀 2개 중 1개는 노른자가 터지지 않게 깨서 따로 두고, 나머지 달걀 1개는 대충 풀어두고, 양파 1/4개는 채썰고, 대파는 어슷하게 썰고,

2 은근히 달군 팬에 식용유 1을 두르고 채썬 양파를 넣고 살짝 볶아 멸치다시마 육수 1컵+1/2컵을 붓고 끓이다가 참치진국 1, 다진 마늘 0.3을 넣어 끓이고,

3 국물이 바글바글 끓으면 달걀물을 빙 둘러가며 붓고,

4 달걀이 반쯤 익었다 싶으면 바로 불을 끄고 소금 간을 하여 대파를 넣고 후춧가루를 솔솔 뿌려 밥이 담긴 그릇에 부어 참기름 0.3, 통깨를 약간 뿌리면 끝.

애느타리버섯덮밥

몸에 좋다는 버섯으로 먹고 나면 든든한 한 그릇 별미 밥을 만들었어요.
애느타리버섯, 양파, 파만 있으면 한 그릇 뚝딱 만들어지는 마법의 레시피입니다.
애느타리버섯은 씹히는 맛도 좋고 향이나 맛이 강하지 않은 버섯이라 덮밥과도 잘 어울려요.

 25분  1~2인분

 **Ingredients**

주재료 애느타리버섯 1팩(약 200g), 양파 1/4개, 대파 1/4대, 멸치다시마 육수 1컵, 녹말가루 0.5, 물 1, 식용유 적당량

양념 재료 참치진국 2, 맛술 1, 다진 마늘 0.5, 참기름 0.5, 후춧가루 약간

1 애느타리버섯 1팩은 밑동을 자르고 가닥가닥 떼어 흐르는 물에 씻어 물기를 빼고, 양파 1/4개는 채썰고, 대파 1/4대는 어슷하게 썰고,

2 달군 팬에 식용유를 살짝 두르고 애느타리버섯, 양파, 대파를 넣고 달달 볶다가, 참치진국 2, 맛술 1, 다진 마늘 0.5를 넣고 버섯에 양념이 배도록 더 볶다가,

3 멸치다시마 육수 1컵을 붓고 바글바글 끓이다가 녹말가루 0.5와 물 1을 섞은 녹말물을 조금씩 넣어가며 젓다가,

4 걸쭉해지면 참기름 0.5와 후춧가루를 약간 뿌려 밥 위에 얹으면 끝.

Cooking Tip 참치진국 대신 굴소스 0.5와 간장 1을 넣어도 돼요. 단맛을 즐기는 분은 양념을 할 때 설탕을 약간 넣으세요.

155

고급 식재료가 빛낸 럭셔리 버전

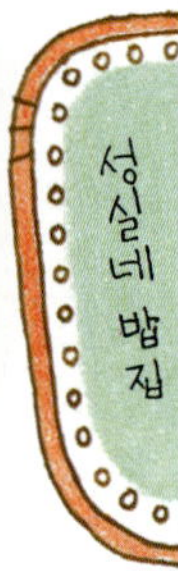

새우덮밥

늘 국물과 반찬, 그리고 밥이라는 식단에 물릴 즈음 비장의 카드로 밥상에 올리는 중화풍의 촉촉한 덮밥이에요. 식욕이 당기지 않을 때 해 먹으면 좋은 메뉴랍니다. 시아버님 생신상에 올렸더니 식구들이 맛있게 드시더라고요. 자주 만들어 먹으려면 만만치 않은 재료비가 부담스럽지만 외식 한 번 줄이면 되지요.

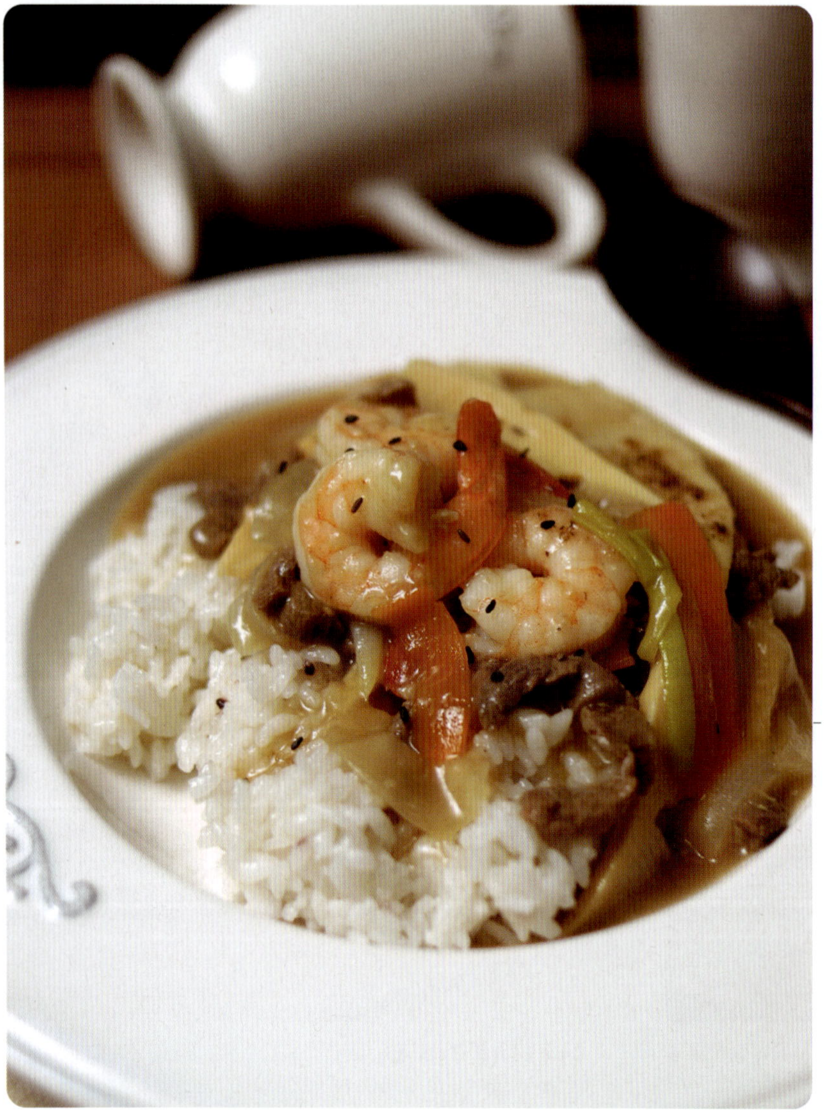

Ripple

? 주말에 냉장고에 있는 재료로 흉내만 내보았는데도 정말로 훌륭한 한끼 식사가 되더라고요.

! 가끔씩 별미로 만들어 먹으면 좋아요. 중국집에서는 육수 대신 치킨스톡이나 치킨파우더로 맛을 낸다고 하는데요, 늘 국이나 양념으로 사용하는 멸치다시마 육수를 넣어 개운하고 담백하게 만들었어요.

 45분　 2인분

Ingredients

주재료　새우(중하) 15마리, 쇠고기(또는 돼지고기) 100g, 죽순(통조림) 1/2통, 양파(큰 것) 1/4개, 당근 약간, 굵은소금 0.5, 식용유 적당량, 다진 마늘 0.5, 채썬 대파(흰 부분) 1/2대분, 생강채 약간

양념 재료　간장 1, 굴소스 1, 청주 1, 멸치다시마 육수 2컵, 참기름 0.5, 통깨 0.5, 소금·후춧가루 약간씩

고기 양념 재료　청주 1, 간장 0.5, 소금·후춧가루 약간씩

녹말물 재료　녹말가루 2, 물 4

1 새우 15마리는 손질하고, 쇠고기 100g 은 채썰어 청주 1, 간장 0.5, 소금과 후춧 가루를 약간씩 넣어 밑간하고, 죽순 통조림 1/2통은 빗살 무늬를 살려 자르고, 당근과 양 파 1/4개는 채썰고,

2 팔팔 끓는 물에 굵은소금 0.5를 넣고 새 우, 죽순, 당근을 살짝 데치고,

3 약하게 달군 팬에 식용유를 넉넉히 두르 고 다진 마늘 0.5, 채썬 대파, 생강채를 넣어 기름에 향이 배도록 달달 볶다가,

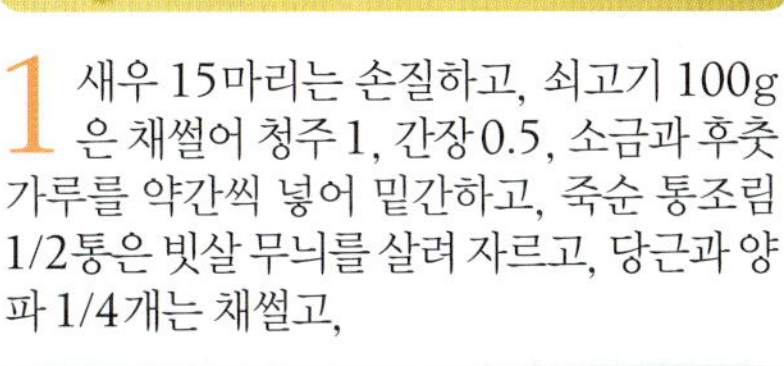

4 밑간한 쇠고기를 넣어 익을 때까지 볶다 가 양파를 넣어 볶고, 새우, 죽순, 당근을 넣고 볶다가 간장 1, 굴소스 1, 청주 1을 넣 고,

5 멸치다시마 육수 2컵을 붓고 바글바글 끓이다가, 녹말가루 2와 물 4를 섞은 녹 말물을 조금씩 넣어가며 걸쭉하게 익혀서,

6 참기름 0.5, 통깨 0.5를 뿌리고 소금과 후춧가루로 간하면 끝.

햄 선수의 맹활약

햄 두부덮밥

햄은 팬에 구워서 먹기도 하고 카레나 자장에 넣기도 하는 등,
햄 하나만 있어도 수십 가지의 요리를 만들 수 있으니 냉장고에 늘 쟁여두는 재료 중 하나예요.
냉장고 문을 여니 눈에 띄는 햄과 두부로 한끼 해결했어요.

  25분　4인분

Ingredients

주재료　두부 1/2모(약 100g), 마늘햄 100g, 굵은소금 약간, 당근·양파·피망·대파·풋고추 적당량씩, 멸치다시마 육수(또는 물) 1컵+1/2컵

양념 재료　고추기름 1, 식용유 1, 다진 마늘 0.5, 두반장 1.5, 굴소스 0.5, 간장 1, 맛술 2, 설탕 약간, 참기름 1

녹말물 재료　녹말가루 1, 물 2

Cooking Tip

먹다 남은 덮밥은 육수를 조금 더 넣어서 데우면 막 만든 것처럼 따끈하고 맛있게 먹을 수 있어요.

1 두부 1/2모와 마늘햄 100g은 작은 주사위 모양으로 썰어 끓는 물에 굵은소금을 약간 넣고 먼저 두부를 체에 담아 살살 데쳐 물기를 쏙 빼고, 두부 데친 물에 햄을 데치고,

2 당근, 양파, 피망, 대파, 풋고추 등 자투리 채소는 잘게 썰고, 약하게 달군 팬에 고추기름 1, 식용유 1을 두르고 다진 마늘 0.5를 넣어 볶다가 채소를 마저 넣어 볶고,

3 두반장 1.5, 굴소스 0.5, 간장 1, 맛술 2, 설탕을 약간 넣어 볶다가, 멸치다시마 육수 1컵+1/2컵을 넣고 바글바글 끓이다가 두부와 햄을 넣어 끓이고,

4 녹말가루 1과 물 2를 섞은 녹말물을 만들어 조금씩 넣어가며 걸쭉하게 농도를 맞추어 참기름 1을 뿌리고 소금, 후춧가루로 간하면 끝.

일본식 달걀볶음밥

냉장고에 있는 달걀과 냉동실에 넣어둔 베이컨을 꺼내 팬에 달달 볶으면
폼 나는 한 그릇 요리가 만들어져요. 번거롭게 시장 볼 필요도 없고
냉장고 식재료도 정리하게 되니 그야말로 일석이조랍니다.

 25분  2~3인분

Ingredients

주재료 밥 1공기+1/2공기, 베이컨 4장, 달걀 2개, 소금 약간, 실파(또는
쪽파) 적당량

양념 재료 참기름 2, 간장 2, 통깨 0.5

1 베이컨 4장은 가늘게 채썰어
기름을 두르지 않은 팬에 바삭
하게 구워 키친타월에 올려 기름기
를 빼고,

2 달걀 2개는 그릇에 담아 소금
을 약간 넣어 젓가락으로 풀
고, 실파는 송송 썰고,

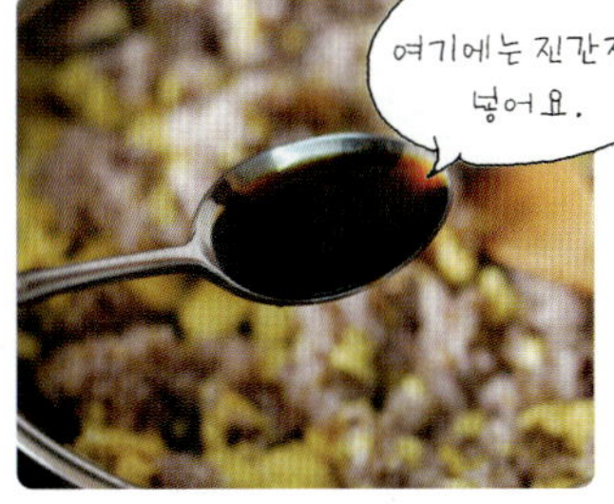

3 충분히 달군 팬에 참기름 2를
두르고 달걀물을 넣어 젓가락
으로 휘저어가며 익혀 전자레인지
에 돌린 밥 1공기+1/2공기를 넣
고 볶다가,

4 간장 2를 넣어 간이 배도록 볶
다가 통깨 0.5를 솔솔 뿌리고
접시에 담아 베이컨을 소복하게
올리고 실파를 뿌리면 끝.

Cooking Tip **하얀 쌀밥보다** 잡곡밥으로 볶아야 더 맛있어요. 또 마늘종
을 쫑쫑 썰어 넣고 볶아도 맛나지요.

몸값 톡톡히 하는

전복회덮밥

보약 한 첩이 몸을 보하기도 하지만 맛있는 음식 한 그릇이 보약 한 첩보다 큰 힘을
줄 때도 있지요. 몸이 아파야 죽으로 먹는 전복으로 덮밥을 만들었어요. 야들야들한 싱싱한
전복에 갖가지 채소를 곁들여 고추장 양념장에 쓱싹쓱싹 비벼 먹으니 힘이 나네요.

20분   3인분

Ingredients

주재료 전복 3개, 채소(상추·깻잎·치커리·양파·당근·풋고추 등) 적당량

양념 고추장 재료 설탕 1, 식초 2, 다진 마늘 1, 고추장 2, 물엿 1, 레몬즙
1, 참기름 1, 통깨 0.5

1 설탕 1, 식초 2, 다진 마늘 1,
고추장 2, 물엿 1, 레몬즙 1, 참
기름 1, 통깨 0.5를 한데 섞어 양념
장을 만들고,

2 전복 3개는 손질하여 먹기 좋
은 크기로 얇게 편으로 썰고,

3 채소는 식성에 따라 준비하여
물에 씻어 물기를 쪽 빼서 먹
기 좋은 크기로 썰어 밥을 담은 그
릇에 올린 후 전복을 얹고 양념장
을 곁들이면 끝.

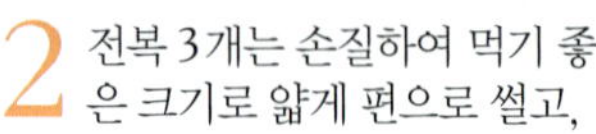

Cooking Tip 전복은 껍데기가 위쪽으로 오도록 체에 담아 뜨거운 물을
끼얹고 주방용 솔로 꼼꼼히 닦은 후 숟가락으로 살을 발라내요. 살과 내장을 따로 분
리하고 전복 살에 오돌토돌 나온 부분에 있는 하얀 심줄을 제거하고 뾰족하게 까만
돌기가 나온 부분에 칼집을 세로로 내어 쭉 누르면 빠져나와요.

전복밥

전복으로 죽만 쑤어 먹나요. 밥도 지어 먹어요.
전복 내장을 넣어 푸른색이 감도는 별미 중의 별미 밥.
전복이 제철 맞은 여름에는 싱싱한 덮밥으로, 겨울에는 전복밥으로 입맛을 달래요.

 30분  3~4인분

Ingredients

주재료 전복(큰 것) 3개, 불린 쌀 2컵, 물 2+1/2컵

밥물 양념 재료 참기름 0.5, 청주 1

부추 양념 재료 잘게 썬 부추 1/2줌, 간장 3, 맛술 1, 다진 마늘 0.3, 고
춧가루 0.3, 참기름 1, 통깨 0.5, 물엿(또는 설탕) 약간

1 쌀은 요리하기 3시간 전에 씻
어 불리고, 불린 쌀을 뚝배기에
담아 전복 내장을 터뜨려 쌀알과
섞고 물 2+1/2컵을 부은 다음 참
기름 0.5, 청주 1을 넣고,

2 전복 3개는 손질하여 먹기 좋
게 자르고,

3 뚝배기를 불에 올려 뚜껑을
덮고 바글바글 끓이다가, 은
근한 불로 밥을 짓다가 뜸 들일 때
전복을 넣어 불을 끄고 뚜껑을 덮
어 남은 열로 전복을 익히고,

4 부추 1/2줌, 간장 3, 맛술 1,
다진 마늘 0.3, 고춧가루 0.3,
참기름 1, 통깨 0.5, 물엿 약간을
섞어 양념장을 만들어 전복밥에
곁들이면 끝.

Cooking Tip 압력솥이나 전기밥솥이 아닌 뚝배기나 돌솥에 짓는 밥이
한결 맛있어요. 또 밥을 뜸 들일 때 전복을 넣으세요. 전복은 생으로도 먹기 때문에
완전히 익혀 먹지 않아도 돼요.

비빔밥계의 다크호스

오징어젓갈 비빔밥

요리라고 하기에도 민망할 만큼 간단한 비빔밥인데,
이웃집 언니들에게 만들어주니 맛있게 비웠어요. 반찬 없을 때, 찬밥이 남아 있을 때
집에서 비벼 먹기 좋은 비빔밥이에요. 된장국과 곁들여 드세요.

   25분　1인분

Ingredients

주재료　밥 1공기, 오징어젓갈
2~3, 양배추·적양배추 적당량씩,
구운 김 1장, 참기름 1, 통깨 0.5

Cooking Tip

오징어와 무말랭이를 아주 잘게 다져 짭짤
하게 양념한 마트표 오징어젓갈을 이용했
어요. 집에 오징어젓갈이 있으면 잘게 다져
고추장을 넣고 비벼서 드셔보세요.

1 오징어젓갈 2~3을 준비하고,

2 양배추와 적양배추는 물에 씻
어 물기를 쪽 빼고 일정한 두
께로 얇게 채썰고,

3 밥 1공기를 대접에 담아 전자
레인지에 돌려 채썬 양배추를
적당히 올리고 오징어젓갈을 얹은
다음 구운 김 1장을 잘게 부수어
올리고 참기름 1과 통깨 0.5를 뿌
리면 끝.

훈제연어 초밥

남이 해주는 음식만 넙죽 받아 먹고 싶을 때가 일 년에 한 번씩 찾아옵니다.
바로 푹푹 찌는 한여름. 불 앞에 잠깐 서 있어도 입맛이 확 사라져요. 그래서 궁리한 불 없이 만드는
맛있는 한끼 식사가 훈제연어 초밥이에요. 단촛물 산만 넘으면 누구나 쉽게 만들 수 있지요.

 25분  2인분

 **Ingredients**

주재료 밥 1공기+1/2공기, 훈제연어 슬라이스 14장

단촛물 재료 식초 2, 설탕 1, 소금 0.3

소스 재료 다진 오이피클 1, 다진 양파 1, 마요네즈 2, 플레인 요구르트
2, 레몬즙·소금·후춧가루 약간씩

1 식초 2, 설탕 1, 소금 0.3을 섞
어 고슬고슬하게 지은 뜨거운
밥 위에 뿌려 재빨리 단촛물을 섞
고,

2 랩 위에 훈제연어를 1장 깔고
그 위에 밥을 적당히 올리고,

3 랩을 아물려 동그란 모양으로
뭉치고,

4 다진 오이피클 1, 다진 양파
1, 마요네즈 2, 플레인 요구르
트 2, 레몬즙, 소금과 후춧가루 약
간씩을 한데 섞어 연어 초밥에 곁
들이면 끝.

Cooking Tip 훈제연어는 대형마트에서 구입하세요. 훈제연어는 생연어
보다 비릿한 맛과 기름기가 적어요.

훈제연어 캘리포니아롤

흔한 김밥을 대신해 훈제연어를 잔뜩 올린 롤을 만들어보세요.
훈제연어와 냉장고에 있는 갖가지 식재료만 있으면 준비 완료!
롤전문점 부럽지 않은 꽤 그럴듯한 맛이랍니다.

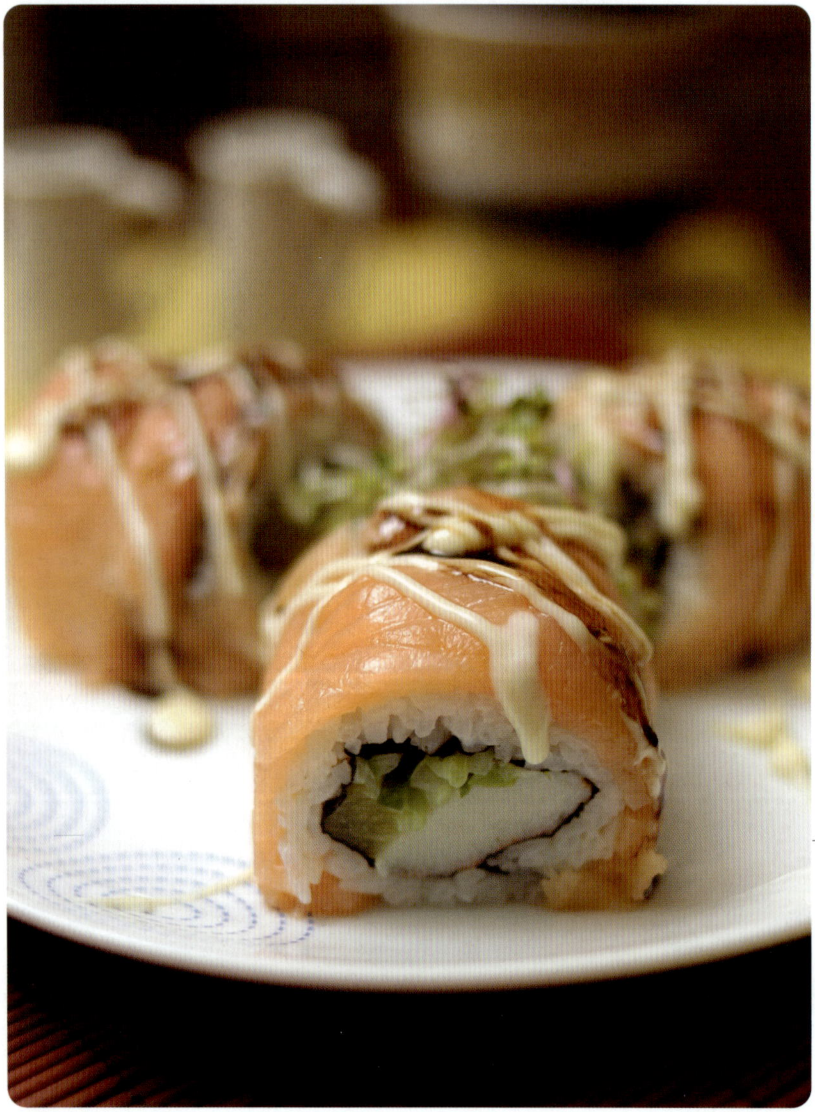

Cooking Tip

오이와 게맛살, 단무지를 넣었는데요, 씹히는 맛이 좋은 우엉이나 아보카도 등을 넣어도 훌륭하지요. 또 마요네즈와 돈가스 소스도 맛있지만 데리야키 소스를 마요네즈와 함께 뿌려 먹어도 맛있어요. 예쁘고 먹음직스럽게 소스를 뿌리려면 아이들 물약병에 소스를 넣어 지그재그 모양을 내어 뿌리면 좋아요. 아니면 비닐에 구멍을 아주 작게 내어 뿌려도 되고요.

45분　　　　2인분

Ingredients

주재료　밥 1공기+1/2공기, 김 2장, 훈제연어 슬라이스 5장, 오이 1/2개, 게맛살(크래미) 4줄, 단무지(김밥용) 2줄

단촛물 재료　식초 2, 설탕 1, 소금 0.3

오이 양념 재료　식초 1, 설탕 0.5, 소금 0.2

장식 재료　마요네즈·돈가스 소스(또는 데리야키 소스) 적당량씩

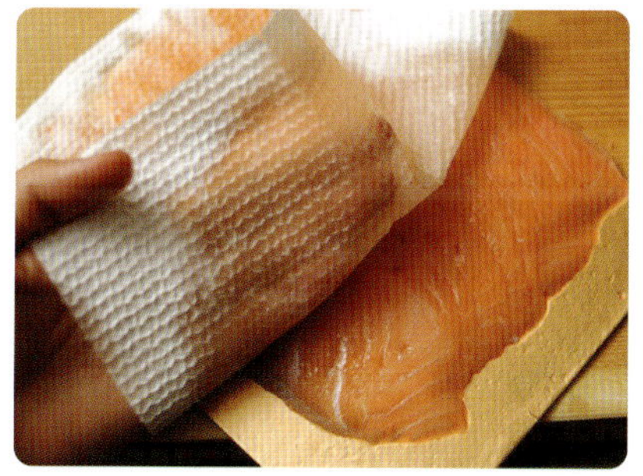

1 훈제연어 5장은 해동해서 키친타월로 살살 꾹꾹 눌러 물기와 기름기를 제거하고,

2 오이 1/2개는 굵직하게 채썰어 식초 1, 설탕 0.5, 소금 0.2를 넣고 살짝 재워 손으로 짜고,

3 식초 2, 설탕 1, 소금 0.3을 한데 섞고 소금과 설탕이 녹을 때까지 저어주어 단촛물을 만들어 뜨거운 밥 1공기+1/2공기에 넣어 주걱을 세워 가르듯이 골고루 밥과 섞고,

4 김발 위에 김을 깔고, 단촛물로 양념한 밥을 골고루 펴서 올린 후 랩을 펴서 김이 위쪽으로 오도록 뒤집어,

5 게맛살, 단무지, 오이를 적당히 올리고 마요네즈를 쭉 뿌리고,

6 돌돌 말아 훈제연어로 척척 감싸고, 먹기 좋게 썰어 마요네즈와 데리야키 소스 등을 함께 곁들이면 끝.

만만한 이탈리아 요리

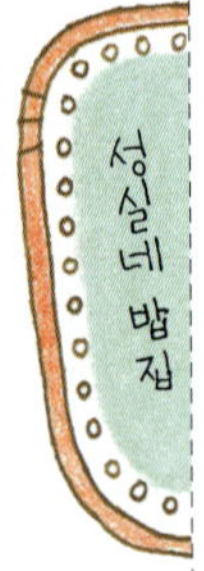

해물 리조토

파스타와 함께 대표적인 이탈리아 밥 요리인 리조토. 집들이 때도 내놓고 주말 별식으로 식구들에게도 만들어주곤 하는데요, 그때마다 반응이 좋은 편이에요. 이탤리언 쿠킹 클래스를 들은 적이 있는데 이탈리아 셰프들도 리조토는 만들기 어려운 음식이라고 하네요. 또 크림 파스타와 리조토 맛이 이탤리언 레스토랑의 수준을 평가하는 잣대가 된다고 해요. 정통 이탈리아식은 아니지만 구하기 쉬운 재료로 입맛에 맞게 편하게 만들었어요.

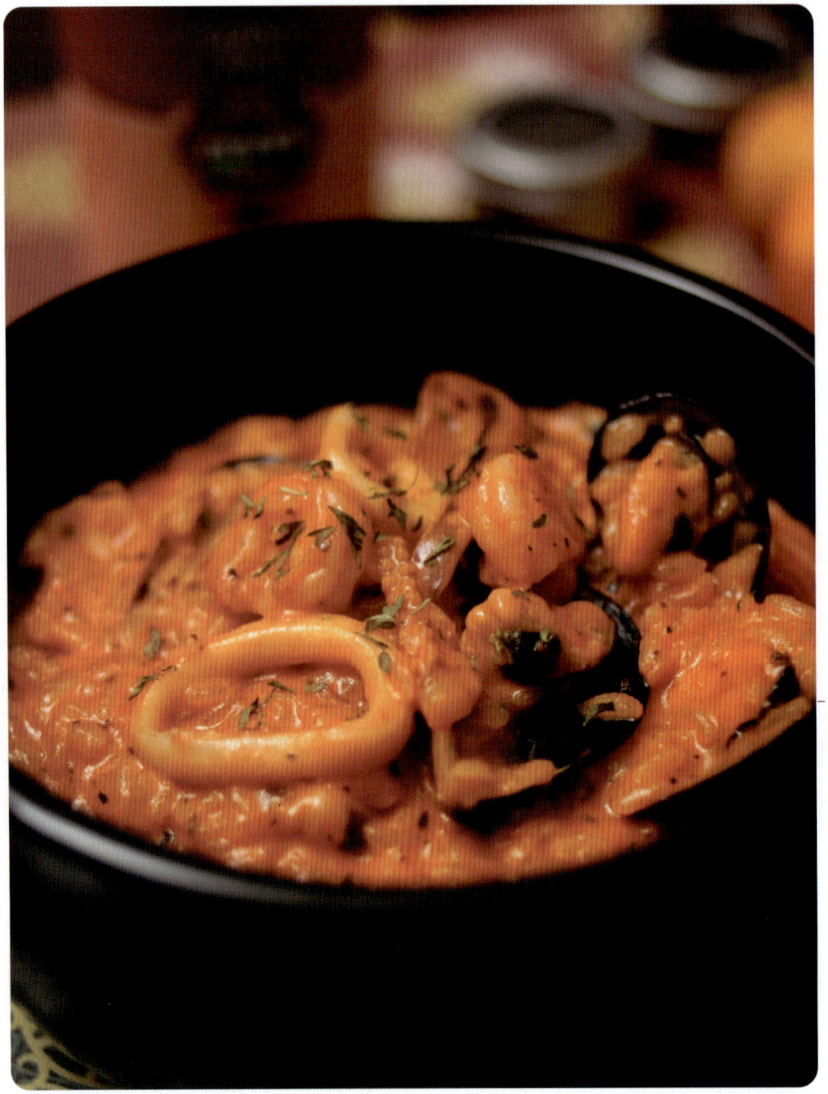

Ripple

? 해물 리조토 만드는 법이 궁금했어요. 그런데 홍합은 여름철에는 제철이 아니라 값도 비싸고 물도 안 좋잖아요. 홍합 육수만 넣어야 하나요?

! 바지락 육수를 넣어도 돼요. 홍합이나 바지락 육수는 짭짤하니 따로 소금 간을 하지 않아도 돼요. 본래 이탈리아식 리조토는 뜨거울 때 불에 내려 버터, 올리브오일, 그라나파다노 치즈를 넣어 먹는데요, 느끼할 것 같아 생략했어요.

 50분　　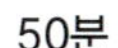 2~3인분

Ingredients

주재료　쌀 1컵, 오징어(큰 것) 1/2마리, 새우 15마리, 양파(중간 것) 1/2개, 다진 마늘 0.5, 페페론치노 2개, 홍합 육수 2컵+1/2컵

양념 재료　올리브오일 2, 화이트 와인 2, 토마토 소스 13, 생크림 1/2컵, 오레가노·바질·소금·후춧가루 약간씩, 파르메산 치즈가루 적당량

홍합 육수 재료　홍합 30개, 물 6컵

1 쌀 1컵은 물에 씻어 살짝 불리고, 홍합 30개는 손질하여 냄비에 담고 물 6컵을 붓고 끓여 육수를 내고,

2 오징어 1/2마리는 손질하여 적당히 썰고, 새우는 손질하여 씻고, 양파 1/2개는 채썰고,

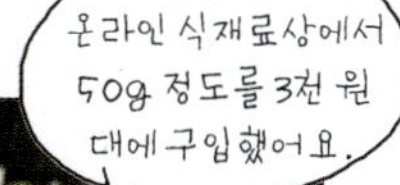

3 중간 불로 달군 팬에 올리브오일 2를 두르고 양파, 다진 마늘 0.5, 페페론치노 2개를 잘게 썰어 넣고 양파가 투명해질 때까지 볶다가 새우와 오징어를 넣어 볶고,

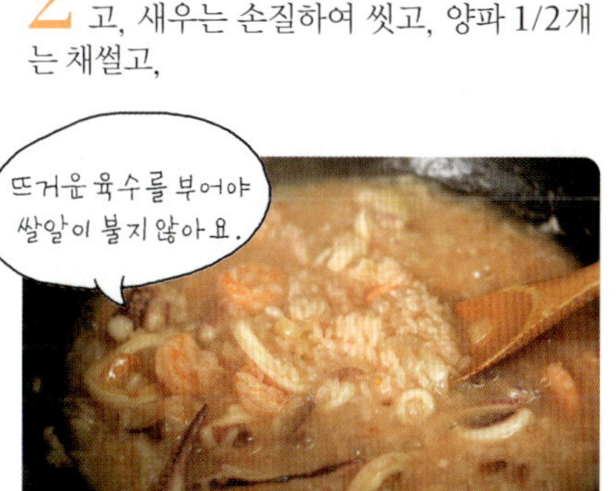

4 마시다 남은 화이트 와인 2를 넣어 볶다가, 쌀을 넣어 반쯤 익어 투명해질 때까지 볶고,

5 뜨거운 홍합 육수 2컵+1/2컵을 조금씩 나누어가며 부어 바닥에 눌지 않도록 저어가며 익히다가,

6 쌀이 거의 다 익으면 토마토 소스 13을 넣고, 홍합살, 생크림 1/2컵을 넣어 조금 더 익혀 오레가노와 바질, 소금, 후춧가루, 파르메산 치즈가루를 적당히 넣어 스르르 끓이면 끝.

치킨 도리아

아이들이 방학을 맞으면 제가 긴장을 해요. 아이들과 하루 종일 어떻게 지내야 하나 막막하더라고요.
그래서 방학 동안 맛있게 만들어줄 수 있는 요리를 고민했어요. 정성이 듬뿍 담긴 엄마 요리 먹고 포동포동 살이 오르고
뽀얗게 핀 얼굴로 개학을 맞이하라고요. 아이들이 좋아하는 치킨과 치즈를 조합했더니 치킨 도리아가 완성됐어요.

Cooking Tip

베사멜 소스 만들기

베사멜 소스는 팬에 버터 1을 넣고 녹여서 밀가루 1을 넣어
중간 불이나 약한 불로 볶다가 버터와 밀가루가 엉겨 덩어
리 지면 미지근한 우유 1컵을 조금씩 부어가며 끓이다가 걸
쭉해지면 소금과 후춧가루로 간을 하면 완성이에요. 생크림
이 있으면 1/2컵 정도 넣으면 더 맛있어요.

주재료 밥 1공기+1/2공기, 닭 가슴살 2조각(약 200g), 양파(중간 것) 1/2개, 초록 피망 1/2개, 빨강 피망 1/3개, 옥수수(통조림) 1컵, 피자 치즈 2컵, 블랙 올리브 3개, 식용유 적당량

닭 양념 재료 청주 1, 카레가루 0.5, 다진 마늘 0.5, 소금·후춧가루 약간씩

밥 양념 재료 시판 토마토 소스 10

베사멜 소스 재료 버터 1, 밀가루 1, 우유 1컵, 소금·후춧가루 약간씩

1 닭 가슴살 2조각은 먹기 좋게 썰어 청주 1, 카레가루 0.5, 다진 마늘 0.5, 소금과 후춧가루를 약간씩 넣어 밑간하고,

2 양파 1/2개, 초록 피망 1/2개, 빨강 피망 1/3개는 잘게 다지고, 옥수수 1컵은 물기를 쪽 빼고,

3 달군 팬에 식용유를 약간 두르고 닭고기를 넣어 푹 익도록 볶다가,

4 양파, 피망, 옥수수를 넣어 달달 볶다가,

5 재료들이 충분히 익으면 전자레인지에 살짝 돌린 찬밥 1공기+1/2공기와 시판 토마토 소스 10을 넣어 밥알이 으깨지지 않도록 볶고,

6 오븐 용기에 밥을 평평하게 담고 베사멜 소스를 골고루 뿌리고 피자 치즈 2컵과 얇게 썬 블랙 올리브 3개를 얹어 180℃로 예열한 오븐에서 10~15분간 익히면 끝.

냉장고만 열면 뚝딱!
4 성실네 케이터링

매일 먹는 밥에 국, 밑반찬 대신 입맛을 살려줄 아주 특별한 요리를 만들고 싶을 때 한 그릇 요리를 떠올리세요. 슈퍼마켓에만 가도 쉽게 구할 수 있는 친근한 재료로 만드는 방법만 살짝 바꾸면 근사한 일품요리를 만들 수 있어요. 외식 대신 집에서, 손님상을 차려야 할 때도 한 그릇 요리 리스트는 매우 요긴해요.

삼겹살 파인애플말이

저는 고기를 먹을 때 일부러 파인애플 같은 과일을 곁들여 먹기도 해요. 고기를 먹을 때
파인애플을 곁들이면 소화를 도와주더라고요. 파인애플에 삼겹살을 말아 양념을 해서 재워 오븐에
구워 먹으면 기름이 쫙 빠져 맛있어요. 부담스러운 식재료인 삼겹살이 채소처럼 가벼워졌어요.

 40분  4인분

Ingredients

주재료 돼지고기(삼겹살) 300g,
파인애플(통조림) 3조각

삼겹살 밑간 재료 청주 1

소스 재료 굴소스 1, 간장 1, 청주
2, 물엿 2, 다진 마늘 0.3, 생강가
루·후춧가루 약간씩

Cooking Tip

삼겹살은 파인애플을 한 번 둘러 감을 수
있을 만큼의 길이어야 해요. 고기가 익으면
서 줄어드니까 길이가 너무 짧지 않도록 하
세요. 그런데 여러 번 감으면 잘 익지 않으
니 주의하세요. 말아서 만드는 것이 번거롭
다면 고기와 파인애플을 양념 해서 각각 팬
에 익혀 꼬치에 번갈아 꿰어도 보기에도 좋
고 먹기도 좋답니다.

1 파인애플은 먹기 좋게 1조각을
3등분 하고 돼지고기 삼겹살
300g은 청주 1에 재워 밑간을 하
고,

2 굴소스 1, 간장 1, 청주 2, 물
엿 2, 다진 마늘 0.3, 생강가
루와 후춧가루 약간씩을 한데 섞
어 소스를 만들고,

3 파인애플에 밑간한 삼겹살을
말아 소스에 1시간 정도 재웠
다가,

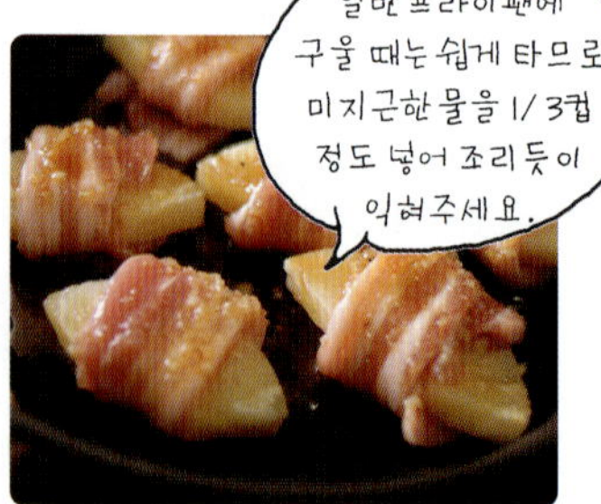

4 달군 팬에 양념한 고기를 넣
고 앞뒤로 노릇노릇하게 익히
면 끝.

성 실 네 **케 이 터 링**

쇠고기 불고기

명절이나 손님상에 단골로 오르지만 맛 내기가 쉽지 않죠. 비싼 쇠고기를
망치기라도 하면 낭패이다 싶어 요리 새내기들에게는 두려운 음식일 수도 있겠네요.
쇠고기 불고기가 자신 없다면 이 레시피를 꼭 기억해두세요.

 40분　 4인분

 **Ingredients**

주재료　쇠고기(불고깃감) 600g(1근), 양파(중간 것) 1/2개, 당근 약간, 대파 1/3대, 새송이버섯(또는 애느타리버섯) 2개, 식용유 적당량　**1차 양념 재료**　배즙(또는 사과즙, 양파즙) 4, 청주 3　**2차 양념 재료**　간장 6, 굴소스 1, 설탕 1, 물엿 3, 맛술 2, 청주 2, 다진 마늘 2, 다진 파 2, 참기름 2, 후춧가루 0.3, 생강즙(또는 생강가루) 0.2

1 쇠고기 600g은 먹기 좋게 잘라 배즙 4, 청주 3을 뿌려 조물조물 버무려 20분 정도 재우고,

2 간장 6, 굴소스 1, 설탕 1, 물엿 3, 맛술 2, 청주 2, 다진 마늘 2, 다진 파 2, 참기름 2, 후춧가루 0.3, 생강즙 0.2를 한데 섞어 쇠고기를 넣어 조물조물 양념하고,

3 양파 1/2개와 당근 약간은 채 썰고, 대파 1/3대는 어슷하게 썰고, 새송이버섯 2개는 적당한 크기로 썰어 쇠고기에 넣어 양념하고,

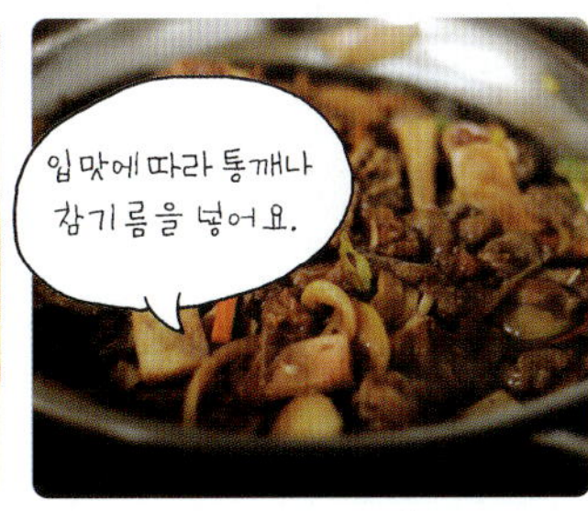

4 달군 팬에 식용유를 살짝 두르고 양념한 쇠고기를 넣고 볶으면 끝.

Cooking Tip　불고깃감으로는 기름기가 적은 설도나 목심 부위를 사용해요. 또 고기의 결과 반대 방향으로 썰어요. 양념한 쇠고기를 냉장고에 넣어 하룻밤 정도 숙성시켜 볶으면 더 맛있어요. 멸치다시마 육수를 자박하게 부어 불린 당면을 넣고 보글보글 끓여 불고기뚝배기로 먹어도 좋아요.

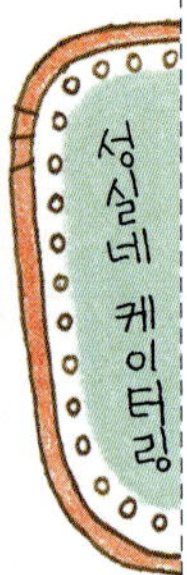

매워도 계속 생각나는

매운 돼지갈비찜

보통 갈비찜은 양념을 간장으로 해서 먹는데요, 마른 고추나 청양고추를 넣어 매콤한 맛을 냈어요.
뜨거운 한여름에 자극적인 음식이 당길 때 만들어 먹으면 '이런 게 이열치열이구나' 싶을 거예요.

Ripple

❓ 이거 대박이에요! 국물을 더 넣고 간장 몇 스푼 더 넣었을 뿐인데 양념 맛이 끝내주네요. 동네 정육점에 돼지갈비가 다 떨어져서 등갈비로 했거든요. 매콤한 맛이 신랑과 친정 식구들에게 인기 만점이었답니다.

❗ 요리 실력은 응용력, 창조 정신으로 더욱 발전해요. 물 더 넣으시고 등갈비로도 맛있게 만들어 드셨다니 박수를 보냅니다. 국물을 넉넉하게 먹고 싶으면 멸치다시마 육수 2컵에 뜨거운 물을 넣으면 돼요. 또 고추장을 넣어도 되지만 텁텁한 맛이 싫으면 고춧가루만 넣어요. 양념장은 미리 만들어서 냉장고에 넣어 하루 이상 숙성시켜 사용하면 더 맛있어요.

Ingredients

주재료 돼지갈비 500g, 멸치다시마 육수 2컵 **부재료** 감자(중간 것) 2개, 당근 1/3개, 양파(중간 것) 1/3개, 대파 1/2대, 불린 당면 1줌, 풋고추 1개, 홍고추 1/2개 **돼지고기 삶는 물 재료** 물 4컵, 월계수 잎 2장, 통후추 0.3, 인스턴트 커피 0.5, 마늘 3쪽 **양념 재료** 양파(중간 것) 1/2개, 사과(중간 것) 1/4개, 고춧가루 3, 간장 5, 청주 3, 다진 마늘 0.5, 설탕 1, 물엿 2, 다진 생강 0.3, 소금·후춧가루 약간씩

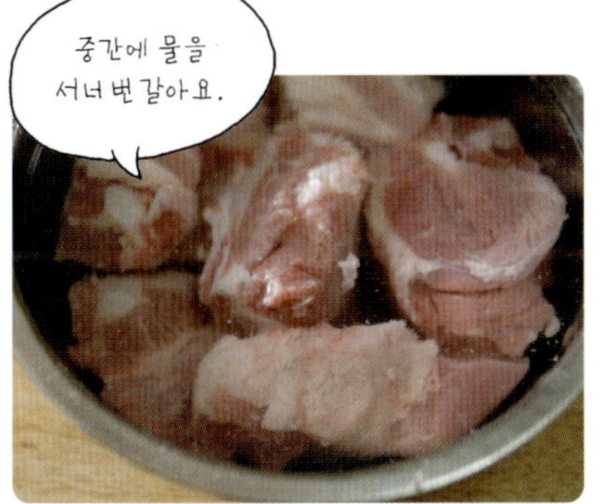

1 돼지갈비 500g은 기름 덩어리를 떼어내고 찬물에 2~3시간 담가 핏물과 누린내를 제거한 후 체에 밭쳐 물기를 빼고,

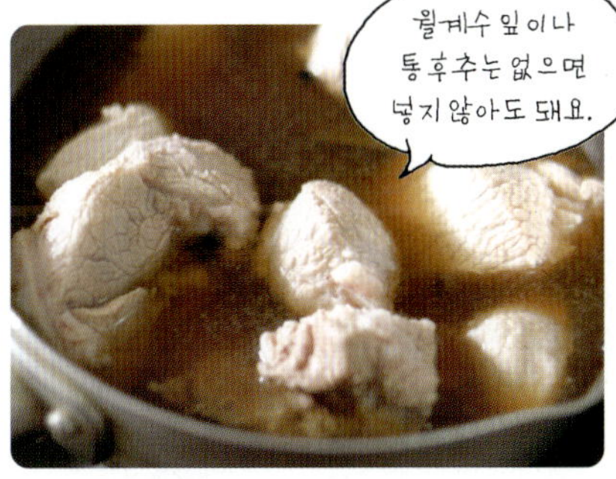

2 냄비에 물 4컵, 월계수 잎 2장, 통후추 0.3, 인스턴트 커피 0.5, 마늘 3쪽을 넣고 팔팔 끓여 갈비를 넣고 10분간 데치듯 익혀 찬물에 헹구고,

3 양파 1/2개, 사과 1/4개는 즙을 내어 고춧가루 3, 간장 5, 청주 3, 다진 마늘 0.5, 설탕 1, 물엿 2, 다진 생강 0.3과 한데 섞어 갈비를 버무리고,

4 감자 2개와 당근 1/3개는 껍질을 벗겨 모난 부분을 둥글게 도려내서 큼직하게 썰고, 양파 1/3개는 도톰하게 썰고, 대파 1/2대는 어슷하게 썰고,

5 갈비에 감자와 당근, 양파를 넣고 멸치다시마 육수 2컵을 붓고 뚜껑을 덮어 뭉근히 끓이다가,

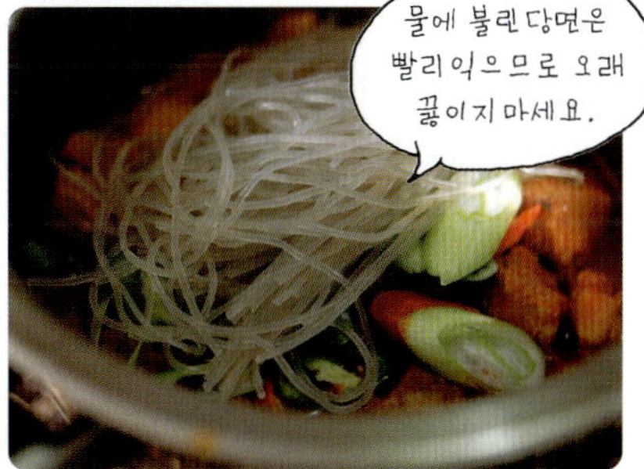

6 고기가 무르게 푹 익으면 불린 당면 1줌, 풋고추 1개와 홍고추 1/2개를 어슷하게 썰어 넣고 대파를 넣어 살짝 끓여 소금, 후춧가루로 간하면 끝.

구이보다 맛있는

돼지고기찜과 매운 숙주나물

삼겹살 구워 먹는 거 너무 좋아하시죠? 삼겹살을 더 맛있게 먹는 방법이 없을까 고민하신다면
이 요리에 주목하세요. 돼지고기를 부드럽게 쪄서 매운 숙주나물을 곁들이는 일품요리예요.

45분 | 2인분

Ingredients

주재료 돼지고기(삼겹살) 400g, 양파(작은 것) 1개, 생강 1톨 **돼지고기 밑간 재료** 허브맛 소금 0.5, 청주 2, 생강가루 약간 **소스 재료** 간장 1, 굴소스 0.5, 맛술 2, 설탕 0.3 **숙주나물 재료** 숙주나물 4줌(약 200g), 식용유 적당량, 팽이버섯 1봉지, 칠리소스 2, 고추기름 1, 간장 0.5, 설탕 0.3, 참기름 0.5, 후춧가루 약간

1 돼지고기 삼겹살 400g은 덩어리로 구입하여 허브맛 소금 0.5, 청주 2, 생강가루 약간을 뿌려 밑간하고,

2 양파 1개는 채썰고, 생강 1톨은 편으로 썰어 김이 오른 찜통에 절반을 깔고 삼겹살을 올린 후 나머지 생강을 올려 30분 이상 푹 쪄서 한 김 식으면 편으로 썰고,

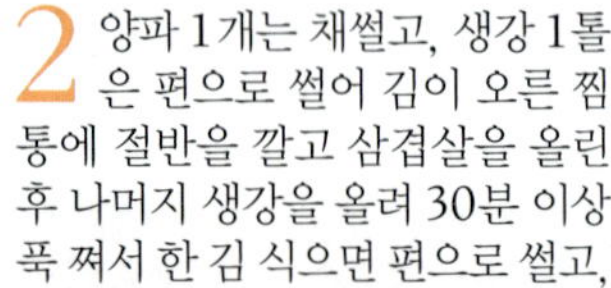

3 숙주나물 4줌은 물에 씻어 물기를 빼고 식용유를 살짝 두른 팬에 센 불로 볶다가, 손질한 팽이버섯 1봉지를 넣어 볶고, 칠리소스 2, 고추기름 1, 간장 0.5, 설탕 0.3, 참기름 0.5, 후춧가루, 식용유를 한데 섞어 버무리고,

4 팬에 간장 1, 굴소스 0.5, 맛술 2, 설탕 0.3을 넣고 살짝 끓여 소스를 만들어 삼겹살을 넣어 소스에 버무리면 끝.

Cooking Tip **돼지고기찜과 매운** 숙주나물에는 상추보다 향긋한 깻잎이 잘 어울려요. 또 칠리소스가 없으면 고춧가루를 조금 넣고 간을 살짝 하면 돼요.

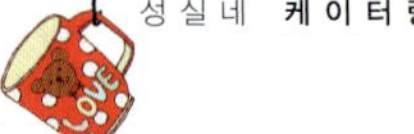

떡 찜닭

한동안 찜닭이 유행하더니 눈물나게 매운 찜닭으로 진화한 후 찜닭이 어느새 사라졌지요. 채소나 당면을 많이 넣은 찜닭 말고 다른 맛은 없을까 궁리하다가 말랑말랑한 떡을 넣은 떡 찜닭을 찾아냈어요. 떡볶이떡을 넣었는데 눈사람 모양의 조랭이떡을 넣어도 돼요.

 55분　 4인분

 **I n g r e d i e n t s**

주재료　닭봉 800g, 물 5컵, 대추 7개, 마른 고추 2개, 감자(큰 것) 1개, 당근 1/4개, 양파 1/2개, 떡볶이떡 200g, 대파 1/2대, 참기름 1, 통깨 1
닭고기 밑간 재료　청주 2, 소금·후춧가루 약간씩　**양념 재료**　간장 7, 굴소스 1, 맛술 3, 청주 2, 흑설탕 2, 다진 마늘 1, 생강즙(또는 생강가루) 0.3, 후춧가루 약간

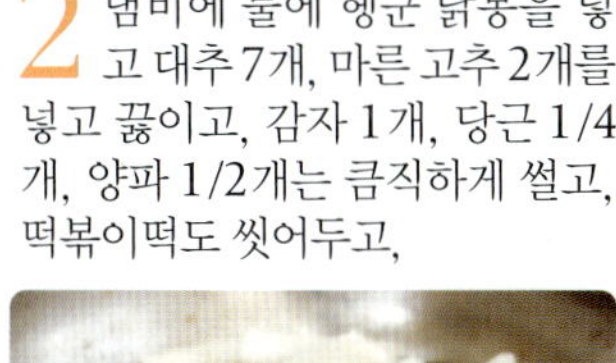

1 닭봉 800g은 깨끗이 씻어 청주 2, 소금과 후춧가루를 약간씩 뿌려 재우고, 냄비에 물 5컵을 붓고 팔팔 끓여 닭봉을 넣고 3분 정도 끓여서 찬물에 헹구고,

2 냄비에 물에 헹군 닭봉을 넣고 대추 7개, 마른 고추 2개를 넣고 끓이고, 감자 1개, 당근 1/4개, 양파 1/2개는 큼직하게 썰고, 떡볶이떡도 씻어두고,

3 닭이 어느 정도 익으면 감자, 당근, 양파를 넣고 간장 7, 굴소스 1, 맛술 3, 청주 2, 흑설탕 2, 다진 마늘 1, 생강즙 0.3, 후춧가루 약간을 한데 섞은 양념장을 넣어 끓이다가,

4 모든 재료가 익고 간이 배면 떡볶이떡을 넣고 대파 1/2대를 어슷하게 썰어 넣고 끓여 떡이 익으면 참기름 1을 두르고 그릇에 담아 통깨 1을 뿌리면 끝.

C o o k i n g T i p　닭은 잡냄새를 없애주는 청주, 소금, 후춧가루 등으로 밑간한 다음 살짝 데치듯 익혀야 간이 골고루 배어요. 처음부터 생닭에 양념하면 맛이 덜 해요. 또 양념장은 미리 섞어두었다가 넣어야 맛있어요.

매운 돼지등갈비찜

동네 정육점에서 등갈비 세일한다는 말에 얼른 달려가서 반값에 사왔어요.
간장 소스로 조릴까, 고추장 소스로 조릴까, 아니면 김치를 넣고 찜으로 먹을까 고민하다가
식당에서 먹었던 매운맛 등갈비찜이 생각나 비슷하게 흉내 냈어요.

 55분　 4인분

 **Ingredients**

주재료　돼지 등갈비 1kg, 감자(작은 것) 2개, 당근 1/3개, 양파(중간 것) 1개, 떡국떡 1줌, 대파 1대, 물 2컵　**돼지 등갈비 데치는 물 재료**　물 4컵, 소주(또는 청주) 5, 통후추 0.5, 월계수 잎 2장　**양념 재료**　사과(중간 것) 1/2개, 마늘 7쪽, 생강 1톨, 간장 10, 참치진국 2, 청주 3, 흑설탕 2, 물엿 2, 고춧가루 2, 후춧가루 약간, 참기름 0.5, 통깨 0.5

1 돼지 등갈비 1kg은 한 대씩 칼로 잘라 찬물에 두세 번 헹궈 찬물에 30분간 담갔다가 물 4컵, 소주 5, 통후추 0.5, 월계수 잎 2장을 냄비에 넣고 5~7분쯤 데치고,

2 사과 1/2개, 마늘 7쪽, 생강 1톨을 믹서에 넣어 곱게 갈아 간장 10, 참치진국 2, 청주 3, 흑설탕 2, 물엿 2, 고춧가루 2, 후춧가루 약간을 섞어 양념장을 만들고,

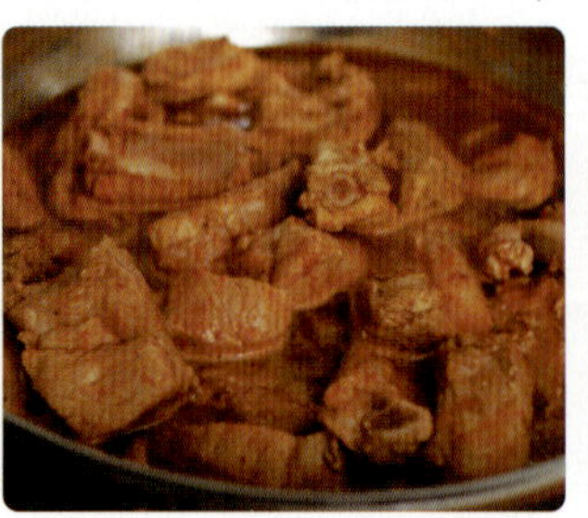

3 돼지 등갈비에 양념장과 물 2컵을 붓고 바글바글 끓이고, 감자 2개, 당근 1/3개, 양파 1개는 큼직하게 썰고, 대파 1대는 어슷하게 썰어,

4 돼지 등갈비가 어느 정도 끓으면 감자와 당근을 넣어 뚜껑을 덮고 뭉근히 끓이다가 양파, 대파를 넣고 떡국떡 1줌을 넣고 조려 참기름 0.5, 통깨 0.5를 뿌리면 끝.

Cooking Tip 돼지 등갈비를 양념장에 넣어 끓일 때 센 불로 조리다가 중간 불로 줄여 감자가 익을 때까지 뭉근히 끓여야 해요.

닭 채소구이

장을 보는데 갑자기 남편이 오늘은 직접 요리를 하겠다며 이것저것 사더라고요. 닭 가슴살, 새송이버섯, 양송이버섯, 단호박에 비싼 통마늘도 한 망이나 사는 거예요. 재료비가 만만치 않아 궁시렁거렸지만 잔소리하기 싫어서 그냥 두고 보았어요. 그런데 근사한 요리를 내놓은 거 있죠!

 40분　 2~3인분

 **Ingredients**

주재료 닭 가슴살 2조각, 새송이버섯·양송이버섯·단호박·통마늘·양파 적당량씩　**닭 가슴살 밑간 재료** 소금·후춧가루·로즈메리 약간씩, 올리브오일 적당량　**소스 재료** 조린 발사믹 식초 적당량

1 닭 가슴살 2조각은 소금, 후춧가루, 올리브오일, 로즈메리 등을 넣어 밑간하고,

2 새송이버섯, 양송이버섯, 단호박, 양파는 적당한 크기로 썰어 오븐 팬에 올리고, 통마늘은 반으로 잘라 올려 올리브오일, 소금, 후춧가루를 적당히 뿌리고,

3 채소 위에 닭 가슴살을 올리고 쿠킹포일로 씌워, 210℃로 예열한 오븐에 넣어 쿠킹포일을 덮고 30분간 굽고,

4 오븐에서 꺼내 쿠킹포일을 걷어내고 다시 오븐에 넣어 210℃에서 20분간 더 구워 조린 발사믹 식초를 곁들이면 끝.

Cooking Tip **닭 가슴살에 칼집을** 내어 밑간하면 양념이 잘 배어 맛있어요. 또 냄비에 발사믹 식초를 적당량 넣어 은근한 불로 양이 절반으로 줄어들 때까지 조리면 돼요.

닭갈비

주말에 외식도 좋지만 외식 같은 메뉴로 별미를 만들어보면 어떨까요?
닭갈비를 전문으로 하는 식당은 제법 있지만 아주 맛있게 먹어본 기억은 별로 없는 것 같아요.
집에서 솜씨 발휘하여 식구들에게 주말 보약을 먹여볼까요.

Cooking Tip 닭 다리살로 만들었지만 떡떡하고 기름기 적은 살을 즐긴다면 가슴살이나 안심을 넣으세요. 또 양념장에 매실액을 약간 넣었더니 맛이 더 좋네요.

 50분　 2~3인분

Ingredients

주재료　닭 가슴살 2조각, 양배추 3줌, 고구마(큰 것) 1개, 양파 1/2개, 대파 1/2대, 깻잎 2묶음(24장), 당근 1/2개, 떡국떡 1줌, 기름 적당량

양념 재료　고추장 3, 고춧가루 3, 카레가루 1, 간장 2, 맛술 3, 다진 마늘 1, 매실 진액 3, 물엿 1, 생강즙(또는 생강가루) 0.3, 후춧가루 약간

1 고추장 3, 고춧가루 3, 카레가루 1, 간장 2, 맛술 3, 다진 마늘 1, 매실 진액 3, 물엿 1, 생강즙 0.3, 후춧가루 약간을 한데 섞어 양념장을 만들고,

2 닭 가슴살 2조각은 먹기 좋게 잘라 양념장에 재우고,

3 고구마 1개, 양파 1/2개, 대파 1/2대, 깻잎 2묶음, 당근 1/2개는 큼직하게 썰고, 떡국떡 1줌도 준비하고,

4 달군 팬에 기름을 적당히 두르고 양념한 닭과 채소를 한데 넣고 볶다가, 뚜껑을 덮고 약한 불로 익히면 끝.

닭고기 스테이크

연하고 맛있는 닭고기로 스테이크를 만들었어요.
조리법만 살짝 바꿨을 뿐인데 가격도 착하고 맛있고, 폼 나는 요리가 만들어졌어요.

 45분  4인분

Ingredients

주재료　닭 다리살 4개분, 아스파라거스 6대, 달걀 2개, 감자녹말 2, 올리브오일 적당량, 소금·후춧가루 약간씩

닭 밑간 재료　청주 2, 다진 마늘 0.5, 소금·후춧가루 약간씩

소스 재료　레드와인 6, 토마토케첩 2, 꿀 0.5, 버터 0.5, 소금·후춧가루 약간씩

Cooking Tip

닭 누린내에 민감하다면 닭을 우유에 잠시 담갔다가 사용하세요. 누린내도 없애고 고기도 연하게 만들어요.

1 닭 다리 4개를 구입해서 살만 발라 칼로 자근자근 두드려 평평하게 펴서 청주 2, 다진 마늘 0.5, 소금과 후춧가루를 약간씩 뿌려 밑간하고,

2 아스파라거스 6대는 밑동을 잘라 억센 줄기를 벗겨 끓는 물에 소금을 넣고 1분간 데쳐 찬물에 담갔다가 물기를 빼고, 달군 팬에 올리브오일을 두르고 소금, 후춧가루로 간하여 달달 볶고,

3 감자녹말 2를 넣은 비닐팩에 닭 다리살을 넣어 옷을 입혀 달군 팬에 올리브오일을 적당히 두르고 굽다가 뚜껑을 덮고 약한 불로 은근하게 익혀,

4 레드와인 6, 토마토케첩 2, 꿀 0.5, 버터 0.5, 소금과 후춧가루를 약간씩 넣고 끓인 소스를 만들어 닭고기 스테이크에 곁들이면 끝.

레몬 소스 치킨

상큼한 레몬 소스가 닭고기와 어우러져 오묘한 맛의 조화를 자아내요. 자칫 느끼할 수 있는 튀김 요리가
레몬 소스 덕에 상큼해졌어요. 레몬 가격이 조금 싸졌다 싶으면 거의 매일 만들어 먹는답니다.
레몬 소스 치킨은 술안주로도 잘 어울릴 뿐만 아니라 손님상에 맛배기 요리로 내놓아도 좋아요.

45분 4인분

Ingredients

주재료 닭 가슴살 2조각, 튀김기름 적당량

닭 밑간 재료 청주 2, 소금·후춧가루 약간씩

튀김옷 재료 달걀 1개, 녹말가루 4

레몬 소스 재료 레몬 1개, 물 1컵, 설탕 5, 식초 1, 녹말가루 1, 소금 0.3

Cooking Tip

레몬이 비쌀 때는 시판 레몬즙을 사용해도 되지만 싱싱한 레몬을 넣어야 더 맛있어요. 레몬은 끓는 물에 살짝 데쳐 흐르는 물에 껍질을 깨끗이 씻어서 사용하세요.

1 닭 가슴살 2조각은 편으로 썰어 얇게 펴서, 청주 2, 소금과 후춧가루를 약간씩 뿌려 잠시 재우고,

2 달걀 1개, 녹말가루 4를 섞어 튀김옷을 만들어 밑간한 닭에 입혀 끓는 튀김기름에 두 번 튀기고, 레몬 1개는 껍질째 끓는 물에 데쳐서 부채 모양으로 썰고,

3 레몬과 물 1컵, 설탕 5, 식초 1, 녹말가루 1, 소금 0.3을 한데 섞어 바글바글 끓여 소스를 만들고,

4 튀긴 닭고기는 먹기 좋게 썰어 접시에 담고 먹기 직전에 레몬 소스를 뿌리면 끝.

콜라 닭조림

탄산음료를 별로 좋아하지 않는데다 아이들에게도 먹이고 싶지 않아 장 보는 리스트에서
거의 이름을 드러내지 못하는 콜라. 이 요리를 해보겠다고 1.5리터짜리 콜라를 한 병 사서
요리했더니 닭이라면 사족을 못 쓰는 쌍둥이들이 엄청 잘 먹더라고요.

 50분    3~4인분

 **Ingredients**

주재료   닭 날개 9개, 닭봉 9개, 마른 고추 3개, 물 3~4컵

닭 밑간 재료   소금·후춧가루 약간씩, 청주 2

조림장 재료   콜라 2컵, 간장 5, 다진 마늘 1, 생강즙(또는 생강가루)
0.3, 후춧가루·통깨 약간씩

1 닭 날개 9개와 닭봉 9개는 찬
물에 깨끗이 씻어 군데군데 칼
집을 내어 소금과 후춧가루, 청주 2
를 넣어 20분 정도 재우고,

2 냄비에 물 3~4컵을 붓고 팔
팔 끓여 닭을 넣고 데치듯 3~
4분간 삶아 찬물에 헹궈 물기를 빼
고,

3 콜라 2컵, 간장 5, 다진 마늘
1, 생강즙 0.3, 마른 고추 3개
를 넣고 끓여 데친 닭을 넣어 바글
바글 조리다가,

4 윤기가 돌면 후춧가루와 통깨
를 솔솔 뿌리면 끝.

Cooking Tip 먹음직스럽게 색을 내기 위해 캐러멜 소스를 넣기도 한다
는데 저는 콜라만으로 색을 냈어요. 식성에 따라 감자를 넣어도 되고, 조림 양념장을
넉넉히 만들어 불린 당면을 넣어도 맛있어요.

유린기

모처럼 근사한 레스토랑에 가서 음식을 주문하려면 어려운 음식 이름에 주눅부터 들게 되지요.
그래도 만만한 곳이 중식당이지만 갈 때마다 메뉴가 헷갈리는데 유린기도 그중 하나예요.
튀긴 닭고기에 새콤달콤한 소스를 끼얹은 평범한 요리지만 이름만 들으면 아주 어려울 것 같아요.

50분　4인분

Ingredients

주재료 닭 다리 4개, 숙주나물 3줌(약 200g), 대파 1/5대, 청양고추 1개, 홍고추 1/2개 **닭고기 밑간 재료** 허브맛 소금(또는 소금과 후춧가루) 약간, 청주 1, 다진 마늘 0.5, 생강가루 약간 **튀김옷 재료** 녹말가루 2, 찹쌀가루 2 **소스 재료** 간장 2, 식초 2, 레몬즙 적당량, 설탕 1.5, 물 3, 참기름(또는 고추기름) 약간

Cooking Tip

닭 다리살이 없다면 가슴살이나 안심으로 만들어도 돼요. 가슴살은 두툼하니 편으로 포를 떠서 사용하고, 닭 다리에 붙은 껍질은 떼어내지 마세요.

1 닭 다리 4개는 살을 발라 허브맛 소금 약간, 청주 1, 다진 마늘 0.5, 생강가루 약간을 넣어 잠시 재우고,

2 간장 2, 식초 2, 레몬즙 적당량, 설탕 1.5, 물 3을 한데 섞어 설탕이 녹을 정도로 스스르 끓여 소스를 만들고,

3 대파 1/5대, 청양고추 1개, 홍고추 1/2개는 송송 썰고, 비닐팩에 녹말가루 2, 찹쌀가루 2를 넣고 닭을 넣어 튀김옷을 입히고, 180℃ 튀김기름에 바삭하게 두 번 튀기고,

4 끓는 물에 소금을 넣어 숙주나물 3줌을 데쳐 찬물에 헹구어 그릇에 담고 닭과 대파, 고추를 올린 후 소스를 끼얹으면 끝.

칠리새우

차이니스 레스토랑에서 인기 있는 메뉴 중 하나가 칠리새우죠.
값은 비싸지만 새 모이만큼 나오니 입맛만 다시게 돼요. 칠리새우를 집에서 만들면
온 가족이 양껏 먹을 수 있어서 도전해봤어요.

 30분  2~3인분

 **Ingredients**

주재료 새우(중하) 30마리, 튀김기름 적당량 **새우 밑간 재료** 소금·
후춧가루 약간씩 **튀김옷 재료** 녹말가루 5, 달걀 1개

소스 재료 식용유(또는 고추기름) 2, 다진 파 3, 다진 마늘 1, 두반장 1,
토마토케첩 4, 청주 2, 물엿 2, 설탕 1, 물 3, 생강가루 약간

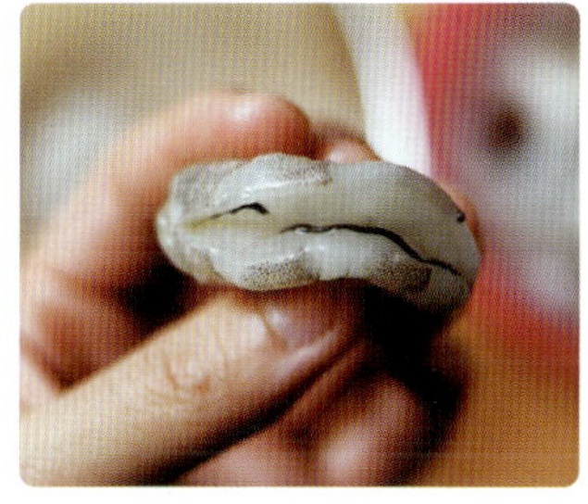

1 새우 30마리는 머리를 떼고,
껍질을 벗겨 등 쪽에 살짝 칼집
을 내서 내장을 꺼내고, 키친타월
로 물기를 닦고, 소금과 후춧가루
를 약간 뿌려 밑간하고,

2 녹말가루 5와 달걀 1개를 풀
어 가루가 흩날리지 않게 손
으로 살살 섞어가면서 새우에 튀
김옷을 입히고,

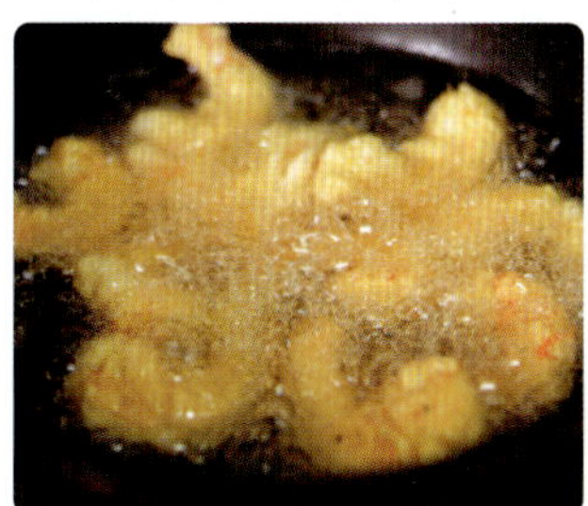

3 끓는 튀김기름에 새우를 살짝
튀기고, 한 김 식힌 후 튀김에
서 물기가 살짝 배어나오면 다시
한 번 센 불에서 바싹 튀겨 키친타
월에 올려 기름을 빼고,

4 살짝 달군 팬에 식용유 2를 두
르고, 다진 파 3, 다진 마늘 1
을 넣고 볶다가, 두반장 1, 토마토
케첩 4, 청주 2, 물엿 2, 설탕 1, 식
초 1, 물 3, 생강가루를 넣고 끓이
다가 새우를 넣고 버무리면 끝.

Cooking Tip **손질한 새우는** 보통 청주를 뿌려 밑간을 하는데 싱싱한 새
우에는 소금과 후춧가루로만 밑간을 해도 맛있어요. 저는 튀김팬을 작은 걸 쓰는데
여러 번 나누어 튀기더라도 버려지는 기름이 아까워서요.

흔한 재료로 만든 일품요리

오징어 깐풍기

식재료에 대한 욕심이 많아서 장을 보지 않아도 며칠 동안은 거뜬하게 버틸 수 있을 정도예요.
오징어도 꼭 사서 손질하여 냉동실에 한두 마리는 넣어두죠.
갑자기 깐풍기가 먹고 싶은 날, 오징어로 만들었어요.

Ripple

❓ 똑같은 재료로 오징어 대신 닭을 넣어도 되나요?

❗ 그럼요. 깐풍기는 원래 닭으로 만드는 요리잖아요. 닭 안심이나 가슴살이 적당하고, 새우도 괜찮아요. 또 오징어에 녹말가루를 입힐 때는 비닐팩에 녹말가루와 오징어를 넣어서 살살 흔들면 쉽게 튀김옷을 입힐 수 있어요.

50분 4인분

Ingredients

주재료 오징어(큰 것) 1마리, 풋고추 1/2개, 홍고추 1개, 튀김기름·식용유 적당량씩

밑간 재료 소금·후춧가루 약간씩

튀김옷 재료 달걀 1개, 녹말가루 6

소스 재료 다진 파 2, 다진 마늘 1, 간장 2, 굴소스 0.5, 식초 2, 청주 2, 설탕 1, 물엿 1, 후춧가루·생강가루 약간씩, 참기름 0.5

1 오징어 1마리는 내장을 제거하고 껍질을 벗겨 깨끗이 씻어 몸통 안쪽에 칼집을 내어 자르고, 다리는 하나씩 자르고,

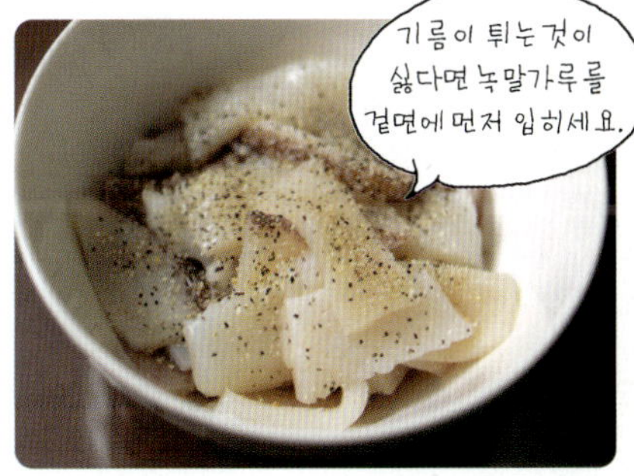

2 오징어에 소금과 후춧가루를 뿌려 밑간한 후 녹말가루 6과 달걀 1개를 깨어 넣고 잘 섞어 튀김옷을 입히고,

3 끓는 튀김기름에 오징어를 하나씩 넣어 튀긴 후 다시 한 번 튀기고,

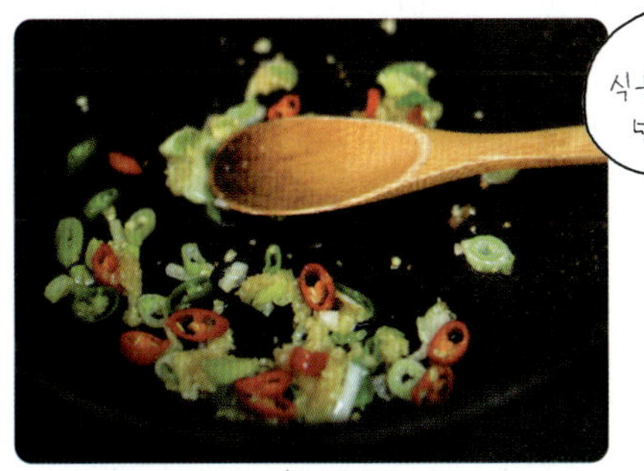

4 달군 팬에 식용유를 넉넉히 두르고 다진 파 2, 다진 마늘 1, 풋고추 1/2개, 홍고추 1개를 썰어 넣고 타지 않게 볶다가,

5 간장 2, 굴소스 0.5, 식초 2, 청주 2, 설탕 1, 물엿 1, 후춧가루와 생강가루를 약간씩 넣어 끓여서 소스를 만들고,

6 튀긴 오징어를 소스에 뒤적거려 참기름 0.5를 뿌리고 국물 없이 바짝 조리면 끝.

폭찹스테이크

스테이크는 왠지 레스토랑에서만 먹어야 할 것 같아요. 그런데 절대 그렇지 않답니다.
맛있는 고기만 있으면 후다닥 소스를 만들어 곁들이면 되니 스테이크만큼 쉬운 요리도 없어요.
게다가 저의 폭찹스테이크는 간단한 방법으로 만들어요.

 40분　 2~3인분

Ingredients

주재료 돼지고기(등심) 4조각, 녹말가루 2, 식용유 적당량　**고기 밑간 재료** 허브맛 소금 약간, 다진 마늘 0.3, 청주 1　**부재료** 채소(양파, 피망, 호박, 버섯 등) 적당량　**소스 재료** 버터 0.5, 토마토케첩 4, 간장 1, 굴소스 0.5, 맛술 1, 물엿 0.5, 다진 마늘 0.3, 생강가루·후춧가루 약간씩, 물(또는 육수) 1/2컵

1 돼지고기 4조각은 허브맛 소금 약간, 다진 마늘 0.3, 청주 1로 밑간하여 20분 정도 재우고,

2 채소를 잘게 다져 버터 0.5를 두른 팬에 넣어 투명해질 때까지 달달 볶다가,

3 토마토케첩 4, 간장 1, 굴소스 0.5, 맛술 1, 물엿 0.5, 다진 마늘 0.3, 생강가루와 후춧가루 약간씩, 물 1/2컵을 부어 끓여 소스를 만들고,

4 밑간한 돼지고기에 녹말가루 2를 묻혀 달군 팬에 식용유를 두르고 앞뒤로 노릇노릇하게 지져 소스를 곁들이면 끝.

Cooking Tip 돼지고기를 제대로 재우려면 우스터소스에 양파를 갈아 넣으면 잡냄새가 나지 않고 육질도 연해져요.

가츠돈

하얀 밥 위에 얹어 먹는 따끈한 돈가스. 모방을 잘하는 일본 사람들이 서양 요리를 일본화해 만든 음식이라고 하죠. 역사야 어찌되었든, 가츠돈은 정말 맛있어요. 간단하지만 맛있고 배부르게 저녁을 해야 할 때 최고의 요리랍니다.

 45분  2~3인분

 **Ingredients**

주재료 돈가스 고기 1인분, 튀김기름 적당량, 밥 1공기, 송송 썬 실파 (또는 대파) 적당량

덮밥 국물 재료 국시장국(또는 참치진국) 3, 물 1컵, 채썬 양파 약간, 달걀 1개, 후춧가루 약간

1 돈가스 고기는 튀김기름에 바삭하게 튀기고,

2 물 1컵에 국시장국 3, 채썬 양파를 넣어 팔팔 끓이다가,

3 국물이 끓으면 달걀 1개를 풀어 넣어 살짝 저어 익혀 후춧가루를 솔솔 뿌리고,

4 밥 위에 덮밥 국물을 끼얹고 돈가스를 올리고 송송 썬 실파를 올리면 끝.

Cooking Tip 돈가스를 **직접** 만들 때는 먼저 돼지고기 등심으로 눌러진 것을 구입해 소금, 후춧가루, 다진 마늘, 생강즙이나 생강가루, 청주를 살짝 뿌려서 밑간을 하여 밀가루 옷을 입히고, 달걀물에 담갔다가 빵가루를 꾹꾹 눌러 묻히면 됩니다. 이렇게 만든 돈가스는 냉동 보관해서 먹을 때마다 해동해 튀겨 드시면 돼요.

손님상에 내면 늘 사랑받는 스테디셀러

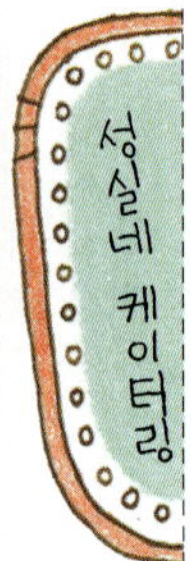

우리집 깐풍기

중국 음식 중에서 탕수육과 함께 가장 인기가 많은 대표 요리인 깐풍기.
집에서도 얼마든지 맛나게 만들 수 있어요. 몇 번 만들어서 자신감이 생기면 손님상에도 올려보세요.
배달시켜 먹는 중국음식점의 깐풍기와는 색다른 맛이 날 거예요.

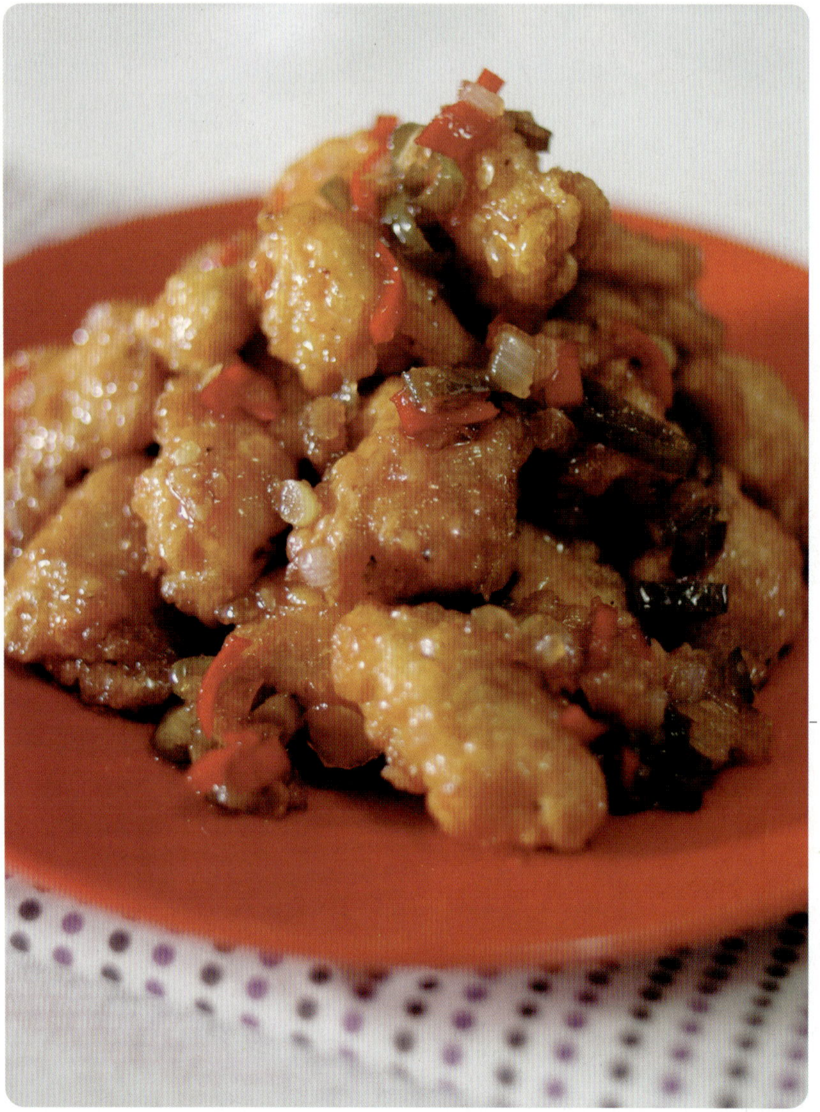

Ripple

? 깐풍기는 닭고기를 잘 튀겨야 맛의 승패가 판가름 난다고 들었어요. 맛있게 튀기는 비결은 뭔가요?

! 닭은 반드시 두 번 튀겨야 맛있어요. 처음에는 색깔만 살짝 나게 튀겨 식힌 다음 수분이 좀 빠져나와 눅눅해지면 다시 한 번 노릇하게 튀겨야 바삭하고 고소하답니다.

50분　4인분

Ingredients

주재료　닭 가슴살 2조각, 풋고추 1개, 홍고추 1/2개, 양파 1/4개, 잘게 썬 대파 2　**닭 밑간 재료**　카레가루 0.5, 소금·후춧가루·생강가루 약간씩　**튀김옷 재료**　달걀 1개, 녹말가루 4　**소스 재료**　간장 1, 굴소스 1, 식초 1, 물엿 1, 맛술 1, 물 3, 레몬즙 0.5, 다진 마늘 0.5, 생강가루·후춧가루 약간씩, 참기름 0.3　**볶음 기름 재료**　고추기름 1, 식용유 1

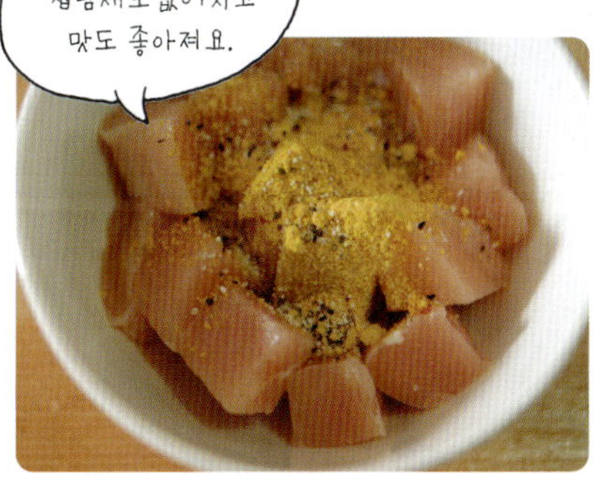

1 닭 가슴살 2조각은 한입 크기로 자르고, 카레가루 0.5, 소금, 후춧가루, 생강가루를 약간씩 넣어 조물조물 밑간하고,

2 닭 가슴살에 달걀 1개, 녹말가루 4를 넣고 손으로 휘휘 섞어 튀김옷을 입힌 후 끓는 튀김기름에 한 번 튀기고,

3 건져서 한 김 식힌 뒤 아주 센 불에서 한 번 더 튀겨 키친타월에 올려 기름기를 쪽 빼고,

4 풋고추 1개, 홍고추 1/2개, 양파 1/4개는 잘게 썰고, 대파 2, 간장 1, 굴소스 1, 식초 1, 물엿 1, 맛술 1, 물 3, 레몬즙 0.5, 다진 마늘 0.5, 생강가루와 후춧가루 약간씩, 참기름 0.3을 한데 섞어 소스를 만들고,

5 고추기름 1, 식용유 1을 팬에 넣고 잘게 썬 채소를 넣고 볶다가 소스를 부어 바글바글 끓이다가,

6 튀겨놓은 닭을 넣고 재빨리 버무리면 끝.

우리집 최고의 보양식

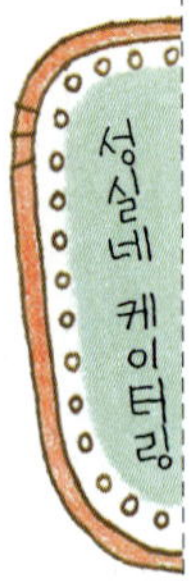

전복 삼계탕

뜨거운 복날에 식구들에게 보양식 챙겨주지 못하면 두고두고 미안하죠.
그래서 더운 여름 날, 부엌에서 구슬땀을 쏟으며 만드는 요리가 바로 삼계탕이에요.
몸값 나가는 전복을 통째로 넣은 고급 보양식이랍니다.

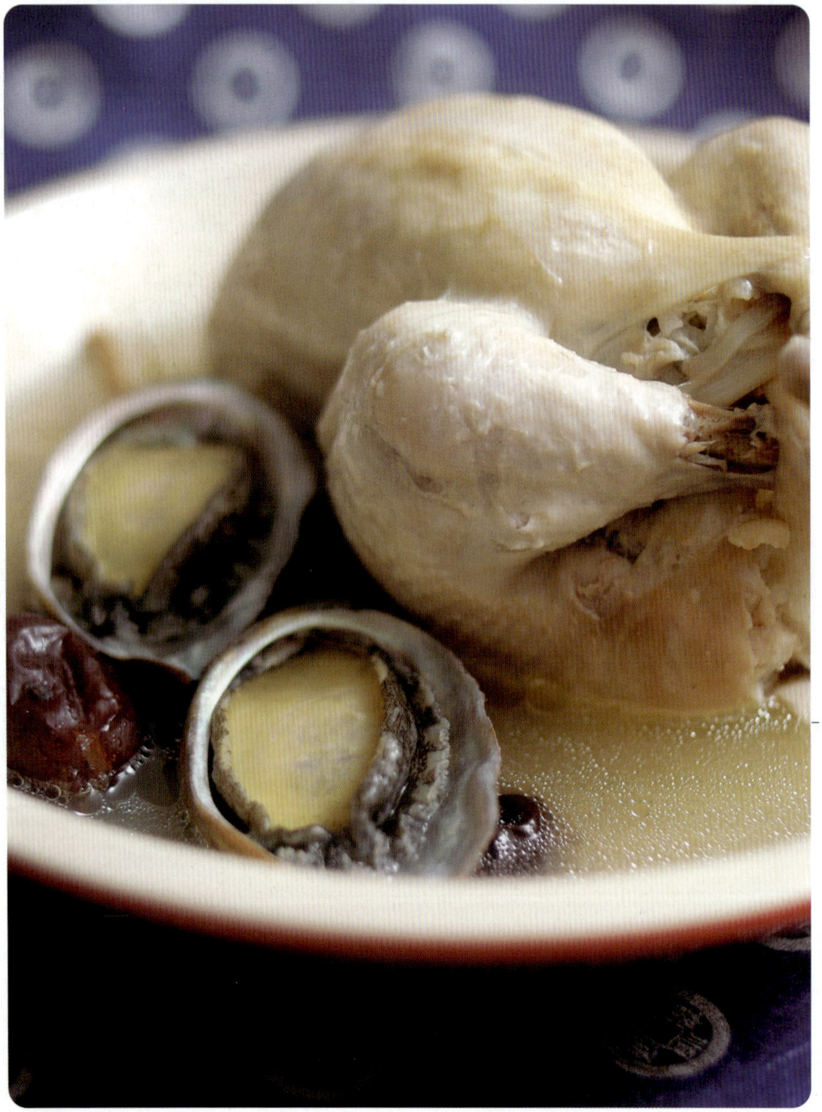

Ripple

삼계탕에 전복을 넣어야겠다는 생각은 한 번도 해본 적이 없네요. 전복을 집에서 만들어 먹는 방법 좀 알려주세요.

전복은 값비싼 식재료 중 하나라 집에서 자주 해 먹지 않게 되죠. 싱싱한 전복을 사서 미역국에도 넣어 먹고 밥도 지어 먹고, 한여름에는 삼계탕에도 넣어 먹어요. 또 갖가지 채소를 넣고 살짝 볶아 먹어도 맛있고 초밥을 만들어도 좋지요.

 6시간    4인분

Ingredients

주재료 전복 3개, 닭 1마리, 황기 3뿌리, 대추 5개, 마늘 7쪽, 대파(흰 부분) 1대, 불린 찹쌀 2컵, 물 적당량

부재료 부추 적당량

양념 재료 소금·후춧가루 약간씩

1 전복 3개는 깨끗이 손질해서 내장을 따로 떼어내고 이빨을 제거해 손질하고,

2 찹쌀은 미리 물에 충분히 불리고, 국물의 맛을 낼 대파 1대, 황기 3뿌리, 대추 5개, 마늘 7쪽도 손질해서 준비하고,

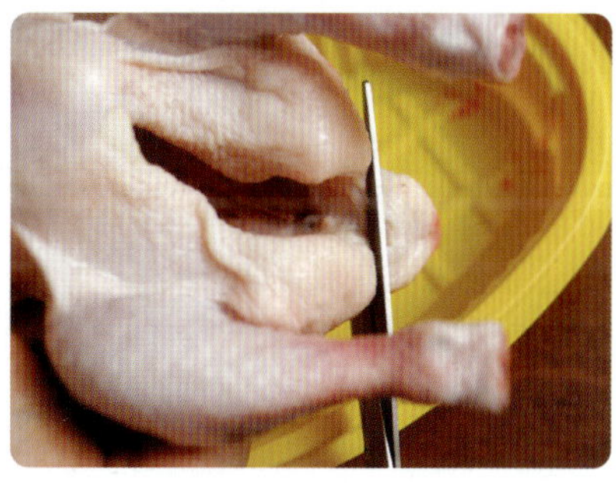

3 닭 1마리는 깨끗이 씻어 꽁지 부분은 자르고, 뱃속에 불린 찹쌀 1컵과 전복 1마리, 대추 1개, 마늘 1쪽을 채워 넣고, 다리 양쪽에 칼집을 내어 다리가 서로 꼬이게 아물리고,

4 냄비에 3분의 2만큼 물을 붓고 황기, 대추, 마늘, 대파를 넣고 20분 정도 팔팔 끓여 국물을 우리고,

5 국물을 우린 냄비에 닭, 전복 2개를 넣어 닭이 흐물흐물해질 때까지 푹 고아 닭과 전복을 먼저 먹고,

6 남은 국물에 불린 찹쌀 1컵을 넣고, 전복 내장을 터뜨려 넣고 팔팔 끓여 전복 삼계탕 죽을 끓이고 부추 썬 것을 적당히 넣고 소금, 후춧가루로 간을 하면 끝.

찹스테이크

'어떻게 스테이크를 집에서 만들어요?' 하겠지만 맛난 쇠고기만 있으면 집에서도
얼마든지 맛있는 스테이크 요리를 만들 수 있어요. 아이들이 입맛 없어 할 때 찹스테이크를
만들어준답니다. 양도 가격도 부담스러운 패밀리 레스토랑에 가지 않아도 되거든요.

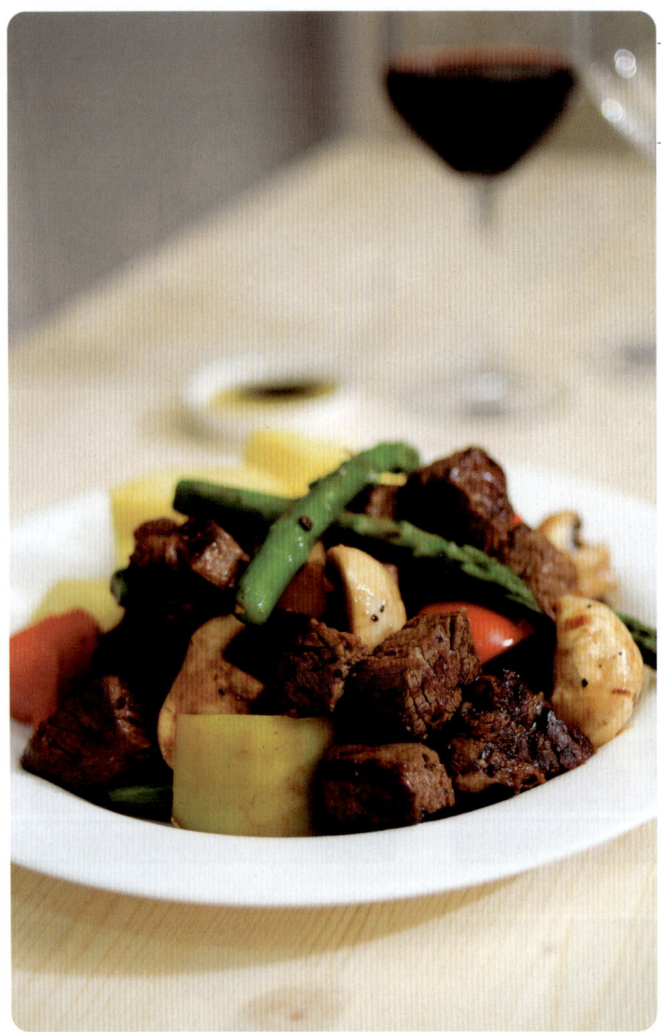

Cooking Tip 올리브오일은 고기를 연하게 하는 동시에 고기에 코팅을
해주어 고기를 구울 때 육즙이 빠져나가는 것을 막아줘요. 찹스테이크는 파인애플을
곁들여 먹으면 훨씬 맛있어요.

  40분 2~3인분

Ingredients

주재료 쇠고기(안심 또는 등심이나 채끝살) 450g, 양송이버섯 10개,
노랑 파프리카 1개, 빨강 파프리카 1개, 아스파라거스 7대, 식용유 약간
쇠고기 밑간 재료 화이트와인 2, 올리브오일 3, 스테이크용 소금(또는
소금·후춧가루 약간씩) **양념 재료** 바비큐소스 2, 발사믹 식초 2, 통
후추 적당량

1 쇠고기 450g에 화이트와인 2,
올리브오일 3을 넣어 고기가
연해지도록 재우고,

2 양송이버섯 10개, 노랑 파프
리카 1개, 빨강 파프리카 1개
는 먹기 좋게 썰고, 아스파라거스
7대는 필러로 껍질을 벗겨 소금물
에 살짝 데치고,

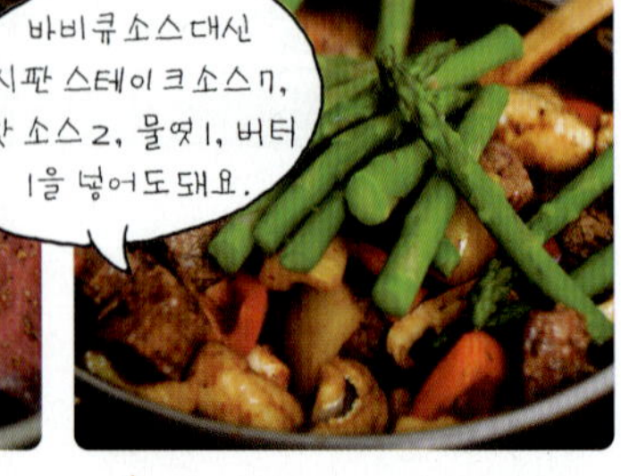

3 재운 쇠고기는 굽기 직전에 스
테이크용 소금을 뿌리고, 뜨
겁게 달군 팬에 식용유를 살짝 두
르고, 쇠고기의 한 면이 익을 때까
지 굽다가, 나머지 면을 마저 익혀
서 가위로 먹기 좋게 자르고,

4 양송이버섯과 파프리카를 넣
고 바비큐소스 2, 발사믹 식초
2를 넣고 볶다가, 데친 아스파라거
스를 넣어 섞고, 통후추를 갈아 솔
솔 뿌리면 끝.

새우 마요네즈

만들고 나면 늘 반응이 좋아서 집들이 음식으로 자주 만들었던 음식이에요.
새우와 마요네즈의 조화~ 마요네즈가 들어갔음에도 전혀 느끼하지 않은 그런 맛이랍니다.
집들이 때 시댁 어른들상에 내놓았는데 두고두고 칭찬을 들은 요리예요.

 50분  3~4인분

Ingredients

주재료 새우(중하) 15마리, 파인애플(통조림) 2조각, 땅콩 10개, 튀김기름 적당량 **새우 밑간 재료** 소금·후춧가루 약간씩 **튀김옷 재료** 녹말가루 2 **마요네즈 소스 재료** 마요네즈 3, 꿀(또는 물엿) 1, 레몬즙 1, 설탕 0.5, 소금 약간

1 마요네즈 3, 꿀 1, 레몬즙 1, 설탕 0.5, 소금 약간을 한데 섞어 소스를 만들고,

2 새우 15마리는 껍질을 벗기고 내장을 제거한 후 물에 씻어 키친타월로 물기를 톡톡 두드려 닦고 소금과 후춧가루를 약간씩 뿌려 밑간하고,

3 비닐팩에 녹말가루 2를 넣고 밑간한 새우를 넣어 튀김옷을 입히고,

4 튀김기름에 새우를 살짝 튀긴 후 뜨겁게 달군 튀김기름에 한 번 더 튀겨 키친타월에 올려 기름기를 빼고, 파인애플을 담은 접시에 새우를 담고 마요네즈 소스를 뿌려서 땅콩 10개를 부수어 뿌리면 끝.

Cooking Tip 소스를 끓이지 않고 잘 섞어 새우튀김에 끼얹어도 돼요. 소스를 너무 오래 끓이면 재료들이 분리되거나 희멀건해져서 맛이 없어 보이므로 주의하세요.

성실네 케이터링

당면을 골라 먹는 맛

사태 당면찜

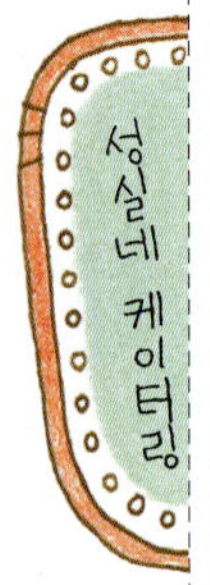

닭 요리 중 엄청나게 인기를 끌었던 것이 찜닭이었어요. 간장 양념을 기본으로 매운 고추를 넣고 당면과 함께 먹는 스타일이 유행했었고요. 그 맛이 생각나 쇠고기를 이용해 찜닭 비슷한 요리를 만들어보았는데, 의외로 성공! 사태를 푹 쪄서 자작한 국물에 당면을 넣은 요리랍니다. 고기 먹는 맛에 당면 골라서 먹는 맛까지, 식구들이 열광해요.

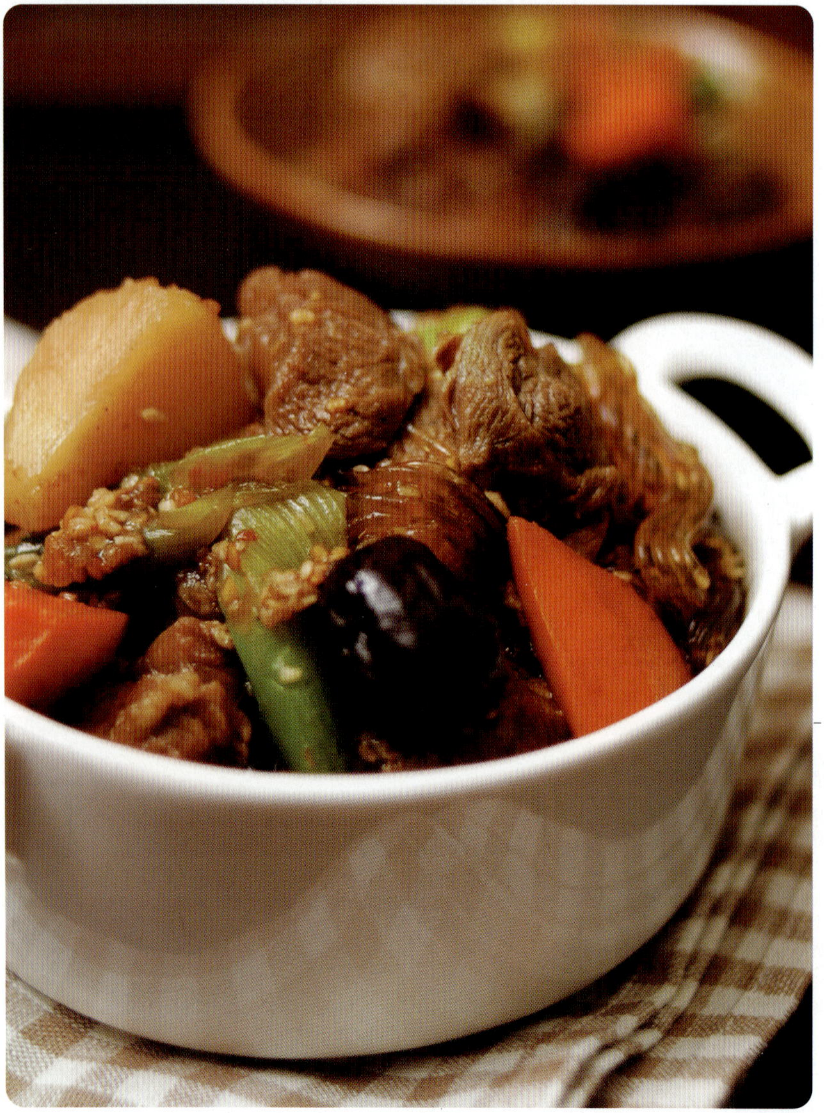

Ripple

? 국물이 자작한 찜 요리를 만드는 게 정말 어려워요. 어떨 때는 국물이 없고, 또 어떨 때는 국물이 한강물처럼 많아서 싱겁고….

! 요리는 그야말로 우리집 입맛대로를 기준으로 만들어야 한다고 생각해요. 찜 요리 할 때 식구들이 국물이 자작한 걸 좋아하면 레시피보다 물이나 육수를 조금 더 붓고 소금 간 하여 국물 있게 만들고, 그렇지 않다면 조리 듯 만들면 되는데요. 사태당면찜의 경우에는 당근이나 양파 등의 채소에서 국물이 우러나므로 물 4컵 정도만 부으면 자작한 국물도 함께 맛볼 수 있을 거예요.

Ingredients

주재료 쇠고기(사태) 300g, 불린 당면 크게 1줌(100g), 감자(큰 것) 1개, 당근 1/4개, 양파 1/2개, 대파 1/2대, 물 4컵, 참깨·통깨 약간씩

부재료 마른 고추 3개, 대추 5개

양념 재료 간장 6, 굴소스 1, 맛술 3, 흑설탕 2, 다진 마늘 1, 생강즙(또는 생강가루) 0.3, 후춧가루·참기름 약간씩

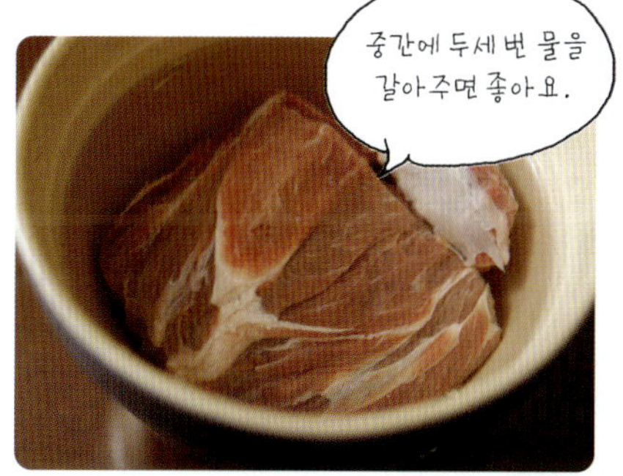

1 쇠고기 300g은 덩어리째 찬물에 담가 핏물을 빼서 큼직하게 썰고,

2 당면 1줌은 미지근한 물에 담가 불리고, 감자 1개, 당근 1/4개, 양파 1/2개도 큼직하게 썰고, 대파 1/2대는 어슷하게 썰고, 마른 고추 3개와 대추 5개도 준비하고,

3 간장 6, 굴소스 1, 맛술 3, 흑설탕 2, 다진 마늘 1, 생강즙 0.3, 후춧가루와 참기름을 약간씩 넣고 한데 섞어 양념장을 만들고,

4 물 4컵에 마른 고추와 대추, 쇠고기를 넣고 고기가 연하게 익을 때까지 뚜껑을 덮고 40분 이상 뭉근히 삶고,

5 고기가 무르게 삶아졌으면 감자와 당근, 양파를 넣어 익히고, 양념장을 붓고 양념 맛이 고기와 채소에 배도록 졸이다가,

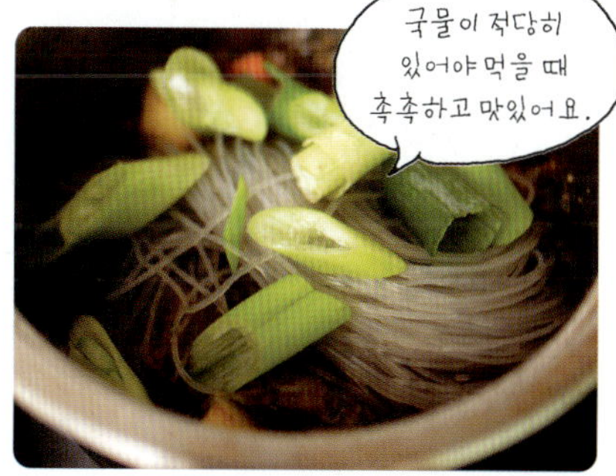

6 대파 1/2대는 어슷 썰어 불린 당면과 함께 넣고 참기름과 통깨를 솔솔 뿌리면 끝.

콩나물보다 보들보들한 아귀가 훨씬 많은

아귀찜

저는 음식을 한끼 먹을 만큼만 하는데 어머님은 넉넉하게 만들어 한 보따리씩 싸주시곤 해요.
아귀찜도 식구들이 맛있다고 하니까 주말에 시댁에 갈 때마다 만들어 주셔서 한 달 넘게 아귀찜만 먹은 것 같아요.
그렇게 먹어도 물리지 않으니 어머님의 레시피에는 특별한 무언가가 팍팍 들어가 있나 봐요.

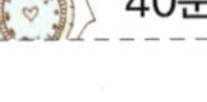
40분　4인분

Ingredients

주재료　아귀 1kg, 소금 약간, 콩나물 300g, 미나리 1줌(약 100g), 대파 1/3대, 바지락 1봉지, 진한 멸치다시마 육수 1컵, 참기름 1, 통깨 0.5

양념장 재료　고춧가루 4, 간장 1, 국간장 1, 다진 마늘 2, 설탕 1, 맛술 1, 생강가루·후춧가루 약간씩

아귀 밑간 재료　청주 5, 굵은소금 0.5

녹말물 재료　물 2, 녹말가루 1

Cooking Tip

아이들에게 아귀를 먹이려면 매운 찜보다는 무나 대파를 넣은 맑은 국을 끓여 먹이세요.

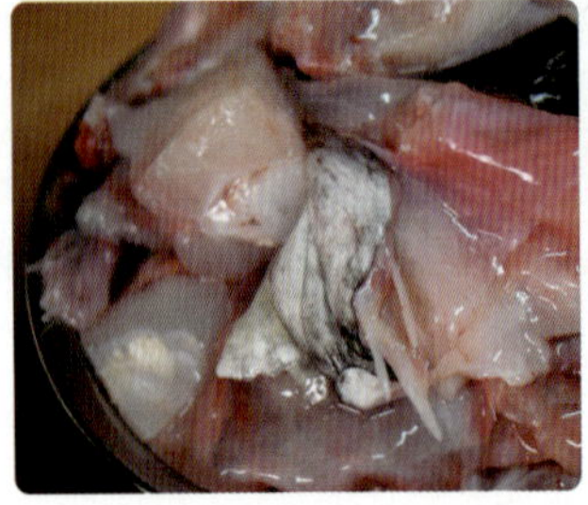

1 아귀 1kg은 핏물이 빠지도록 찬물에 여러 번 씻고, 청주 5, 굵은 소금 0.5를 뿌려 밑간해서 팔팔 끓는 소금물에 아귀를 넣고, 어느 정도 익을 때까지 데쳐 찬물에 담갔다가 체에 밭쳐 물기를 빼고,

2 콩나물 300g은 김이 오른 찜통에 찌고, 미나리 1줌은 물에 씻어 먹기 좋게 썰고, 대파 1/3대는 어슷하게 썰고, 바지락 1봉지도 소금물에 담가 해감하고,

3 고춧가루 4, 간장 1, 국간장 1, 다진 마늘 2, 설탕 1, 맛술 1, 생강가루와 후춧가루 약간씩을 한데 섞어 양념장을 만들고, 물 2, 녹말가루 1을 섞어 녹말물도 준비하고,

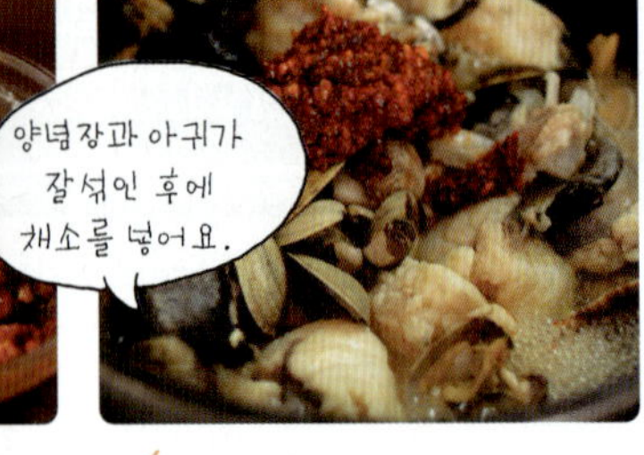

4 멸치다시마 육수 1컵에 바지락을 넣고 끓이다가, 아귀와 양념장을 넣고 볶다가, 콩나물과 미나리, 대파를 넣고 재빨리 볶은 후 녹말물을 넣고, 소금 간을 한 후 참기름 1, 통깨 0.5를 솔솔 뿌리면 끝.

연어 스테이크

쇠고기 스테이크는 치아가 좋아야 제맛을 즐길 수 있지요. 치아가 좋지 않은 어르신들에게 좋은 스테이크가 없을까 생각하다가 연어 스테이크를 만들게 됐어요. 입안에서 살살 녹아 먹기 편할 뿐만 아니라 소화도 잘되니 어르신들에게 이만한 효자 스테이크도 없어요.

 25분  2~3인분

 **Ingredients**

주재료 연어 300g, 올리브오일 약간

연어 밑간 재료 소금·후춧가루·레몬즙 약간씩

소스 재료 마요네즈 3, 머스터드 1, 다진 오이피클 1, 다진 양파 1, 레몬즙 0.5, 설탕 약간

1 연어 300g은 껍질을 벗겨 큼직하게 썰어 소금, 후춧가루, 레몬즙을 뿌려 잠시 재우고,

2 충분히 달군 팬에 올리브오일을 살짝 두르고, 밑간한 연어를 앞뒤로 노릇하게 익혀 한 김 식혀서 접시에 담고,

3 마요네즈 3, 머스터드 1, 다진 피클 1, 다진 양파 1, 레몬즙 0.5, 설탕 약간을 한데 섞어 소스를 만들어 연어 스테이크에 곁들이면 끝.

Cooking Tip **연어를 손질할 때** 껍질째 구우면 껍질에 살이 밀착되어 있어 편하게 구울 수 있지만 먹을 때 번거롭지요. 반대로 껍질을 벗기고 구우면 살이 부스러지는 단점이 있지만 먹을 때 편해요.

홍합, 이렇게도 먹어요

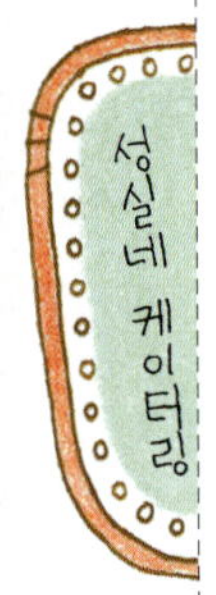

홍합 토마토찜

홍합은 비교적 저렴한 해산물이지만 홍합탕 외에는 맛있는 요리가 떠오르지 않지요.
그냥 삶아서 먹고 탕으로만 끓여 먹었는데, 회식 자리에서 맛본 요리가 토마토 소스를 넣은 홍합찜이었어요.
그래서 집에서도 값싼 홍합으로 멋지고 근사한 외식 요리에 도전했어요.

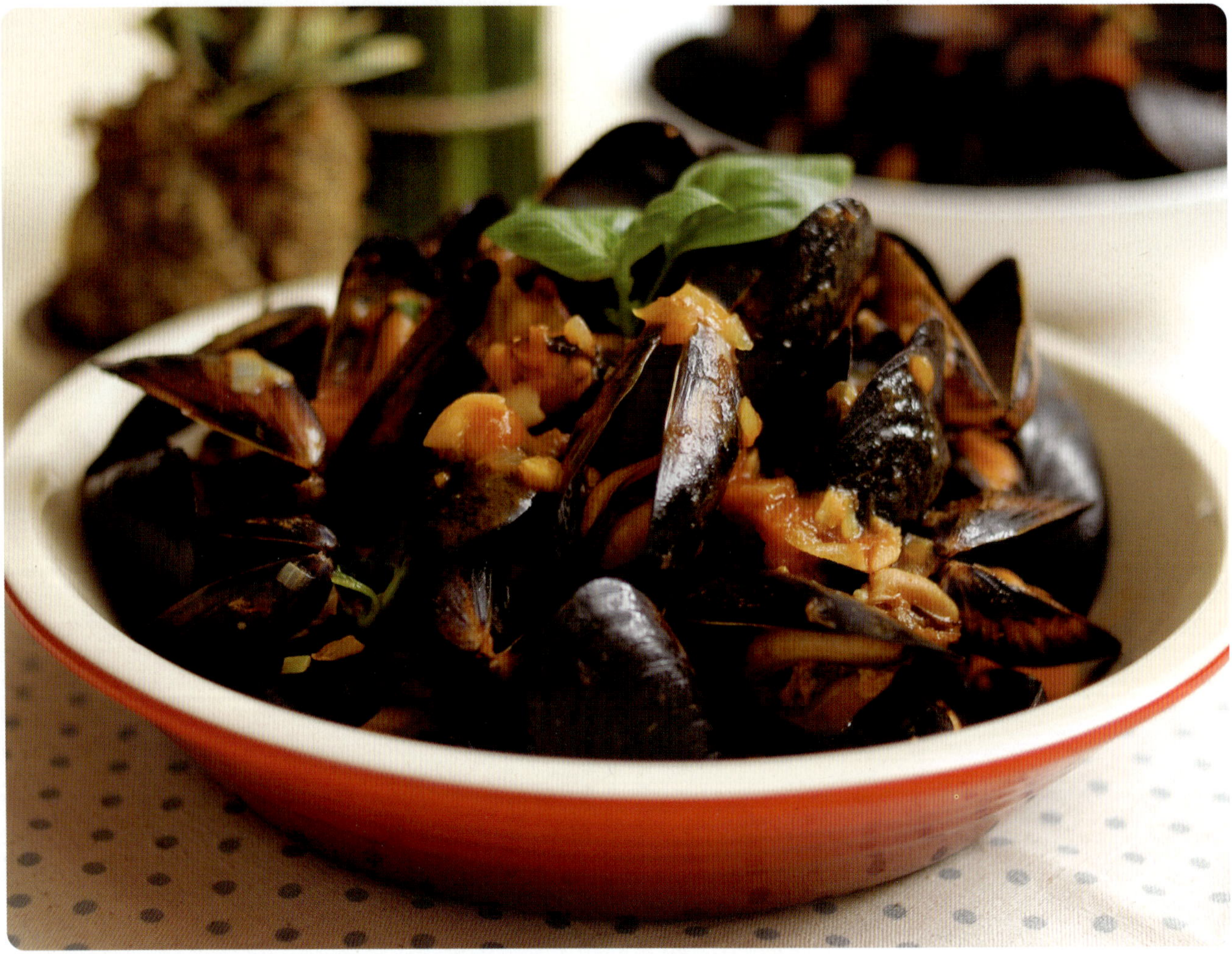

 40분  4인분

Ingredients

주재료　홍합 1kg(약 100개), 토마토(중간 것) 2개, 다진 양파 3, 올리브오일 3, 마늘 4쪽, 마른 고추
(또는 페페론치노) 적당량, 토마토 소스 1/3컵, 화이트와인 1/4컵, 버터 1, 후춧가루 약간

양념 재료　후춧가루·바질 약간씩

1 홍합 1kg은 너덜너덜한 수염 같은 것을 뜯어내고, 주방용 솔이나 수세미를 이용해 껍데기를 깨끗하게 닦고, 서너 번 찬물에 헹궈서 체에 밭쳐 물기를 빼고,

2 토마토 2개는 열십자로 칼집을 내서 끓는 물에 살짝 데쳐 껍질을 벗겨서 토마토 과육 부분만 듬성듬성 자르고, 마늘 4쪽은 편으로 썰고, 마른 고추는 잘게 다지고,

3 팬에 올리브오일 3을 두르고, 다진 양파 3, 마늘, 마른 고추를 넣고 타지 않게 볶다가 양파가 투명해지면 토마토와 토마토 소스 1/3컵을 넣어 끓이고,

4 팬에 홍합을 넣고 소스와 홍합이 어우러지게 끓이다가 화이트와인 1/4컵을 붓고 뚜껑을 덮어 홍합이 다 익을 때까지 푹 끓이다가,

5 홍합이 익어서 입을 쫙쫙 벌리면 뒤적이며 소스와 섞은 후 홍합만 건져서 그릇에 담고,

6 남아 있는 홍합 국물을 끓이다가 버터 1을 넣고 녹을 때까지 끓인 후 후춧가루를 솔솔 뿌려 홍합을 담은 그릇에 골고루 끼얹으면 끝.

Ripple

? 토마토 소스 대신 토마토만 넣어도 되나요?

! 네. 토마토만 넣어도 돼요. 홍합에도 간이 있어 토마토소스를 많이 넣으면 간이 짜요. 토마토소스 대신 토마토를 잘게 썰어 많이 넣으면 짜지 않게 먹을 수 있거든요. 또 고추와 마늘은 양껏 넉넉하게 넣으세요. 식성에 따라 신선한 바질 잎을 뜯어 넣어도 좋아요. 남은 국물에 스파게티 면을 삶아 비벼 먹어도 맛있어요.

해물구이

성실네 케이터링

찬바람이 불기 시작하면 안심하고 싱싱하고 맛있는 해산물을 푸짐하게 상에 올려요.
남편에게 수산시장에 갔다 오라는 심부름을 시켰더니 많이도 사와서 세 끼니를 해산물만 먹은 것 같아요.
해산물은 주로 탕으로 먹곤 했는데 오븐에 구웠더니 색다른 맛이 나더라고요. 아이들도 좋아하고요.

 45분  4~5인분

Ingredients

주재료 갖가지 해산물(새우, 소라, 석화 등) 적당량, 키조개살 4개분
초고추장 재료 고추장 2, 식초 3, 설탕 1, 물엿 0.5, 다진 마늘 0.5, 참기름 0.5, 깨소금 0.5 **키조개 양념 재료** 고추장 2, 고춧가루 0.5, 간장 0.5, 설탕 0.5, 청주 1, 다진 마늘 0.5, 다진 파 3, 참기름0.5, 생강가루 약간

1 해산물은 물이 좋은 것으로 구입하여 흐르는 물에 깨끗이 씻고, 오븐 팬 위에 쿠킹포일을 겹쳐 깔고,

2 쿠킹포일 위에 해산물을 얹고 쿠킹포일로 덮고, 젓가락으로 3~4군데 구멍을 뚫고,

3 오븐에 넣어 230℃로 20~25분간 구워서, 고추장 2, 식초 3, 설탕 1, 물엿 0.5, 다진 마늘 0.5, 참기름 0.5, 깨소금 0.5를 한데 섞어 초고추장을 만들어 곁들이고,

4 키조개살 4개는 고추장 2, 고춧가루 0.5, 간장 0.5, 설탕 0.5, 청주 1, 다진 마늘 0.5, 다진 파 3, 참기름0.5, 생강가루로 양념하고, 껍질 위에 얹어 210℃의 오븐에서 8~10분간 구우면 끝.

Cooking Tip 해물을 오븐에 넣어 구우면 육즙이 빠져나가지 않아 훨씬 풍부한 맛을 즐길 수 있어요. 이 때 잊지 말아야 할 것은 쿠킹포일을 깐 오븐 팬에 해산물을 올리고 다시 쿠킹포일로 덮개를 만들어 덮어줘야 해요.

 성실네 **케이터링**

삼선 간자장

어른, 아이 할 것 없이 좋아하는 국민 요리가 자장면이에요. 하지만 들리는 이야기로 자장면만큼 무서운 요리도 없는 것 같아요. 자장면이 먹고 싶을 때 전화기 먼저 찾지 마시고, 직접 만들어 드세요. 뜨거운 밥에 갓 볶아 김이 나는 간자장을 비벼 먹는 맛은 감동적이에요.

 25분  4인분

Ingredients

주재료 돼지고기 1줌, 양파(중간 것) 2개, 호박 1/3개, 새우살 1줌, 식용유 적당량

돼지고기 밑간 재료 청주 2, 다진 마늘 0.5, 소금·후춧가루·생강가루 약간씩

소스 재료 춘장 3, 흑설탕 1, 굴소스 0.5 , 간장 1, 녹말물 2

Cooking Tip

돼지고기는 등심을 사용했고요, 새우살은 아이들이 워낙 좋아해서 넣었어요. 새우살이 없으면 돼지고기 양을 더 늘려 넣거나 오징어를 잘게 썰어 넣어도 돼요.

1 돼지고기 1줌은 연한 살코기로 준비해 주사위 모양으로 썰어 청주 2, 다진 마늘 0.5, 소금, 후춧가루, 생강가루 약간씩을 넣어 밑간하고,

2 새우살 1줌은 찬물에 살살 흔들어 씻어 물기를 빼고, 양파 2개와 호박 1/3개도 적당한 크기로 썰고, 녹말가루 1과 물 2를 섞어 녹말물을 준비하고,

3 달군 팬에 식용유를 살짝 두르고 돼지고기와 새우살, 양파와 호박을 넣고 달달 볶다가 돼지고기와 새우살이 익으면, 춘장 3을 넣고 춘장의 쌉쌀하고 떫은맛이 없어질 때까지 볶다가,

4 흑설탕 1, 굴소스 0.5 , 간장 1을 넣고 볶다가 양파와 호박이 거의 다 익고, 채소와 고기에서 수분이 나와 간자장이 촉촉해지면 녹말물을 조금씩 부어가면서 농도를 조절하면 끝.

김치 물국수

멸치로 우린 국물에 말아 먹는 하얀 소면은 가슴속까지 시원하게 해줘요.
출출한 밤에 먹어도 부담스럽지 않은 국수 요리랍니다.
맛있게 익은 신 김치만 있으면 다른 고명도 필요 없어요.

30분　2~3인분

Ingredients

주재료　소면 2인분, 신 김치 2줌, 김가루 적당량

장국 재료　국물용 멸치 20마리, 물 7컵, 멸치액젓(또는 까나리액젓) 2, 다진 마늘 0.3, 소금·후춧가루 약간씩

김치 양념 재료　설탕 0.3, 참기름 0.5, 깨소금 0.5

1 국물용 멸치 20마리는 똥을 제거하고 물 7컵을 부은 냄비에 넣어 푹 끓여 진한 멸치 육수 5컵을 만들고,

2 멸치 육수에 멸치액젓 2를 넣고 액젓의 맛이 국물에 배도록 팔팔 끓여서 다진 마늘 0.3, 소금, 후춧가루 약간씩을 넣어 장국을 만들고,

3 잘 익은 김치 2줌은 송송 썰어 설탕 0.3, 참기름 0.5, 깨소금 0.5를 넣어 조물조물 양념하고,

4 끓는 물에 소면 2인분을 삶아 찬물에 헹궈 체에 밭쳐 물기를 빼서 그릇에 담고, 멸치 장국을 부은 후 양념한 김치를 올리고, 김가루를 솔솔 뿌리면 끝.

Cooking Tip 김가루 말고도 무순, 채썬 오이 등 식성에 따라 넣어 먹어요. 또 멸치 장국은 한꺼번에 많이 만들어 냉동실에 얼려두었다가 꺼내 먹으면 편리해요.

성실네 **케이터링**

김치 비빔국수

어려서 친정엄마가 자주 해주셨던 음식 중 하나가 바로 비빔국수였어요. 늘 있는 김치에, 소면을 삶아서 양은 냄비에 한가득 비비면 온 식구가 둘러앉아 매콤한 비빔국수를 먹는 것이 마냥 행복하고 좋았던 기억이 나요. 별식을 고민하는 주부의 점심이나 별식거리로 이만큼 고마운 메뉴도 없어요.

 25분　 2~3인분

Ingredients

주재료　소면 2인분. 신 김치 3줌, 김가루·굵은 소금 약간씩

김치 양념 재료　고추장 2, 설탕 1, 물엿 1, 식초 3, 맛술(또는 사이다) 1, 참기름 1, 깨소금 1

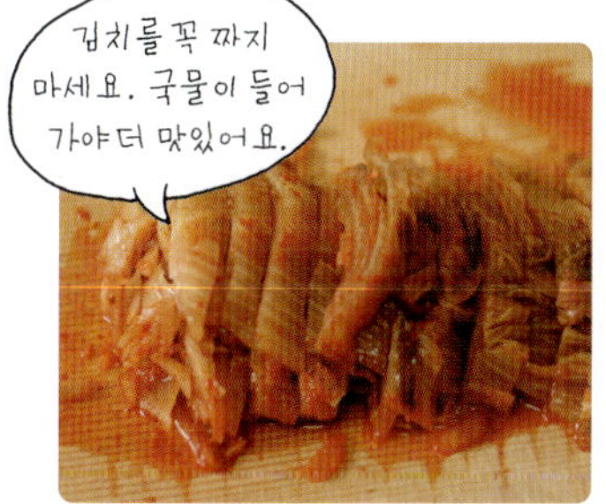

1 신 김치 3줌은 먹기 좋게 송송 썰고,

2 고추장 2, 설탕 1, 물엿 1, 식초 3, 맛술 1, 참기름 1, 깨소금 1을 한데 섞어 양념하고,

3 큰 냄비에 물을 넉넉히 붓고 팔팔 끓여 굵은소금을 약간 넣고 소면 2인분을 삶아 찬물이나 얼음물에 헹궈 물기를 쏙 빼고,

4 볼에 소면을 담고 양념한 김치를 넣어 조물조물 무쳐 그릇에 담으면 끝.

Cooking Tip　소면을 삶을 때 우르르 끓어 넘치려고 하는 순간 찬물을 한두 번 부어 삶으면 소면이 바닥에 눌지 않고 쫄깃쫄깃하게 삶아져요. 또 찬물에 소면을 헹구면 잘 붇지 않아요. 소면이 너무 많이 삶아졌다 싶으면, 참기름을 살짝 두르고 버무려서 유리 용기에 넣어 뚜껑을 덮고 냉장고에 보관했다가 먹으세요.

칼칼하고 시원한 국물이 당길 때

김치 칼국수

칼국수만 해도 먹는 법이 각양각색이에요. 닭 칼국수를 해 먹을까? 아니면 쇠고기나
사골 우린 육수로 걸쭉하게 끓여 먹을까? 그것도 아니면 시원한 바지락 칼국수는 어떨까?
샤브샤브 칼국수도 있고…' 고민을 하며 냉장고를 열었더니 잘 익은 김치가 있네요.

25분 ／ 2~3인분

Ingredients

주재료 칼국수 면 2인분, 신 김치 1컵, 김치 국물 5, 바지락 1봉지, 대
파 1/3대 **국물 재료** 멸치다시마새우 육수 8컵(국물용 멸치 2줌+국
물용 새우 1줌+다시마(10×10cm) 1장+물 10컵), 김치 국물 4, 소금·후
춧가루 약간씩

1 칼국수 면 2인분은 마른 날가
루를 탈탈 털어 가닥가닥 펼쳐
두고, 신 김치 1컵은 먹기 좋게 썰
어 김치 국물 5와 함께 담아두고,
바지락 1봉지는 바락바락 씻고,

2 멸치다시마새우 육수 8컵을
냄비에 붓고 신 김치 1컵과 김
치 국물 5를 넣고 팔팔 끓이다가,

3 가닥가닥 떼어놓은 칼국수 면
을 넣고 달라붙지 않도록 젓가
락으로 휘휘 저어가며 끓이고,

4 면이 80% 정도 익으면 바지
락과 어슷 썬 대파 1/3대분,
다진 마늘 0.3을 넣어 끓이다가 소
금과 후춧가루로 간하면 끝.

Cooking Tip **칼국수는 나중에** 면이 물을 많이 흡수하므로 물이나 육수
의 양을 넉넉히 잡아줘야 해요. 매콤한 칼국수가 먹고 싶으면 청양고추를 송송 썰어
넣으세요.

성실네 **케이터링**

볶음 쌀국수

온 세상의 누들 요리는 참 다양해요. 김치 국수도 좋아하지만 볶음 쌀국수도
가벼운 한끼로 즐겨 먹어요. 쇠고기와 쌀국수, 숙주나물에 늘 있는 기본 양념만 있으면 준비 완료!
먹다 남은 불고기에 당면만 넣어 드시지 마시고, 쌀국수로 색다른 맛에 도전해보세요.

 25분　 2~3인분

Ingredients

주재료　쇠고기(양념한 것) 200g, 넓적한 쌀국수(10mm) 200g, 숙주나물 3줌(약 250g), 참기름 0.5, 통깨 0.5

소스 재료　물 1컵, 굴소스 1, 간장 4, 두반장 1, 설탕 1, 물엿 1, 다진 마늘 1, 레몬즙 2, 맛술 1, 후춧가루 약간

1 넓적한 쌀국수 200g은 미지근한 물에 담가 불리고, 불고기 양념을 한 쇠고기 200g을 준비하고,

2 물 1컵, 굴소스 1, 간장 4, 두반장 1, 설탕 1, 물엿 1, 다진 마늘 1, 레몬즙 2, 맛술 1, 후춧가루를 섞어 소스를 만들고, 숙주나물 3줌은 물에 씻어 물기를 빼고,

3 팬에 양념한 쇠고기를 달달 볶다가, 쇠고기가 다 익으면 충분히 불린 쌀국수를 넣어 같이 볶다가 소스를 넣어 버무리듯 볶다가,

4 마지막으로 숙주나물을 넣어 숨이 살짝 죽을 정도만 볶아서, 소금과 후춧가루로 간하고 참기름 0.5, 통깨 0.5를 뿌리면 끝.

Cooking Tip　쇠고기는 미리 양념한 것을 사용해도 되고, 그 자리에서 불고기 양념을 해서 사용해도 돼요.

207

당면볶음

가족 여행으로 큰맘 먹고 중국과 호주에 갔을 때 현지 음식점에서 먹었던 것을 대충 따라 해보았어요. 재료와 양념을
단순화하다 보니 전혀 새로운 요리가 되어버렸지만, 새우와 당면만 넣었을 뿐인데 맛은 끝내줘요. 잡채처럼 이번 요리도
불린 당면을 볶고 바지락과 새우만 넣어 재료를 심플하게 했고요. 양념은 중국 소스를 대표하는 두반장과 굴소스만 넣었어요.

Ripple

? 잡채를 좋아하긴 하는데 기름기가 너무 많아 자
주 만들어 먹을 용기는 나지 않아요.

! 당면을 볶을 때 기름을 많이 넣으면 느끼해져요.
하지만 당면을 볶을 때 기름을 약간은 넣어야 면
이 엉겨붙지 않고 가닥가닥 떨어져요. 잡채를 할
때도 팬에 기름과 설탕, 간장을 두르고 한 번 볶
으면 더 맛있고 붇지 않고 쫄깃하게 먹을 수 있어
요. 맛을 보아 나머지 간을 간장으로 맞추세요.
매콤하게 드시려면 후춧가루를 더 팍팍 치시고,
국물이 자작한 것이 좋으면 육수를 조금 더 넣어
도 좋답니다.

Ingredients

주재료 당면 1줌(약 100g), 새우(중하) 10마리, 바지락 1봉지, 마른 고추 1/2개, 잘게 썬 대파 2, 다진 마늘 1, 식용유 적당량

양념 재료 청주 2, 참기름 1, 통깨 0.5

양념 국물 재료 멸치다시마 육수(또는 물) 1/2컵, 굴소스 1, 두반장 1, 간장 0.5, 맛술 2, 설탕 0.5, 후춧가루 약간

1 당면 1줌은 미지근한 물에 1시간 정도 담가 부드럽게 불리고,

2 새우 10마리는 머리를 떼고, 껍질을 벗겨 등의 내장을 제거하고, 바지락 1봉지는 바락바락 씻어서 물기를 빼고, 마른 고추 1/2개는 잘게 자르고, 대파 2를 준비하고,

3 멸치다시마 육수 1/2컵, 굴소스 1, 두반장 1, 간장 0.5, 맛술 2, 설탕 0.5, 후춧가루 약간을 한데 섞어 양념 국물을 만들고,

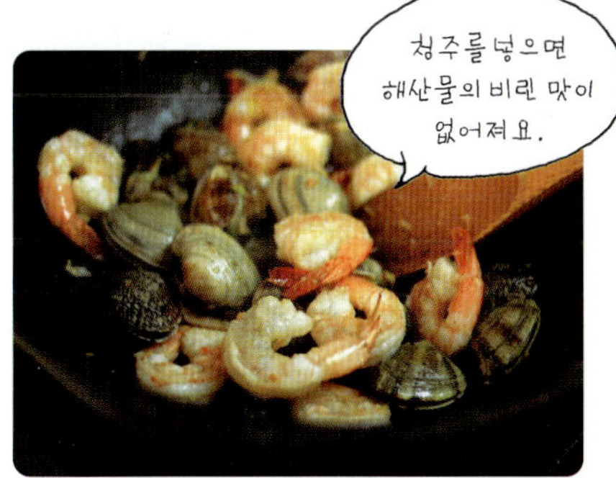

4 중간 불로 달군 팬에 식용유를 넉넉히 두르고, 다진 마늘과 잘게 썬 대파, 마른 고추를 넣고 향이 배도록 달달 볶다가, 불의 세기를 세게 올려 바지락과 새우, 청주 2를 넣어 볶다가,

5 바지락이 입을 벌리면 불린 당면과 식용유를 약간만 넣고 볶다가, 당면이 투명하게 볶아지면 양념 국물을 부어 재빨리 뒤적이며 볶아,

6 마지막으로 참기름 1과 통깨 0.5를 뿌리면 끝.

오늘도 비비고, 내일도 비비고

비빔냉면

한낮에는 무더위에 시달리다가 밤이 되어도 열대야로 괴로운 한여름.
입맛이 있는 게 이상한 일이지요. 한여름 입맛 없을 때 비빔냉면만한 음식도 없어요.
매콤한 비빔냉면 한 그릇이면 입맛이 신기하게 돌아와요.

1시간　　2인분

Ingredients

주재료　냉면 2인분, 달걀 1개, 무 절임·오이 절임 약간씩, 시판 냉면 육수 1/4컵, 통깨 약간　　**양념장 재료**　배(또는 사과) 1/2개, 양파 1/2개, 파인애플(통조림) 2조각, 마늘 10쪽, 대파(흰 부분) 1대, 청양고추 5개, 파인애플 국물(통조림) 1/2컵, 통깨 1/2컵, 사이다 1/4컵, 고춧가루 10, 고추장 5, 흑설탕 5, 참기름 12, 물엿 10, 식초 1/2컵, 굵은소금 3, 청주 2, 간장 4

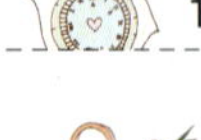

1 배 1/2개, 양파 1/2개, 파인애플 2조각, 마늘 10쪽, 대파 1대, 청양고추 5개, 파인애플 국물 1/2컵, 통깨 1/2컵을 믹서에 갈아 양념장 재료를 모두 넣어 섞고,

2 달걀 1개는 삶고, 무 절임과 오이 절임도 준비하고,

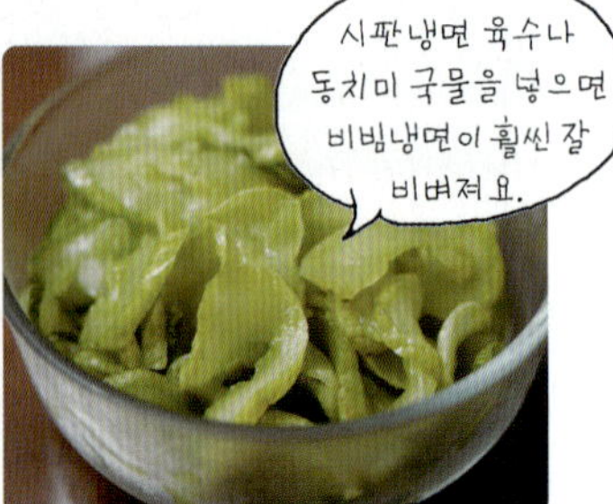

3 끓는 물에 냉면 2인분을 삶아 찬물에 헹궈 체에 밭쳐 물기를 빼고,

4 물기를 뺀 면을 그릇에 담고 시판 냉면 육수나 동치미 국물을 1/4컵 정도 붓고, 무 절임과 오이 절임, 삶은 달걀을 얹고 통깨를 뿌리면 끝.

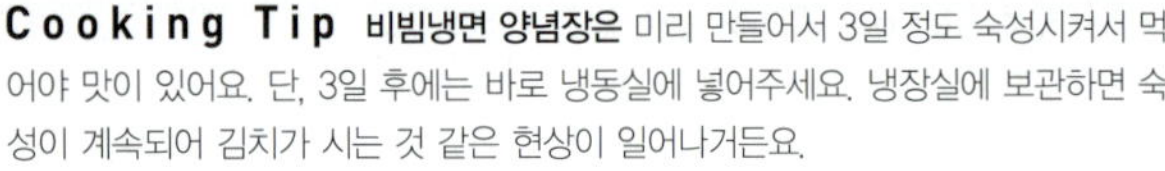
Cooking Tip　비빔냉면 **양념장은** 미리 만들어서 3일 정도 숙성시켜서 먹어야 맛이 있어요. 단, 3일 후에는 바로 냉동실에 넣어주세요. 냉장실에 보관하면 숙성이 계속되어 김치가 시는 것 같은 현상이 일어나거든요.

팥 칼국수

식구들이 팥을 좋아해서 팥 칼국수 먹자고 하면 너무 좋아해요. 그릇에 담긴 칼국수를
한 젓가락 끌어 올리면 촉촉한 팥앙금이 묻은 칼국수가 스르르 모습을 드러내요. 제 맘대로 레시피인
팥 칼국수 끓이는 노하우를 알려드릴 테니 색다른 맛의 팥 칼국수를 만들어보세요.

 1시간 10분    2~3인분

 **Ingredients**

주재료 팥 1컵, 물 7컵+2컵+4컵, 칼국수 면 2인분, 소금 0.5, 물엿 2

1 팥 1컵은 물에 깨끗하게 씻어 냄비에 넣어 물을 붓고 5분 정도 스르르 삶아 물을 따라 버리고 삶은 팥은 체에 밭쳐두고,

2 물 7컵에 삶은 팥을 넣어 숟가락으로 눌렀을 때 잘 으깨지도록 1시간 정도 푹 삶아, 물 2컵과 함께 믹서에 넣어 갈아 체에 밭쳐 팥물을 걸러내고,

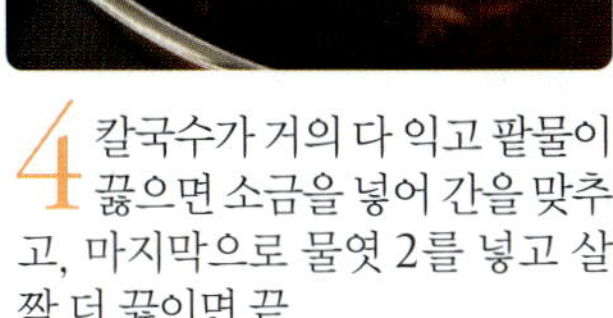

3 냄비에 물 4컵을 넣고 끓여 바글바글 끓으면 칼국수 면 2인분을 넣어 삶아 80% 이상 익었을 때 ②의 팥물을 붓고 칼국수가 서로 엉기지 않게 풀면서 끓이다가,

4 칼국수가 거의 다 익고 팥물이 끓으면 소금을 넣어 간을 맞추고, 마지막으로 물엿 2를 넣고 살짝 더 끓이면 끝.

Cooking Tip 팥을 삶을 때 처음 삶은 물을 따라 버리는 이유는 팥의 떫은맛을 없애기 위해서예요.

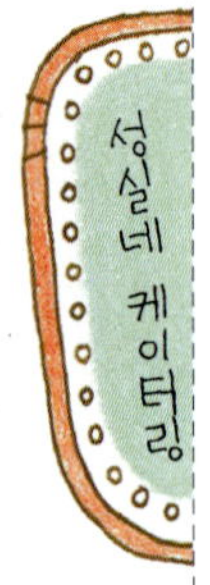

우동 맛에 감동 백만 배

쇠고기 볶음우동

담백한 면 요리가 먹고 싶으면 우동을 볶아 먹는데요, 해산물이 풍성한 가을, 겨울에는 해산물을 듬뿍 넣은 해산물 우동을,
봄, 여름에는 쇠고기나 베이컨, 버섯 등을 넣어 볶아요. 쇠고기 볶음우동은 일 년 내내 먹어도 맛있는 요리예요.
야들야들한 쇠고기에 쫄깃한 우동 면의 조화가 젓가락을 놓지 못하게 하거든요.

❓ 우동을 볶다 보면 타이밍을 잘못 맞춰서 그런지 우동 면이 불어 맛이 없더라고요.

❗ 우동 면은 삶아서 재빨리 찬물에 헹궈야 해요. 찬물에 헹구면 면발이 탱글탱글해지거든요. 체에 밭쳐 물기를 쏙 빼야 쫄깃한 우동면을 먹을 수 있어요. 숙주나물은 다른 채소들과 달리 마지막 단계에 넣어야 아삭한 맛을 살릴 수 있어요. 미리 숙주나물을 넣어 볶으면 비린 맛이 나고 질겨지거든요.

Ingredients

주재료　쇠고기 100g, 우동 면 1봉지, 양파 1/2개, 당근 1/6개, 초록 피망 1/2개, 빨강 피망 1/2개, 마늘 1쪽, 대파 1/3대, 숙주나물 1줌, 식용유 적당량

고기 양념 재료　설탕 0.3, 간장 1, 청주 1, 생강가루·후춧가루 약간씩, 참기름 0.5

양념 재료　다진 마늘 0.5, 굴소스 1, 간장 2, 맛술 1, 설탕 1, 참기름 0.5, 통깨 0.5, 후춧가루 약간

1 쇠고기 100g은 연한 살코기로 준비해 먹기 좋은 크기로 썰어 다진 마늘 0.3, 설탕 0.3, 간장 1, 청주 1, 생강가루와 후춧가루 약간씩, 참기름 0.5를 넣어 조물조물 양념하고,

2 우동 면 1봉지는 끓는 물에 면이 살랑살랑 풀어지도록 삶아 찬물에 헹궈 체에 밭쳐 물기를 빼고,

3 양파 1/2개, 당근 1/6개, 초록 피망 1/2개, 빨강 피망 1/2개는 쇠고기 크기로 썰고, 마늘 1쪽은 편으로 썰고, 대파 1/3대는 어슷하게 썰고, 숙주나물 1줌은 씻어서 물기를 빼고,

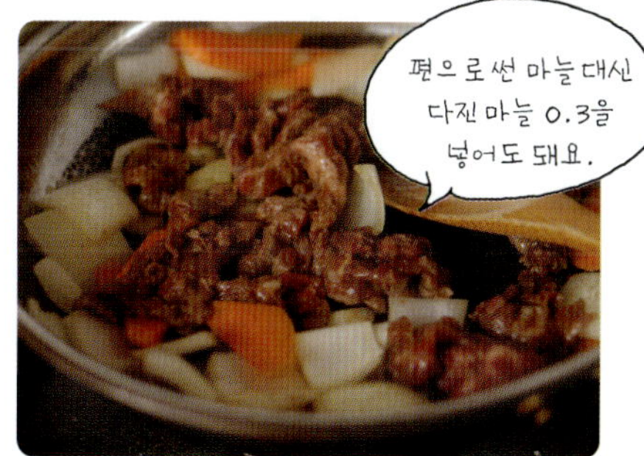

4 달군 팬에 식용유를 두르고 편으로 썬 마늘을 넣고 타지 않게 볶다가 당근과 쇠고기를 넣고 익히다가, 양파와 당근, 피망을 넣어서 볶고,

5 삶아놓은 우동 면을 넣고 간장 2, 맛술 1, 설탕 1을 넣어 볶고,

6 마지막으로 숙주나물을 넣고 참기름 0.5, 통깨 0.5, 후춧가루를 솔솔 뿌려 숙주나물의 숨이 살짝 죽도록 재빨리 볶으면 끝.

닭 칼국수

진하고 구수한 닭 육수로 끓이는 닭 칼국수, 좋아하세요?
저는 개운하고 깔끔한 맛의 멸치 육수에 바지락을 넣은 칼국수를 더 좋아하는데요.
닭 한 마리 사와서 칼국수도 끓이고 죽도 끓이고 발라낸 살로 샐러드도 만들어보려고요.

45분 4인분

Ingredients

주재료 닭 1마리(약 1kg), 마늘 20쪽, 생강(엄지만한 것) 1톨, 칼국수 면 2인분, 멸치액젓(또는 참치진국) 1, 소금·후춧가루 약간씩

고명 재료 닭 살코기·송송 썬 대파·김가루 적당량씩

Cooking Tip

닭을 삶을 때 육수를 얼마만큼 낼지 양을 정한 후 잡으세요. 저는 오래 푹 끓이려고 물을 넉넉히 넣는 편이에요. 나중에 물이 졸아들어서 찬물을 더 붓다 보면 맛이 없어지거든요. 혹 육수 양이 부족해서 물을 더 넣어야 할 때는 뜨거운 물을 부어야 해요.

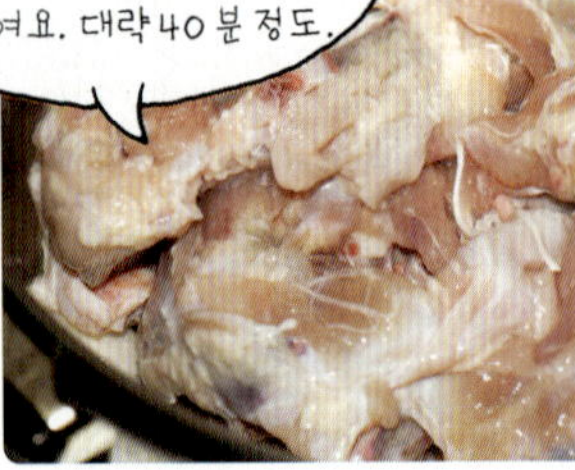

1 닭 1마리는 살을 발라내 따로 두고, 압력솥에 발라낸 뼈와 마늘 20쪽, 생강 1톨을 넣고 물을 넉넉히 부어 끓이고,

2 압력솥에 김이 완전히 빠지면 뚜껑을 열어 베보자기나 체에 밭쳐 육수를 받아내고, 살은 따로 발라 소금과 후춧가루, 다진 마늘 등을 넣어 양념하고,

3 냄비에 6~8컵의 육수를 부어 끓이고, 칼국수 면 2인분은 날가루를 탈탈 털어 팔팔 끓는 육수에 넣어 젓가락으로 살살 풀어가며 삶고,

4 멸치액젓 1을 넣어 끓이다가 칼국수 면이 익으면 소금과 후춧가루로 간하여 그릇에 담고 발라낸 살코기를 올린 후 송송 썬 대파와 김가루를 뿌리면 끝.

해물 칼국수

별미가 당기는 날에는 뜨끈하고 시원한 국물 한 번 먹고, 쫄깃한 국수 건져 먹는
해물 칼국수를 밥상에 올려요. 마른 새우와 황태채를 넣어 국물 맛이 훨씬 개운하고 깔끔해요.
김을 바삭하게 구워 부숴서 듬뿍 올려 먹으면 더 맛있어요. 굴을 넣은 겉절이를 곁들여도 좋고요.

 30분　 4인분

Ingredients

주재료　칼국수 면 2인분(약 300g), 바지락 1줌, 오징어 1/2마리, 황태
채 1줌, 호박 1/5개, 당근 1/6개, 양파 1/2개, 실파(또는 대파) 1줌

국물 재료　물 7~8컵, 국물용 멸치 12마리, 마른 새우 1줌

양념 재료　국간장 1, 소금·후춧가루 약간씩

1 냄비에 물 7~8컵을 붓고 국물
용 멸치 12마리, 마른 새우 1줌
을 넣어 푹 끓여 육수를 내어 멸치
만 건져내고,

2 바지락 1줌은 연한 소금물에
담가 해감하고, 오징어 1/2마
리는 씻어 먹기 좋게 자르고, 호박
1/5개, 당근 1/6개, 양파 1/2개는
채썰고, 실파 1줌은 자르고,

3 냄비에 육수를 붓고 북어채 1
줌을 넣어 끓이다가 북어 맛
이 우러나면 호박, 당근, 양파를 넣
어 끓여 채소가 어느 정도 익으면,

4 칼국수 면 2인분의 밀가루를
툴툴 털어 냄비에 넣어 끓이
다가, 바지락을 넣어 입을 벌리면
국간장 1을 넣고 실파 1줌을 넣어
한소끔 끓여 소금과 후춧가루로
간하면 끝.

Cooking Tip **칼국수를 삶을 때** 칼국수 면을 끓는 물에 따로 삶기도 하
는데요. 밀가루로 국물이 탁해지지 않도록 하기 위해서예요. 걸쭉한 맛을 즐기시는
분이라면 따로 삶지 않아도 되지만 탁한 국물이 싫다면 밀가루를 탈탈 털어내고 육
수가 팔팔 끓을 때 끓여야 면이 쫄깃해요.

달랑 햄 하나로

햄 크림소스 스파게티

비상식으로 집에 구비해두는 갖가지 햄. 구워도 먹고 채소와 함께 볶아 먹기도 하고,
김치찌개나 부대찌개를 끓일 때 넣기도 하지요. 스파게티에 햄을 넣기도 해요.
요즘에는 햄도 다양해졌더라고요. 스파게티에는 마늘을 넣은 마늘 햄을 넣어보았어요.

 35분  2인분

Ingredients

주재료 스파게티 면 80g, 소금·올리브오일 약간씩, 마늘 햄 1/2개(약 100g), 양파(중간 것) 1/2개, 청양고추 1/2개, 식용유 적당량, 다진 마늘 0.5

소스 재료 우유 1컵, 생크림 1컵, 파르메산 치즈가루 2, 소금·후춧가루 약간씩

곁들이 재료 날치알 적당량

Cooking Tip

스파게티는 절대 찬물에 헹구면 안 돼요. 체에 밭쳐 물기를 빼면서 식히고 불지 않게 올리브오일만 발라요.

1 스파게티 면 80g은 끓는 물에 소금을 넣고 8~10분간 삶아 체에 밭쳐 물기를 빼고 올리브오일을 약간 둘러서 살짝 버무리고,

2 마늘 햄 1/2개와 양파 1/2개는 채썰고, 청양고추 1/2개는 송송 썰고,

3 달군 팬에 식용유를 살짝 두르고 다진 마늘 0.5를 넣어 타지 않게 볶다가 채썬 양파와 청양고추, 햄을 넣어 달달 볶고 양파와 햄이 익으면 우유 1컵, 생크림 1컵을 붓고 바글바글 끓으면,

4 스파게티 면을 넣고 파르메산 치즈가루 2를 넣은 후 소금과 후춧가루로 간하면 끝.

비엔나 소시지 스파게티

아이들이 집에 있으면 간식으로 이런저런 음식을 만들어 주려고 노력하는데요,
스파게티도 쌍둥이들이 좋아하는 간식이에요. 새우도 넣고 오징어도 넣어 만들어 주는데,
장을 못 봤을 때는 냉장고에 있는 소시지를 꺼내 만들기도 해요.

  35분 2인분

Ingredients

주재료 스파게티 면 100g, 굵은소금 1, 올리브오일 적당량, 다진 마늘 0.5, 비엔나 소시지 12개, 양파(큰 것) 1/4개, 피망 1/4개

소스 재료 시판 토마토 소스 2컵, 토마토케첩 2, 스파게티 면 삶은 물 1/2컵, 설탕 1, 파르메산 치즈가루 2, 소금·후춧가루 약간씩

Cooking Tip

토마토소스는 시판되는 스파게티 소스를 사용하면 돼요. 설탕 1을 넣는 이유는 시판 스파게티 소스의 신맛을 완화시켜주기 때문이에요. 시판 스파게티 소스의 맛에 따라 설탕의 양은 가감하세요.

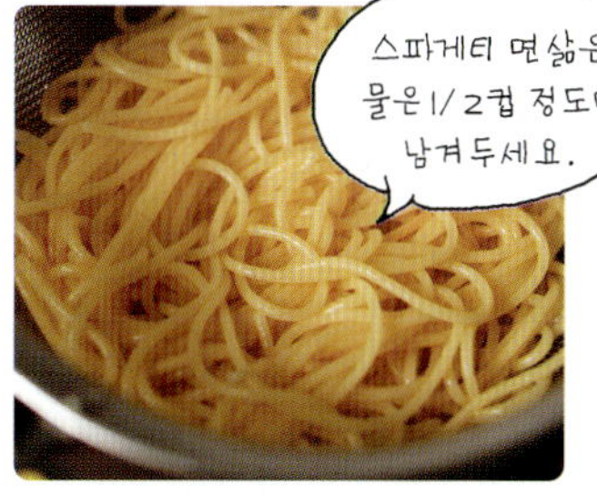

1 물에 굵은소금 1을 넣고 끓여 팔팔 끓으면 스파게티 면 100g을 펼쳐 넣고 8~10분간 삶아 체에 밭쳐 물기를 빼고 올리브오일을 살짝 바르고,

2 비엔나 소시지 12개는 끓는 물에 굵은소금을 살짝 넣고 데쳐 칼집을 내고, 양파 1/4개와 피망 1/4개는 적당한 크기로 자르고,

3 달군 팬에 올리브오일을 두르고 다진 마늘 0.5와 양파, 피망을 넣고 타지 않게 볶다가 비엔나 소시지를 넣어 볶고,

4 팬에 시판 토마토 소스 2컵, 토마토케첩 2, 스파게티 면 삶은 물 1/2컵, 설탕 1을 넣고 끓여 삶은 스파게티 면을 넣고 파르메산 치즈가루 2를 넣어 골고루 섞어 소금과 후춧가루로 간하면 끝.

성실네 케이터링

만들어보면 의외로 간단한

버섯 크림소스 라자냐

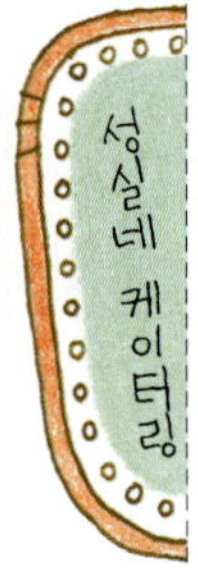

한식 요리만 주로 만들다가 이탈리아 요리를 만들 때 겁부터 먹었는데요, 차근차근 따라 하다 보면 자신감이 생겨요.
사실 팬 하나로 끝내는 쉬운 요리가 아니라서 한 번 만들어 먹는 것이 번거롭게 생각될지도 몰라요.
하지만 따라 하다 보면 생각만큼 어렵지 않아요.

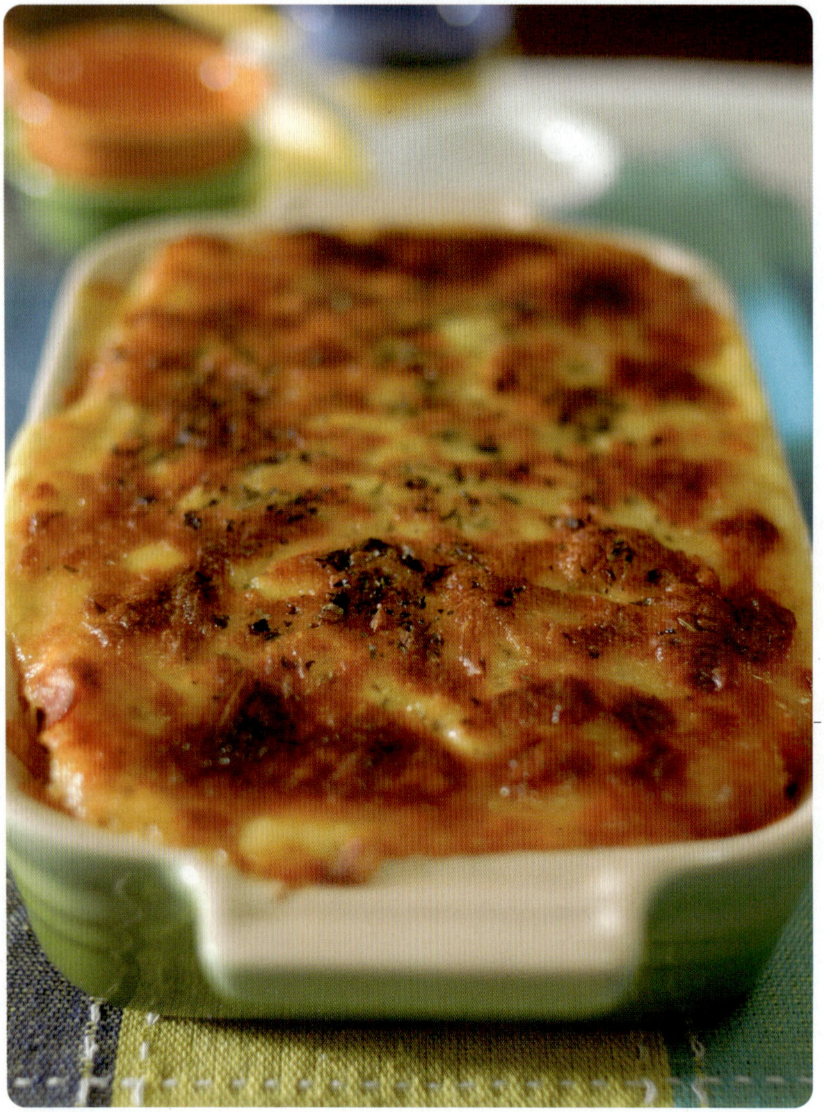

Ripple

? 베사멜 소스를 타지 않게 만드는 게 너무 어려워요.

! 불을 잘 다루는 사람이 요리를 잘한다고 하지요. 베사멜 소스도 불을 잘 다뤄야 해요. 우선 아주 약한 불에 타지 않게 볶는 게 관건이에요. 충분히 볶아야 날 밀가루 냄새가 나지 않거든요. 대충 볶으면 안 돼요. 또 우유 대신 우유 1/2컵, 생크림 1/2컵을 넣으면 더 진한 맛이 나요. 우유는 찬 우유를 넣는 것보다 전자레인지에 살짝 돌려 미지근하게 데워서 넣으면 소스가 잘 풀어지고 멍울도 생기지 않아요.

 55분  4인분

Ingredients

주재료 라자냐 4장, 굵은소금 1, 베이컨 2장, 파르메산 치즈가루·피자 치즈 적당량씩, 파슬리가루 약간

버섯 볶음 재료 양송이버섯 7개, 표고버섯 3개, 양파 1/2개, 올리브오일 적당량, 소금·후춧가루 약간씩

베사멜 소스 재료 버터 1, 밀가루 1, 우유 1컵, 소금·후춧가루 약간씩

토마토 소스 재료 시판 스파게티 소스 4

1 양송이버섯 7개, 표고버섯 3개는 먹기 좋은 크기로 썰고, 양파 1/2개는 채썰어 달군 팬에 올리브오일을 살짝 두르고 양파와 버섯을 넣어 달달 볶다가 소금과 후춧가루로 간하고,

2 다른 팬에 버터 1, 밀가루 1을 넣어 약한 불로 타지 않게 볶다가 우유 1컵을 조금씩 부어가며 계속 저어가며 끓여 적당히 엉기는 농도가 되면 소금과 후춧가루로 간하여 베사멜 소스를 만들어 버섯과 양파를 섞어두고,

3 냄비에 넉넉한 양의 물을 붓고 굵은소금 1을 넣고 팔팔 끓으면 라자냐 4장을 하나씩 넣어 10~12분 정도 삶아 체에 밭쳐 물기를 빼고,

4 오븐 용기에 베사멜 소스의 크림 부분을 바르고 라자냐를 1장 깔고 베사멜 소스를 듬뿍 올린 후 파르메산 치즈가루를 솔솔 뿌리고, 다시 라자냐를 1장 깔고 토마토 소스를 골고루 펴 바르고, 파르메산 치즈가루를 솔솔 뿌리고,

5 베이컨 2장을 가늘게 채썰어 절반만 라자냐 위에 올리고 파르메산 치즈가루를 솔솔 뿌린 후 남아 있는 베사멜 소스를 모두 뿌리고 파르메산 치즈가루를 솔솔 뿌린 다음 나머지 베이컨을 모두 올리고,

6 피자 치즈를 듬뿍 올린 후 파슬리가루를 솔솔 뿌려 180℃로 예열한 오븐에 넣어 10~15분간 구우면 끝.

깻잎 페스토

허브 요리가 점점 대중화되고 있지요. 우리의 대표 허브라면 깻잎을 꼽고 싶어요.
외국 요리사들이 자국으로 가져가고 싶은 한국 식재료 1위가 깻잎이라는 이야기도 있으니까요.
독특한 향으로 식욕을 자극하는 깻잎을 이탈리아 요리의 주인공으로 등극시켰어요.

45분 2~3인분

Ingredients

주재료 푸실리 2인분, 굵은소금 2

깻잎 페스토 재료 깻잎 10장, 잣 2, 마늘 2~3쪽, 올리브오일 7, 소금 적당량, 파르메산 치즈가루 3, 통후추 간 것 약간

1 깻잎 10장은 씻어 물기를 빼고, 잣 2는 팬에 볶거나 전자레인지에 돌려 수분을 날리고, 마늘 2~3쪽도 준비하고,

2 깻잎 10장과 마늘 2~3쪽, 소금 약간을 블렌더에 갈아 올리브오일을 조금씩 넣어가며 농도를 맞추고, 파르메산 치즈가루 3을 섞어 올리브오일 1을 넣고,

3 냄비에 넉넉한 양의 물을 붓고 푸실리 2인분을 삶아 체에 받쳐 식히고,

4 푸실리에 깻잎 페스토를 적당히 넣어 버무려 그릇에 담으면 끝.

Cooking Tip **깻잎 페스토는** 넉넉하게 만들어서 냉장 보관하면 4~5일 정도 먹을 수 있어요. 페스토 위에 올리브오일을 한 숟가락 뿌리면 깻잎 페스토의 색이 갈변되는 것을 막아줘요. 푸실리에 뿌려 먹기도 하고 마늘빵 위에 올려 먹거나 토르티야나 얇은 도우의 피자에 발라 구워 먹기도 해요.

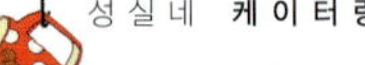
성 실 네 **케 이 터 링**

연어 무쌈말이

맛있는 무가 배보다 낫다는 말이 있지요. 김장을 앞두고 쏟아지는 김장무가 얼마나
맛있는지 몰라요. 무는 소화도 잘되고 여러 요리에 두루두루 쓰이니 냉장고에 떨어지지 않게
장만해두는데요. 무가 좀 많다 싶으면 단촛물에 살짝 절여둬요. 절인 무로 채썬 채소나
연어를 올려 돌돌 말아 싸 먹는데, 간식으로 인기가 좋아요.

 30분　 4인분

 **Ingredients**

주재료　달걀 2개, 당근 1/4개, 양파 1/2개, 게맛살 3줄, 시판 쌈무 1팩,
훈제연어 슬라이스 10장, 무순 1줌

땅콩깨 소스 재료　땅콩버터(또는 땅콩) 1, 통깨 1, 식초 1, 레몬즙 1, 설
탕 1, 꿀 1, 간장 1, 연겨자 0.3, 우유 2

1 달걀 2개는 소금을 살짝 넣고
지단을 부쳐 한 김 식으면 채썰
고, 당근 1/4개, 양파 1/2개, 게맛
살 3줄도 채썰고, 무순 1줌은 물에
씻어 물기를 빼고,

2 시판 쌈무 1팩은 물기를 꼭 짜
고, 훈제연어 슬라이스 10장
은 쌈무 안에 넣을 수 있도록 적당
한 크기로 자르고,

3 쌈무에 훈제연어를 올리고 달
걀지단, 당면, 양파, 게맛살,
무순을 올리고 고깔 모양으로 말
아 그릇에 담고,

4 땅콩버터 1, 통깨 1, 식초 1,
레몬즙 1, 설탕 1, 꿀 1, 간장
1, 연겨자 0.3, 우유 2를 한데 섞어
소스를 만들어 곁들이면 끝.

C o o k i n g　T i p　쌈무는 집에서도 만들 수 있어요. 4cm짜리 무에 식초 3, 설
탕 2, 굵은소금 0.3의 비율로 섞어 단촛물을 만들어 무를 절이면 되는데요, 시판 쌈무
는 기계로 썰어 아주 얇아서 더 맛있어요.

들깨수제비

들깨는 가루를 내어 국이나 찌개, 나물 양념 정도로만 사용했는데요, 언젠가 식당에서 맛본
들깨수제비 맛에 반해 집에서 해먹어보자 벼르다가 얼마 전에 만들게 됐어요. 수제비 반죽은
집에서 손으로 치대어 만든 것이 차지고 쫄깃하니 맛있어요. 내일 또 만들어 먹어야겠어요.

Cooking Tip 수제비나 **칼국수** 반죽을 할 때 소금을 적당히 넣은 다음 식
용유를 넣어 반죽하면 훨씬 쫄깃하고 부드러워요.

 1시간 20분  2~3인분

 **Ingredients**

주재료 수제비 반죽 2인분, 애호박 1/4개 　**수제비 반죽 재료** 녹차
밀가루 2컵, 소금 약간, 물 3/4~1컵, 식용유 0.3 　**국물 재료** 물 6컵,
국물용 멸치 20마리, 다시마(10×10cm) 1장 　**들깨즙 재료** 볶은 들깨
1컵, 물 2컵 　**양념 재료** 국간장 1, 소금 적당량

1 녹차 밀가루 2컵에 소금을 약
간 넣고 물 3/4~1컵을 넣고 반
죽하다 식용유 0.3을 넣어 반죽하
여 비닐팩에 넣어 밀봉해서 냉장고
에서 1시간 정도 휴지시키고,

2 냄비에 물 6컵을 붓고 국물용
멸치 20마리와 다시마 1장을
넣어 팔팔 끓여 육수를 내고,

3 믹서에 볶은 들깨 1컵과 물 1
컵을 붓고 갈아 다른 그릇에
담고, 믹서에 다시 물 1컵을 부어
갈아 들깨즙과 섞고,

4 애호박 1/4개는 은행잎 모양
으로 썰고, 냄비에 육수를 붓
고 들깨즙을 섞고 끓여 팔팔 끓으
면 수제비 반죽을 떼어 넣고 애호
박을 넣어 다 익으면 국간장 1을
넣고 소금 간하면 끝.

조랭이떡국

국 대신 국처럼 끓여 먹는 조랭이떡국. 조랭이떡을 건져 먹다가 나중에는
남은 국물에 밥까지 말아 먹어요. 시원하고 깊은 맛이 나는 쇠고기 육수를 넣어
간단하게 떡국 끓이는 법을 알려드릴게요.

 25분  2인분

 **Ingredients**

쇠고기 육수 재료 쇠고기(국거리용) 400g, 대파(흰 부분) 1대, 통후추
0.5, 물 15컵 **고기 양념 재료** 참기름·국간장·후춧가루·다진 마늘 적
당량씩 **떡국 재료** 조랭이떡 2컵(약 250g), 육수 5컵 **양념 재료**
국간장 1, 다진 마늘 0.5, 소금·후춧가루 약간씩 **고명 재료** 달걀 1개,
양념한 고기·송송 썬 대파 약간씩

1 물 15컵과 쇠고기 400g, 대파
1대, 통후추 0.5를 팔팔 끓여
육수는 받아내고, 쇠고기는 찢어
참기름, 국간장, 후춧가루, 다진 마
늘을 적당히 넣어 양념하고,

2 달걀 1개는 흰자와 노른자로
나누어 소금 간하여 황백지단
을 부쳐 식으면 가늘게 채썰고,

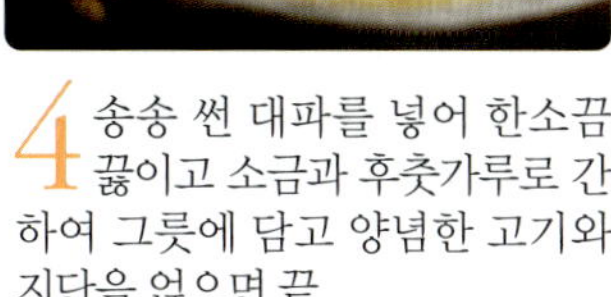

3 조랭이떡 2컵은 물에 헹궈 팔
팔 끓는 육수에 끓여 조랭이떡
이 둥둥 떠오르면 국간장 1, 다진
마늘 0.5를 넣어 끓이고,

4 송송 썬 대파를 넣어 한소끔
끓이고 소금과 후춧가루로 간
하여 그릇에 담고 양념한 고기와
지단을 얹으면 끝.

Cooking Tip **멸치다시마 육수로** 끓이면 시원한 맛이 나요. 냄비에 물 7
컵을 붓고 국물용 멸치 30g과 국물용 새우 5g, 다시마 1장을 넣고 팔팔 끓이면 돼요.

쌈장에 두부만 넣었을 뿐인데

두부쌈장

예전에 같은 동네에 살던 언니가 어느 집에서 먹었던 두부쌈장이 맛있었다며 저더러
만들어보라던 요리였어요. 쌈장에 두부만 들어가면 되는 간단한 요리인데, 대신 아주 맛있는
두부여야 한다는 것이지요. 맛난 두부쌈장에는 상추 쌈밥이 최고예요.

 25분    3~4인분

Ingredients

주재료　혼합 잡곡밥 2공기, 상추 20장　**밥 양념 재료**　참기름 0.5,
통깨 0.5, 소금 약간　**쌈장 재료**　두부 1/3모(약 130g), 양파(중간 것)
1/2개, 청양고추 1개, 홍고추 1/2개, 된장 3, 고춧가루 1, 물엿 0.5, 다진
파 2, 다진 마늘 0.5, 참기름 0.5, 통깨 0.5, 멸치 육수 1컵

1 두부 1/3모는 칼로 듬성듬성
짓이기듯 으깨고, 양파 1/2개
는 잘게 다지고, 청양고추 1개, 홍
고추 1/2개는 송송 썰고,

2 냄비에 멸치 육수 1컵과 다진
양파, 고추를 넣고 된장 3, 고
춧가루 1을 넣고 바글바글 끓이다
가,

3 으깬 두부와 다진 파 2, 다진
마늘 0.5를 넣어 자글자글 끓
이다가,

4 두부에 쌈장 맛이 충분히 배면
물엿 0.5, 참기름 0.5, 통깨
0.5를 뿌리면 끝.

Cooking Tip **시판 된장은** 집된장보다 짠맛이 덜하니 맛을 보아 양을 늘
려 넣으세요.

단호박 치즈 떡볶이

냉장고에 있는 재료를 모아서 만든 간식이 단호박 치즈 떡볶이랍니다. 요즘 단호박이 인기라죠. 단호박으로 찌개도 끓이고 해물밥도 만들고 단호박이 얼굴을 내미는 요리가 점점 늘어나는 것 같아요. 그냥 삶아 먹어도 맛있는 단호박을 떡볶이에 넣어봤어요.

 30분　 3~4인분

 **Ingredients**

주재료　단호박(큰 것) 1/2통, 조랭이떡 2컵, 새우살(중하) 20마리, 양파 1/2개, 당근 약간, 식용유 적당량, 어슷 썬 대파 1, 피자 치즈 1컵

양념 재료　고추장 2, 고춧가루 0.5, 간장 1, 맛술 1, 설탕 1, 다진 마늘 1, 생강가루·후춧가루 약간씩, 참기름 0.5, 깨소금 0.5

1 단호박 1/2통은 씨를 제거하고 내열그릇에 담아 랩으로 싸서 전자레인지에 8분간 돌려 익히고,

2 조랭이떡 2컵은 끓는 물에 데치고, 양파 1/2개와 당근 약간은 적당한 크기로 자르고,

3 고추장 2, 고춧가루 0.5, 간장 1, 맛술 1, 설탕 1, 다진 마늘 1, 생강가루와 후춧가루 약간씩, 참기름 0.5, 깨소금 0.5를 한데 섞어 양념장을 만들고,

4 달군 팬에 식용유를 두르고 조랭이떡과 새우살, 양파, 당근을 넣고 볶다가 양념장을 넣어 볶고 대파 1을 넣고 단호박 속에 떡볶이를 넣고 피자 치즈 1컵을 올려 200℃ 오븐에 10~12분간 구우면 끝.

Cooking Tip **조랭이떡 대신** 떡볶이떡을 사용할 때는 조랭이떡만한 크기로 잘라 넣으세요. 오븐에서 갓 구운 단호박 치즈 떡볶이는 뜨거울 때 칼로 케이크 자르 듯 자르세요.

냉장고만 열면 뚝딱!
5 성실네 분식집

매일 똑같이 반복되는 '그 밥에 그 나물 만들기'가 지겨울 때가 있어요.
그럴 때에는 실험정신과 도전정신을 발휘하여 냉장고에 있는 식재료와
항상 대기 중인 기본 양념에 슈퍼마켓에서 산 몇 가지 식재료를 더해 갖
가지 간식을 만들며 부엌데기의 스트레스를 푼답니다. 쉰두 가지의 다양
한 간식 중 입맛대로 골라 만드는 재미에 빠져보세요.

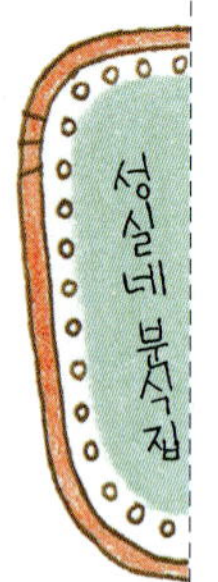

감자 치즈피자

오늘은 집에서 만들어 먹는 아주 간단한 피자를 소개할게요.
담백한 피자 맛이 그리울 때 딱 20분만 투자하세요. 만드는 데 10분, 굽는 데 10분.
치즈와 감자 맛이 그대로 녹아 있는 피자예요.

 20분 2인분

Ingredients

주재료 감자(중간 것) 1개, 굵은
소금 0.5, 토르티야(큰 것) 1장, 피
자 치즈 1컵+1/2컵, 파르메산 치즈
가루 1~2

부재료 로즈메리(또는 파슬리가루)
적당량

Cooking Tip

토르티야는 대형 마트나 온라인 푸드 쇼핑
몰 등에서 판매해요.

1 감자 1개는 흐르는 물에 씻어 껍질째 최대한 얇게, 동그란 모양으로 썰고,

2 끓는 물에 굵은소금 0.5를 넣고 얇게 자른 감자가 80% 정도 익을 때까지 삶아서 체에 밭쳐 물기를 쏙 빼고,

3 미리 해동시켜 말랑말랑해진 토르티야에 피자 치즈 1컵+1/2컵을 골고루 뿌리고, 그 위에 익힌 감자를 많이 겹치지 않도록 가지런히 얹고,

4 그 위에 다시 나머지 피자 치즈를 골고루 뿌리고, 파르메산 치즈가루 1~2를 뿌린 후 200℃로 예열한 오븐에 넣어 10분에서 12분 정도 구우면 끝.

고구마 그라탱

그라탱 좋아하세요? 번거롭게 생각되는 음식일지 모르지만 의외로 심플한 음식이에요.
구워 먹다 남은 고구마를 이용했는데요, 고구마 대신 감자나 삶은 달걀에
참치 통조림을 넣어도 맛이 좋아요.

 40분  2~3인분

 **Ingredients**

주재료　찐 고구마 3줌, 체다 슬라이스 치즈 1장, 피자 치즈 2컵

화이트 소스 재료　시판 수프 3, 우유 1컵

양념 재료　소금·후춧가루 약간씩

장식 재료　파슬리가루 약간

1 찐 고구마 3줌은 듬성듬성 썰어 오븐 용기에 평평하게 담고 체다 슬라이스 치즈 1장을 손으로 찢어 군데군데 담고 소금과 후춧가루로 간하고,

2 시판 수프 3에 우유 1컵을 붓고 멍울 없이 잘 풀어 끓여서,

3 끓인 수프를 고구마 사이사이에 골고루 부어 채우고,

4 피자 치즈 2컵을 듬뿍 올리고 파슬리가루를 뿌려 180℃로 예열한 오븐에 넣어 10~15분간 구우면 끝.

Cooking Tip 우유가 없으면 물을 넣어도 좋지만 맛있게 먹으려면 꼭 우유를 넣으세요.

성실네 분식집

단짝 친구와의 추억이 깃든 솔 푸드

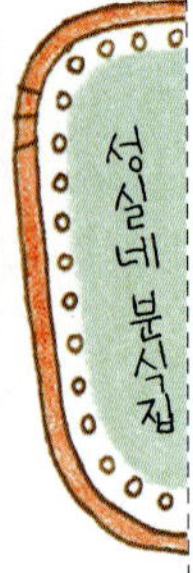

감자옹심이

감자로 만든 수제비. 고등학교 2학년 때 단짝 친구가 만들어준 요리예요. 사실 이 요리는 친정엄마가 한 번도 해준 적이 없는 음식이에요. 감자로 수제비를 만든다기에 처음에는 믿지 않았어요. 친구표 감자옹심이는 100퍼센트 감자로 만들었지만 제 레시피에는 녹말가루가 살짝 들어가요. 쫄깃한 감자옹심이와 함께 추억 속의 친구를 생각하면서요.

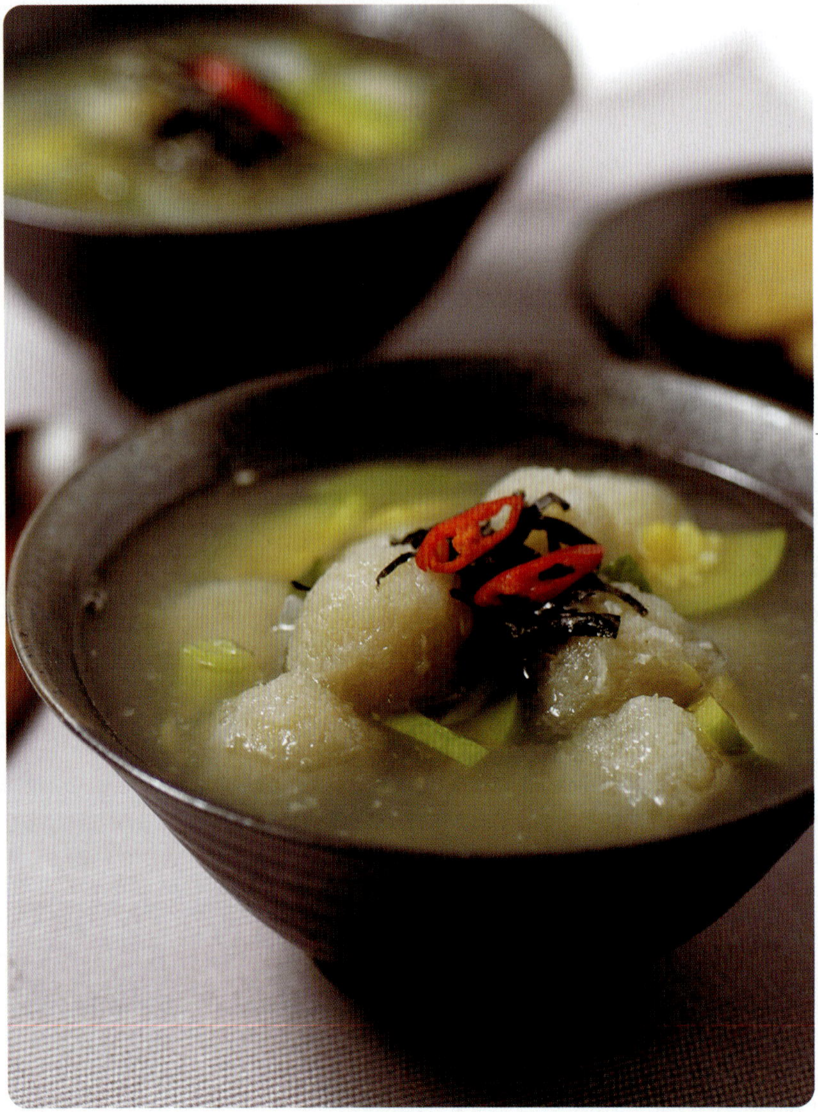

또 하나의 요리!

감자 샐러드(2~3인분)

주재료 감자(작은 것) 5개, 게맛살(크래미) 3줄 **감자 삶는 물 재료** 물 적당량, 설탕 2, 소금 0.3 **양념 재료** 다진 오이피클 0.5, 파르메산 치즈가루 1, 마요네즈 3, 머스터드 0.5, 후춧가루 약간

How to cook 감자는 껍질을 벗겨 먹기 좋은 크기로 자르고, 냄비에 감자가 잠길 만큼 물을 붓고 설탕 2, 소금 0.3과 감자를 넣어 간이 배도록 국물이 졸아들 때까지 바짝 삶다가 감자를 식혀 게맛살을 찢어 넣고 양념 재료를 넣어 살살 버무리면 끝.

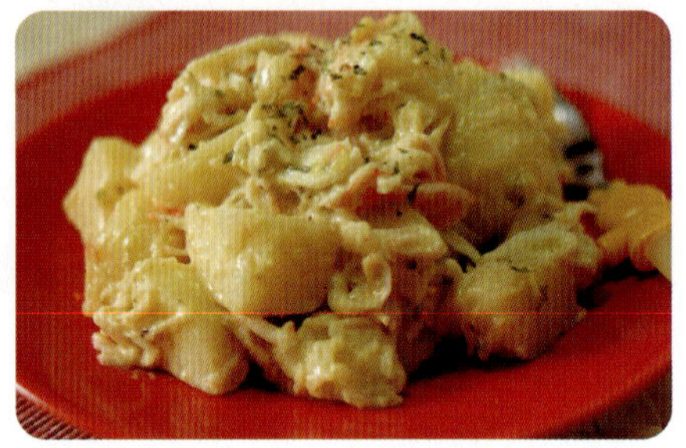

 55분  2인분

Ingredients

주재료 감자(큰 것) 2개, 녹말가루 1, 소금 약간

부재료 애호박 1/5개, 양파 1/4개, 대파 1/2대

국물 재료 물 6컵, 국물용 멸치 20마리

양념 재료 국간장 1, 멸치액젓 0.5, 다진 마늘 0.5, 소금·후춧가루 약간씩

곁들이 재료 홍고추·김가루 적당량씩

1 냄비에 물 6컵을 붓고, 국물용 멸치 20마리를 넣어 15분 정도 팔팔 끓이다가 체나 면보자기에 밭쳐 육수만 걸러내고,

2 감자 2개는 껍질을 벗겨 강판에 박박 갈아 체에 밭쳐 국물을 꼭 짜고, 국물을 20분간 두었다가 윗물은 따라내고 하얀 녹말만 남기고,

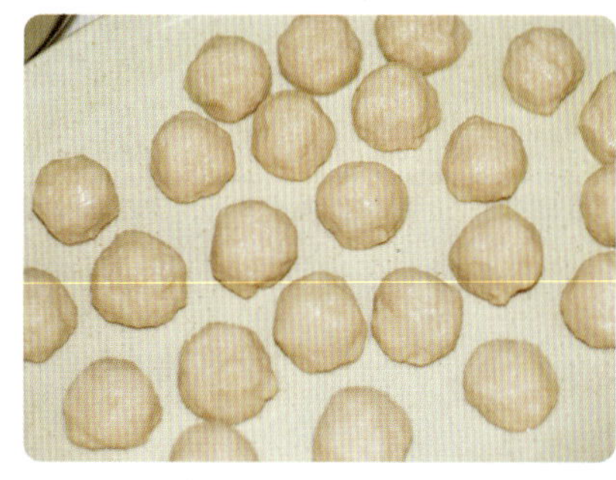

3 감자 녹말에 물기를 뺀 감자와 녹말가루 1을 섞어 동그랗게 한입 크기로 빚어,

4 애호박 1/5개, 양파 1/4개, 대파 1/2대를 먹기 좋게 자르고,

5 육수를 불에 올리고 바글바글 끓으면 옹심이를 하나씩 굴려가며 조심스레 넣어 국간장 1, 멸치액젓 0.5를 넣어 끓이고,

6 옹심이가 다 익어 위로 떠오르면 애호박, 양파, 대파를 넣어 끓이다가 다진 마늘 0.5를 넣고 소금과 후춧가루로 간을 하면 끝.

Ripple

❓ 오늘 이 음식을 만들어서 시아버지와 함께 먹었어요. 너무 좋아하세요. 처음 먹었는데 맛나더라고요.

❓ 여름에 강원도 갔다가 처음 먹어봤는데, 너무 맛있어서 또 먹고 싶었는데…. 한 번 해 먹어야겠어요.

❗ 감자는 대개 조리고, 볶아만 드셨죠? 감자옹심이는 손은 많이 가지만, 그만큼 맛도 좋답니다.

고구마 스틱

고구마는 금방 썩어버려 곤란할 때가 많지요? 주방에 고구마 풍년이 들면 간식을
만들어 먹어요. 채썬 고구마 스틱도 맛나지만 넙적넙적하게 썰어 튀겨 먹어도 맛있어요.
과자 안 사 먹이고 이런 간식 만들어주면 왠지 뿌듯한 마음이 들어요, 호호호.

40분   2인분

Ingredients

주재료   고구마(큰 것) 1개, 튀김기름 적당량

설탕물 재료   물 3컵, 설탕 1컵, 굵은소금 1

1 고구마 1개는 껍질째 너무 가
늘지도 두껍지도 않게 일정한
굵기로 채썰고,

2 채썬 고구마를 물에 여러 번
헹궈 녹말기를 빼서 물 3컵에
설탕 1컵, 굵은소금 1을 녹인 물에
30분간 담가,

3 고구마를 체에 밭쳐 물기를 뺀
후, 키친타월로 남은 물기를
톡톡 닦아내고,

4 끓는 튀김기름에 고구마를 넣
어 젓지 말고 기름이 촉촉이
배도록 튀겨 겉면에 노르스름한
색이 돌면 위아래를 뒤집어가며
바삭해질 때까지 튀기면 끝.

고구마 버터구이

보통 고구마는 김치랑 궁합이 잘 맞잖아요. 버터로 구운 고구마는 김치를 곁들이지 않아도
뻑뻑하지 않고 술술 넘어가요. 그윽한 아메리카노 커피와 더 잘 어울리지요.
'집에서 아메리카노가 웬 말?' 이라고 하신다면 그냥 커피와도 맛나게 먹을 수 있어요.

 40분  3~4인분

Ingredients

주재료　고구마(중간 것) 4개, 버터 2, 우유 4, 꿀(또는 물엿) 1, 파르메산
치즈가루 2, 달걀노른자 1개, 우유 0.5

장식 재료　검은깨·통깨 약간씩

1 고구마 4개는 껍질을 잘 씻어
반으로 잘라 찜기에 펼쳐 넣고
쪄서,

2 고구마가 식기 전에 찻숟가락
으로 속을 살살 파내 버터 2,
우유 4, 꿀 1, 파르메산 치즈가루 2
를 골고루 섞어 다시 고구마에 채
우고,

3 달걀노른자 1개, 우유 0.5를
잘 섞어 요리용 솔로 고구마의
표면에 골고루 펴 바르고 검은깨
와 통깨를 솔솔 뿌리고,

4 190℃로 예열한 오븐에 넣어
15분 정도 구우면 끝.

Cooking Tip　치즈가루가 없다면 크림치즈를 넣어도 되고, 꿀이나 물엿
대신 연유를 넣어도 고소하고 맛있어요.

당근 도넛

초간단 당근 도넛이에요. 당근이 듬뿍 들어갔는데도 당근을 넣었는지 눈치 채지 못할 정도로
맛있는 도넛이라 채소를 먹지 않으려는 아이들에게 간식으로 만들어 줘도 좋아요.

15분　　2~3인분

Ingredients

재료　당근(작은 것) 1개, 핫케이크가루 2컵, 튀김기름 적당량

1 당근 1개는 필러로 껍질을 벗겨 강판에 갈고,

2 볼에 간 당근과 핫케이크가루 2컵을 넣고 약간 되직한 상태로 반죽하고,

3 튀김 팬에 튀김기름을 찰랑거릴 정도로 부어 기름이 달아오르면 약한 불로 줄이고, 반죽을 숟가락 두 개로 동그랗게 모양을 만들어 튀김기름에 넣고,

4 노릇노릇하게 한 면이 튀겨지면 나머지 면을 튀겨 키친타월에 올려 기름기를 빼면 끝.

또 하나의 요리!

고구마 도넛 (2~3인분)

재료　찐 호박고구마 150g, 핫케이크가루 150g, 튀김기름 적당량, 설탕 1, 계핏가루 0.2

How to cook　찐 고구마는 포크로 잘게 으깨 핫케이크가루를 조금씩 넣어가며 질지 않게 반죽하여 한입 크기로 동그랗게 빚어요. 중간 불로 달군 튀김기름에 하나씩 조심스레 가장자리부터 굴리듯 넣어 튀겨 계핏가루를 섞은 설탕에 굴리면 끝.

광어 카르파치오

시아버님 생신상에 올려서 칭찬받은 메뉴예요. 초고추장이나 고추냉이를 푼
간장을 곁들여 먹곤 했던 광어회 맛의 재발견이라고 할까요. 입맛 까다로우신 시아버님이
인정한 맛이랍니다. 이름만 거창한 거니까 너무 겁 먹지 마세요.

 10분  5~6인분

Ingredients

주재료 광어(횟감용) 1팩

부재료 방울토마토·미니 파프리
카·베이비 채소 적당량씩

소스 재료 다진 양파 2, 다진 오이
피클 1, 올리브오일 1, 사과식초 1,
설탕 0.7, 소금 0.3, 후춧가루 약간

장식 재료 조린 발사믹 식초 약간

Cooking Tip

아이들이 병원에서 받아온 물약병은 물약
을 다 먹이고 나면 소스나 드레싱 용기로
활용해요. 의외로 요긴하게 쓰인답니다.

1 250ml짜리 발사믹 식초 1병
을 냄비에 붓고 흑설탕 1을 넣
어 100ml로 줄어들 때까지 졸이
고,

2 졸인 발사믹 식초는 물약병에
넣어두고,

3 다진 양파 2, 다진 오이피클
1, 올리브오일 1, 사과식초 1,
설탕 0.7, 소금 0.3, 후춧가루 약
간을 섞어 소스를 만들고,

4 접시에 씻어 물기를 뺀 채소
를 올리고 발사믹 식초로 지
그재그로 모양을 내어 뿌리고 광
어회를 올려 소스를 곁들이면 끝.

국물이 자작해서 맛있는

원조 떡볶이

자주 먹어도 물리지 않고 먹고 나면 기분이 좋아지는 신기한 묘약 같은 음식이 떡볶이랍니다.
감히 대한민국 대표 간식이라고 부르고 싶어요. 떡은 꼭 국산 쌀로 만든 걸 넣어야 해요.
수입 쌀로 만든 떡은 조금만 식어도 딱딱해져요.

 25분　 2~3인분

Ingredients

주재료　떡볶이떡 2컵(약 250g), 사각어묵 2장, 양배추 3줌, 양파(중간 것) 1/2개, 대파 1/2대, 멸치다시마 육수 2컵+1/2컵

양념 재료　고추장 3, 고춧가루 1, 간장 1, 물엿 2, 설탕 0.5, 다진 마늘 0.5, 참기름 0.3, 깨소금 약간

Cooking Tip

다시다를 멀리 하는 사람입니다만 '다른 것은 몰라도 떡볶이만큼은 넣어줘야 제맛이 나지' 라며 우겨서 넣곤 했는데요, 다시다를 넣지 않고도 맛있는 떡볶이를 만들고 싶어 찾아낸 것이 진하게 우린 멸치다시마 육수를 넣는 것이랍니다.

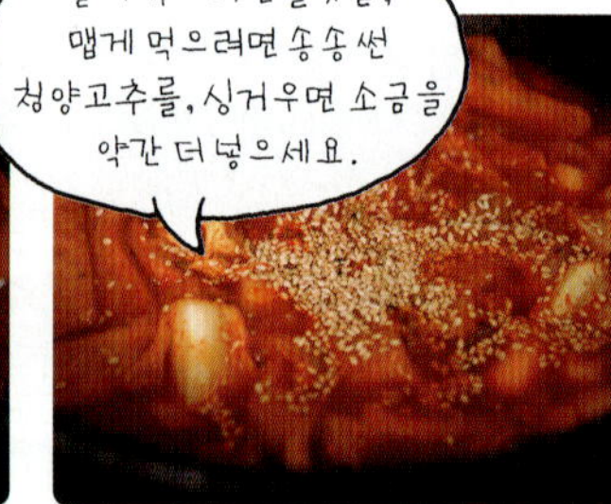

1 멸치와 다시마를 넣고 진하게 우린 멸치다시마 육수는 체에 밭쳐 맑은 국물만 걸러내고,

2 떡볶이떡 2컵은 물에 씻고, 사각어묵 2장은 길쭉하게 썰고, 양배추 3줌도 먹기 좋게 썰고 양파 1/2개는 굵직하게 채썰고 대파 1/2대는 어슷하게 썰고,

3 진하게 우린 멸치다시마 육수 2컵+1/2컵에 고추장 3, 고춧가루 1, 간장 1, 물엿 2, 설탕 0.5, 다진 마늘 0.5를 넣어 팔팔 끓인 후 떡을 넣고 익히다가 나머지 재료를 모두 넣고 바글바글 끓여,

4 참기름 0.3을 넣어 매운맛을 살짝 덜어내고 깨소금을 약간 뿌려 한소끔 끓이면 끝.

카레 간장 조랭이 떡볶이

아이들도 맵지 않게 먹으라고 카레가루와 간장을 넣은 조랭이 떡볶이를 만들어보았어요.
조랭이떡으로 만드니 아이들이 더 좋아해요.
한 그릇 먹으면 속도 든든해 점심때 자주 해 먹어요.

20분 2인분

Ingredients

주재료 조랭이떡 2컵, 사각어묵 2장, 양파 1/4개, 청경채 2~3포기

카레 간장 양념 재료 물 2컵, 카레가루 1.5, 간장 2, 다진 마늘 0.5, 설탕 0.5, 물엿 0.5, 후춧가루·통깨 약간씩

1 사각어묵 2장은 한입 크기로 썰고, 양파 1/4개는 채썰고, 청경채 2~3포기는 씻어 가닥가닥 뜯어놓고,

2 조랭이떡 2컵은 찬물에 씻어 팔팔 끓는 물에 떡을 넣어 둥둥 떠오를 때까지 데쳐 체에 밭쳤다가 물에 살짝 헹궈 다시 물기를 빼고,

3 냄비에 물 2컵, 카레가루 1.5, 간장 2, 다진 마늘 0.5, 설탕 0.5, 물엿 0.5를 넣고 바글바글 끓이다가,

4 조랭이떡, 어묵, 양파를 넣고 국물이 반으로 졸아들 때까지 끓여서, 청경채를 넣고 살짝 익혀 후춧가루와 통깨를 뿌리면 끝.

또 하나의 요리!

카레 라볶이 (2~3인분)

주재료 떡볶이떡 15개, 라면 1/2개, 사각어묵 2장, 물 5컵, 식용유 적당량 **부재료** 당근·양파·감자·피망·대파 적당량씩 **양념 재료** 고형 카레 4조각, 토마토케첩 1, 다진 마늘 0.5, 물엿 1, 깨소금 1

How to cook 부재료와 어묵은 먹기 좋게 썰어 달군 팬에 식용유를 두르고 라면을 뺀 재료를 모두 넣고 볶다가 물을 붓고 물이 끓어오르면 라면을 넣고 재료가 어느 정도 익으면 고형 카레를 넣어 풀어가며 끓이다가 토마토케첩을 넣고 다진 마늘, 물엿, 깨소금을 넣어 한소끔 끓이면 끝.

간장맛 기름 떡볶이

기름 떡볶이는 통인시장에서 파는 명물 떡볶이라고 해요. 빨갛게 양념된 것과 간장으로
희멀건하게 양념된 떡볶이를 주문하면 굽듯이 볶아주는 떡볶이라고 하는데, 저는 통인시장의
기름 떡볶이를 먹어본 적은 없어요. 하지만 이 떡볶이도 한 번 먹어보면 계속 먹고 싶어져요.

15분 2인분

Ingredients

주재료 떡볶이떡 300g, 식용유(또는 포도씨오일) 적당량

간장 양념 재료 간장 2, 설탕 1, 맛술 1, 참기름 1, 물엿 0.5

1 간장 2, 설탕 1, 맛술 1, 참기름 1, 물엿 0.5를 한데 섞어 양념장을 만들고,

2 떡은 끓는 물에 말랑말랑하게 데쳐 체에 밭쳐 물기를 빼서 간장 양념장에 버무리고,

3 달군 팬에 식용유를 넉넉히 두르고 간장에 버무린 떡을 넣어,

4 국물이 잦아들 때까지 바짝 조리면 끝.

또 하나의 요리!

고추장맛 기름 떡볶이
(2~3인분)

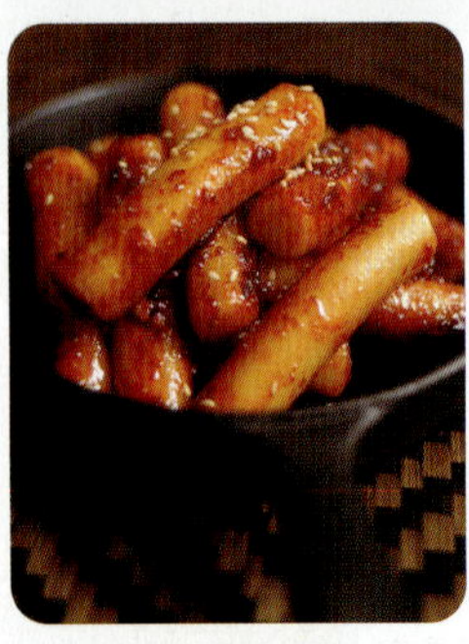

주재료 떡볶이떡 300g, 식용유(또는 포도씨오일) 적당량 **고추장 양념 재료** 고추장 1, 고춧가루 0.5, 다진 마늘 0.5, 간장 1, 맛술 1, 설탕 1, 물엿 1, 참기름 1

How to cook 고추장 양념 재료를 한데 섞어 데친 떡을 넣어 버무렸다가 달군 팬에 식용유를 넉넉히 두르고 바짝 볶으면 끝.

소시지 간장소스 떡볶이

쌍둥이 아들 녀석들은 제가 밥공기로 보이는지, 저만 보면 밥 달라고 아우성이에요.
간식 해달라, 뭐뭐뭐 해달라, 이제는 주문도 가지가지입니다.
오늘은 아이들에게 평소 해 먹이는 간식을 소개할게요.

 20분  2~3인분

 **I n g r e d i e n t s**

주재료 비엔나 소시지 12개, 떡국떡 2컵, 물 1컵, 식용유 적당량

부재료 양파(큰 것) 1/4개, 피망 1/4개, 당근·대파 약간씩

양념 재료 간장 2, 설탕 0.5, 굴소스 0.5, 맛술 1, 물엿 1, 다진 마늘 0.5,
후춧가루·생강가루 약간씩, 참기름 0.5, 통깨 0.5

1 양파 1/4개, 피망 1/4개, 당근
약간은 소시지 크기와 비슷하
게 얄팍하게, 대파는 어슷하게 썰
고,

2 떡국떡 2컵은 물에 씻고, 간장
2, 설탕 0.5, 굴소스 0.5, 맛술
1, 물엿 1, 다진 마늘 0.5, 후춧가루
와 생강가루 약간씩, 참기름 0.5,
통깨 0.5를 섞어 양념장을 만들고,

3 달군 팬에 식용유를 살짝 두르
고 피망, 양파, 당근을 넣어 볶
다가 떡과 비엔나 소시지 12개를
넣어 볶다가 물 1컵을 붓고,

4 바글바글 끓으면 간장 양념장
을 붓고 끓여 어느 정도 졸아
들면 대파, 참기름 0.5, 통깨 0.5
를 넣고 뒤적거리면 끝.

또 하나의 요리!

담백한 떡볶이 (3인분)

주재료 떡볶이떡 2줌, 사각어묵 3장, 양파(큰
것) 1/4개, 양배추 2줌, 당근 약간, 대파 1/3대,
멸치다시마 육수 3컵, 식용유 적당량

양념 재료 간장 3, 멸치액젓 0.5, 맛술 1, 다진
마늘 1, 설탕 0.5, 물엿 1, 참기름 0.5, 통깨 1,
후춧가루 약간

How to cook 어묵과 양파, 양배추, 당근,
대파는 먹기 좋은 크기로 썰고, 멸치다시마 육
수에 떡을 넣어 팔팔 끓이다가 양념 재료를 모
두 넣어 끓이세요. 그런 후에 어묵, 양배추, 양
파, 당근을 넣고 센 불로 끓여 국물이 반 이상
졸아들면 대파를 넣고 참기름 0.5, 통깨 1을 넣
고 끓이다가 후춧가루를 뿌리면 끝.

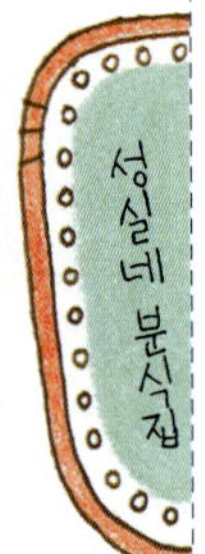

닭고기 꿀땅콩

꿀물이나 떡을 찍어 먹는 것 외에는 요리할 때 얼굴을 잘 드러내지 못하는 꿀. 꿀을 이용한 요리를 궁리하다가
만들게 된 레시피예요. 꿀을 넣으니 다른 잡다한 양념이 필요 없어요. 그렇지만 꿀은 높은 열로 장시간 요리하면 일부 성분이
파괴되거나 고유의 향미가 손실될 수도 있다고 합니다. 꿀을 넣게 되면 저온에서 빠르게 요리하세요.

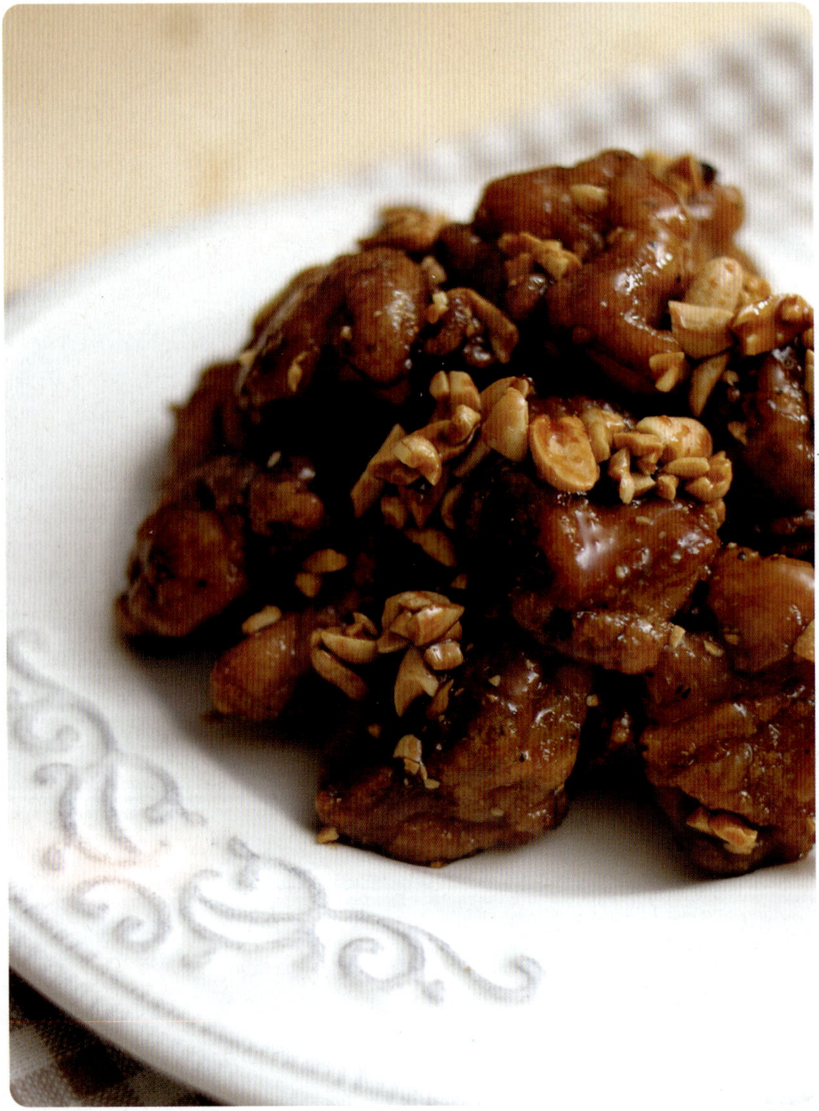

또 하나의 요리!

땅콩 플레이크강정 (2~3인분)

주재료 시리얼 플레이크(달지 않은 맛) 3컵, 땅콩 1컵, 호두 1/4컵, 건포도 1/4컵, 검은깨 1, 참기름 약간

시럽 재료 물엿 5, 설탕 3, 물 1

How to cook 플레이크와 땅콩, 호두, 건포도, 검은깨를 한데 섞고 바글바글 끓인 시럽에 넣어 중간 불로 볶아요. 참기름을 살짝 바른 지퍼팩에 한 김 식힌 볶은 재료를 넣고 밀대로 평평하게 밀어서 10분쯤 후에 칼로 먹기 좋게 자르면 끝.

Ingredients

주재료 닭 다리살 4개분, 녹말가루 3, 튀김기름 적당량, 땅콩 1줌

닭 밑간 재료 다진 마늘 0.5, 소금·후춧가루 약간씩

꿀 간장 소스 재료 간장 2, 꿀 4, 식초 1, 청주 2

1 닭 다리 4개는 살을 발라 준비하고, 4~5 등분 하여 다진 마늘 0.5, 소금과 후춧가루를 약간씩 넣어 밑간하고,

2 비닐팩에 녹말가루 3과 밑간한 닭을 넣고 흔들어 녹말가루 옷을 골고루 입히고,

3 팬에 튀김기름을 1cm 안 되게 붓고 달궈 녹말가루 옷을 입힌 닭고기를 넣고 속까지 익도록 노릇하게 튀기고,

4 튀긴 닭은 키친타월 위에 올려 기름기를 쏙 빼고, 땅콩 1줌은 비닐팩에 담아 굵직하게 부수고,

5 냄비에 간장 2, 꿀 4, 식초 1, 청주 2를 넣어 바글바글 끓여서 꿀 간장 소스를 만들고,

6 닭고기를 넣고 소스가 잘 배도록 버무리듯 볶다가, 땅콩을 넣고 한 번 더 뒤적거리듯 버무리면 끝.

친정엄마를 위한

늙은 호박전

늙은 호박은 주로 호박죽을 쑤어 먹거나 즙을 내어 먹는데요, 저는 호박 한 통을 전부 전을
부쳐 먹어요. 친정엄마가 일주일에 한 번씩 집에 오셔서 아이들을 봐주시는데,
엄마를 위해 만들게 된 요리 중 하나예요. 친정엄마도 궁금해 하시는 레시피를 공개할게요.

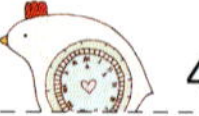 40분  5~6인분

Ingredients

재료 늙은 호박(껍질 벗긴 것) 700g, 소금 0.5, 밀가루 2컵, 우유 2, 식
용유 적당량

1 늙은 호박은 껍질을 벗겨 큼직
하게 자르고,

2 블렌더에 넣어 돌렸다 멈췄다
를 반복하면서 약간 거칠게
갈고,

3 간 호박에 소금 0.5를 뿌려 30
분 정도 두었다가, 밀가루 2컵
과 우유 2를 넣어 섞고,

4 충분히 달군 팬에 식용유를 넉
넉히 두르고 호박전 반죽을 넓
게 펴서 부치면 끝.

쑥 부침개 (4장 분량)

재료 쑥 6줌, 부침가루 2컵, 물 2컵, 소금 약간,
식용유 적당량

How to cook 쑥은 서너 번 씻어 물기를
쏙 빼고, 부침가루와 물을 섞어 반죽을 만들어
쑥을 넣고 소금으로 간을 해요. 달군 팬에 식용
유를 넉넉히 두르고 쑥부침개 반죽을 젓가락
을 이용해 골고루 잘 펴서 한쪽 면이 완전히
노릇하게 익으면 뒤집어서 나머지 면도 노릇
하게 부치면 끝.

부추 부침개

친정엄마가 유난히 잘하시는 음식이 몇 가지 있어요. 물론 제 입맛에는 친정엄마표 요리는 뭐든 다 맛있지만…. 그중 하나가 쫀득한 부침개예요. 비법이 무엇이냐고 여쭤면 "그냥 밀가루랑 부추 넣고 부쳤지"라고 말씀하세요. 어렵게 알아낸 친정엄마의 부침개 비법이에요.

 30분  3장 분량

 **Ingredients**

재료 부침가루 1컵, 밀가루 1컵, 얼음물 1컵+1/2컵, 국간장 1, 부추 4줌, 양파(중간 것) 1/2개, 당근 약간, 청양고추 1개, 식용유 적당량

1 부침가루 1컵, 밀가루 1컵, 얼음물 1컵+1/2컵을 섞어 반죽을 만들어서 국간장 1을 넣고,

2 부추 4줌은 4~5cm 길이로 썰고, 양파 1/2개와 당근은 채썰고, 청양고추 1개는 송송 썰고,

3 반죽에 부추, 양파, 당근, 청양고추를 넣어 골고루 섞고,

4 충분히 달군 팬에 식용유를 넉넉히 두르고 중간 불이나 센 불에 반죽을 넓게 펴서 바삭하게 부치면 끝.

Cooking Talk 부추는 손질하고 씻는 게 너무 귀찮아요. 그래서 부추 부침개는 오이소박이 담그려고 부추 한 단을 샀을 때나 부쳐 먹어요. 저도 게으른 주부거든요~

마 부침개

쌍둥이 아빠 갈아 먹이라고 어머님이 마를 주시면 저는 전을 부쳐 먹곤 해요.
마를 별로라 하시는 분들도 부침개는 맛있게 드실 수 있어요. 아! 그리고 마를 손질할 때는 꼭 장갑을
끼고 하세요. 저야 무수리과 손이라 괜찮지만 피부가 약하신 분들은 가렵고 붉어지기도 하거든요.

 20분  4~5인분

Ingredients

재료 마(껍질 벗긴 것) 600g, 부침가루 3, 실파(또는 대파)·소금·식용유 적당량씩

Cooking Talk

몸에 좋은 비싼 마를 갈아 주면 고개를 절레절레 흔들면서 도망다니던 쌍둥이들이 부침개를 해주니 잘 먹네요.

1 마 600g은 물에 씻어 댕강댕강 자르고,

2 얼음용 칼날을 끼워 넣은 블렌더에 마를 넣어 갈고,

3 마에 부침가루 3, 송송 썬 실파를 식성껏 넣고 소금으로 간하여 반죽을 골고루 섞고,

4 충분히 달군 팬에 식용유를 넉넉히 두르고 반죽을 한 숟가락씩 떠 넣어 앞뒤로 노릇노릇하게 부치면 끝.

더블피자 토스트

밥하기 싫은 때가 있어요. 남이 해주는 밥 먹고 싶고, 직접 한 밥은 먹기 싫을 때가 누구나 있잖아요. 그래서 밥을 대신할 메뉴를 찾아냈어요. 식빵과 집에 있는 자투리 채소로 만든 토스트예요. 말이 거창하지, 피자 토스트 두 개를 겹쳐놓은 거나 다름없네요.

 20분　 2인분

 **Ingredients**

재료　베이컨 3장, 옥수수(통조림) 5, 양파 1/6개, 당근 약간, 다진 오이피클 2, 마요네즈 1, 샌드위치용 식빵 4장, 피자 소스(또는 스파게티 소스) 4, 피자 치즈 1컵

1 베이컨 3장은 잘게 썰고 옥수수 5는 물기를 빼고 양파 1/6개와 당근은 잘게 다지고,

2 모든 재료를 볼에 담고 다진 오이피클 2, 마요네즈 1을 넣어 골고루 섞고,

3 식빵 2장의 한쪽 면에 피자 소스 4를 나누어 골고루 펴 바른 후 피자 치즈 1컵, 채소와 햄, 피자 치즈를 켜켜이 얹고, 나머지 식빵은 모양틀로 구멍을 내고,

4 모양을 낸 식빵을 포개어 180℃의 오븐에서 10분간 구우면 끝.

Cooking Tip　뜨거울 때 먹으면 정말 맛나요. 꼭 만들어 바로 드세요. 흰 우유를 곁들이면 영양 만점 한끼 식사가 돼요.

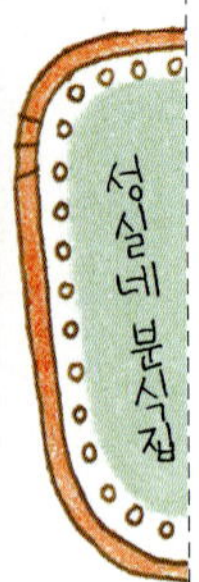

떡꼬치

나 편하자고 습관처럼 시판 과자를 사 먹이곤 했었거든요. 요새는 아예 집에 과자를 두지 않고 살아요. 주로 떡이나 고구마, 감자, 옥수수 등으로 간식을 만들어 아이들의 입맛을 달래곤 한답니다. 그중에서 떡꼬치는 훌륭한 간식거리예요.

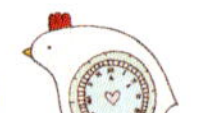 15분  3인분

 **I n g r e d i e n t s**

주재료 떡볶이떡·식용유 적당량씩

고추장 소스 재료 진한 멸치새우 육수 1컵, 고추장 3, 토마토케첩 2, 간장 1, 다진 마늘 1, 설탕 2, 물엿 1, 후춧가루 약간

1 국물용 멸치 15마리와 마른 새우 1줌, 물 3컵을 냄비에 넣고 팔팔 끓여 진한 멸치새우 육수 1컵을 만들고,

2 육수에 고추장 3, 토마토케첩 2, 간장 1, 다진 마늘 1, 설탕 2, 물엿 1을 모두 섞어 3분의 2 정도가 될 때까지 걸쭉하게 졸여 후춧가루를 살짝 뿌리고,

3 딱딱하게 굳은 떡은 끓는 물에 데쳐 찬물에 헹궈 물기를 빼서 꼬치에 꿰어 식용유를 두른 팬에 앞뒤로 노릇하게 굽고,

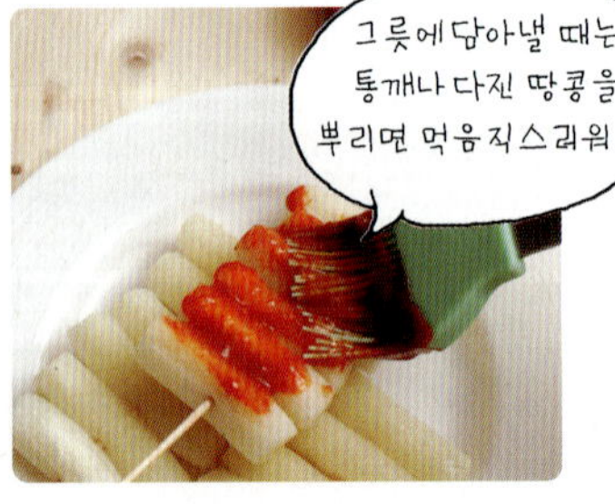

4 구운 떡에 고추장 소스를 골고루 펴 바르면 끝.

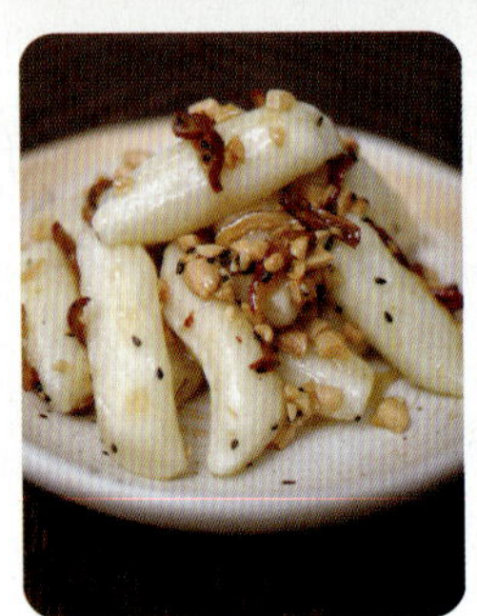

떡맛탕 (2~3인분)

주재료 떡볶이떡(또는 가래떡) 2줌, 포도씨오일 2, 대추 2개, 땅콩 2, 검은깨 0.3 **시럽 재료** 꿀(또는 물엿) 4, 소금 약간

How to cook 대추는 씨를 발라 채썰고 땅콩은 적당하게 부수고, 딱딱한 떡은 끓는 물에 데쳐 물기를 빼서 달군 팬에 식용유를 두르고 노릇해질 때까지 구워 다른 접시에 담아두세요. 팬에 꿀, 소금을 넣어 바글바글 끓이다가 떡을 넣어 골고루 버무린 다음 대추, 땅콩, 검은깨를 넣고 바짝 조리면 끝.

토르티야 피자

만드는 법은 간단하지만 맛은 너무 좋은 피자. 냉장고 정리할 때 나온 재료들로
뚝딱 만들어 먹는 별식이에요. 남편은 앉은자리에서 한 판을 먹고, 아이들은 밖에서 파는
햄버거나 피자는 잘 안 먹는데 이 피자는 정말 잘 먹어요.

 25분  1판

 **Ingredients**

재료 토르티야(12인치) 1장, 스파게티 소스(또는 토마토 소스) 6, 피자
치즈 2컵, 옥수수(통조림) 적당량, 베이컨 4장, 파르메산 치즈가루 1

1 토르티야 1장은 기름을 두르
지 않은 팬에 앞뒤를 노릇노릇
하게 굽고,

2 구운 토르티야 위에 스파게티
소스 6을 골고루 펴 바르고,

3 그 위에 피자 치즈 2컵을 얹고,

4 물기를 뺀 옥수수와 듬성듬성
자른 베이컨 4장, 파르메산 치
즈가루 1을 골고루 뿌려 180℃로
예열한 오븐에서 12~15분간 구
우면 끝.

Cooking Tip **토르티야로 만들면** 도우가 얇아 바삭해서 맛이 좋아요. 토
핑은 어떤 재료라도 좋으니까 마음대로 피자를 만들어보세요.

마카로니 치즈 커틀릿

언젠가 패밀리 레스토랑에 갔을 때 맛나게 먹은 요리를 제 마음대로 따라 해보았어요.
만들면서 느낀 건 '사 먹는 게 낫겠다' 였거든요.
그런데 아이들이 잘 먹는 모습을 보니 만들길 잘했다는 생각이 들더라고요.

40분 4~5인분

Ingredients

주재료 마카로니 1컵, 굵은소금 0.5, 에멘탈 치즈 1/2봉지(약 100g), 피자 치즈 2~3컵, 튀김기름·스파게티 소스 적당량씩

양념 재료 허브맛 소금(또는 소금과 후춧가루) 약간

튀김옷 재료 밀가루·달걀물·빵가루 적당량씩

1 냄비에 물을 넉넉히 붓고 굵은 소금 0.5를 넣고 마카로니 1컵을 10~12분간 삶아 체에 밭쳐 식힌 후 볼에 담고 허브맛 소금을 적당히 넣어 간을 하고,

2 에멘탈 치즈 1/2봉지는 듬성 듬성 썰어 넣고, 피자 치즈 2~3컵은 전자레인지에 2~3분 돌려 동글하게 빚어 밀가루를 적당히 묻히고,

또 하나의 요리!

키위 요구르트 드레싱 샐러드 (3~4인분)

재료 골드키위 1개, 플레인 요구르트(가당) 1통, 다진 오이피클 1, 마요네즈 1, 머스터드 0.3, 꿀 1, 소금·후춧가루 약간씩, 샐러드 채소 적당량

How to cook 골드키위를 제외한 나머지 재료를 한데 섞어 듬성듬성 다진 골드키위를 넣어 소스를 만들고, 물에 씻어 물기를 뺀 샐러드 채소 위에 먹음직스럽게 끼얹으면 끝.

3 달걀물에 담갔다가 빵가루를 꾹꾹 눌러 입히고,

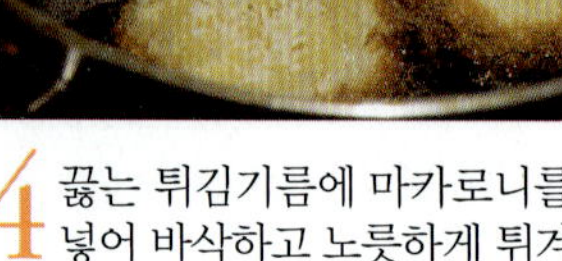

4 끓는 튀김기름에 마카로니를 넣어 바삭하고 노릇하게 튀겨 스파게티 소스를 곁들이면 끝.

콘플레이크 치킨 커틀릿

빵가루 튀김옷 대신 콘플레이크가루를 입혀 튀긴 치킨 커틀릿이에요.
오래 두면 튀김옷이 눅눅해져 맛이 없어지니 구워서 바로 드세요.

 30분  4인분

 **Ingredients**

주재료 닭 안심 1팩(약 500g), 콘플레이크 4컵, 식용유 적당량

닭 밑간 재료 청주 1, 우유 1, 마요네즈 2, 소금 0.3, 후춧가루 약간

허니 머스터드 소스 재료 마요네즈 4, 머스터드 2, 꿀 2, 레몬즙 1, 소금·후춧가루 약간씩

 **Cooking Tip**

닭고기를 콘플레이크가루로 옷을 입혀 오븐에 구워 느끼한 맛은 덜어내고, 씹히는 맛은 배가 시켜요.

1 닭 안심 1팩은 씻어 물기를 빼고 길게 붙어 있는 힘줄을 칼로 밀어내듯 제거하고,

2 청주 1, 우유 1, 마요네즈 2, 소금 0.3, 후춧가루 약간을 한데 섞어 닭 안심을 넣어 밑간하고,

3 콘플레이크 4컵은 손으로 잘게 부수어 닭 안심을 꾹꾹 눌러가며 옷을 입히고,

4 오븐 팬에 붓을 이용해 식용유를 바른 후 200℃로 예열한 오븐에 넣어 15~20분간 구워 허니 머스터드 소스를 곁들이면 끝.

파인애플 셔벗 샐러드

한여름 무더울 때나 마음이 우울할 때 만들어 먹는 상큼한 샐러드예요.
이름하여 셔벗 드레싱. 늘 먹던 드레싱을 냉동실에 넣어 얼렸을 뿐인데
맛을 본 사람들은 모두 신기해 하며 맛있다고 난리예요.

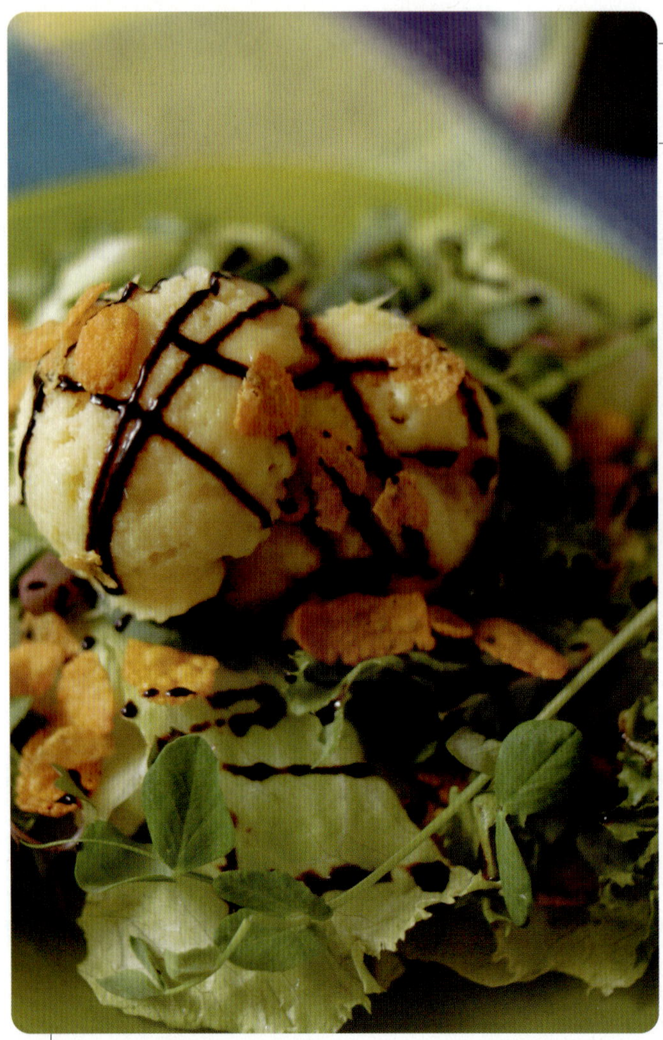

8시간 7~8인분

Ingredients

주재료 양상추·베이비 채소 적당량씩, 콘플레이크 약간

드레싱 재료 파인애플(통조림) 슬라이스 4조각, 올리브오일 6, 설탕 2,
사과식초 2, 레몬즙 1, 머스터드 1, 소금 0.5

1 파인애플 슬라이스 4조각, 올리브오일 6, 설탕 2, 사과식초 2, 레몬즙 1, 머스터드 1, 소금 0.5 를 준비하고,

2 준비한 드레싱 재료를 믹서에 모두 넣어 곱게 갈고,

3 용기에 드레싱을 담아 냉동실에 3~4시간 얼려서 꺼내 포크로 빡빡 긁어 다시 냉동실에 넣어 3~4시간 얼린 후 포크로 다시 한 번 긁어,

4 양상추와 베이비 채소 적당량을 흐르는 물에 씻어 물기를 빼고 접시에 담은 후 셔벗 드레싱을 얹고 콘플레이크를 약간 뿌리면 끝.

Cooking Tip 파인애플 대신 잘 익은 키위를 넣어도 맛있어요. 또 드레싱 재료에 넣는 소금은 구운소금이 적당해요. 꽃소금을 넣으면 간이 세지기 때문에 양을 반으로 줄여서 사용해야 해요.

아스파라거스 베이컨말이

채소를 먹지 않는 아이들도 신기하게 이 요리는 잘 먹더라고요. 이탈리아 요리를 배우면서
아스파라거스가 우리의 양파만큼이나 다양한 요리에 활용된다는 것을 알았어요.
가격이 조금 비싸기는 하지만, 일단 만들어 맛을 보시면 왜 신기한 요리인지 알게 되실 거예요.

 20분  2인분

 **Ingredients**

재료 아스파라거스(큰 것) 7대, 베이컨 7장

 **Cooking Tip**

베이컨이 짭짤해서 따로 간을 하지 않아도 되는데 반찬으로 먹으려면 소금과 후춧가루를 살짝 뿌리세요.

1 아스파라거스 7대는 끝 부분을 약간 자르고 대가 억세지 않은 것은 그냥 사용하고 억센 것은 오돌토돌한 돌기 부분만 필러로 살짝 벗겨내고,

2 손질한 아스파라거스는 물에 씻어 물기를 빼고 베이컨 7장과 함께 준비하고,

3 아스파라거스의 중간에 베이컨을 약간씩 겹쳐 돌돌 말아 오븐 팬에 얹고,

4 오븐에 넣어 190℃로 10~12분간 구우면 끝.

일명 날나리 버전

건강 약식

원래 전통 방식의 약식은 찹쌀을 한 번 쪄서 밥에 양념을 더해 다시 찌지만 저는 편하게 하느라
후다닥 밥을 짓듯 한 번에 만들어 먹어요. 그래서 일명 날라리 방법이라고 부르죠! 전통식이 아닌 약식 버전이에요.
추석이 다가올 때 풍성한 쌀과 대추, 밤, 호두로 만들어 이웃들과 나눠 먹기도 해요.

Cooking Tip

한 번 먹을 양만큼만 만들어 드세요. 약식을 아이들이 좋아
하는 모양틀에 넣어 예쁜 모양으로 만들면 아이들도 간식으
로 잘 먹어요. 또 단것을 싫어하시면 설탕을 1~2숟가락 정
도 줄이세요.

 1시간

 8인분

 **Ingredients**

주재료 찹쌀 2컵, 대추 12개, 밤 12개(껍질 깐 것), 호두 1줌, 잣 2

밥물 재료 물 1컵+1/4컵, 흑설탕 7, 물엿 2, 간장 3, 소금 0.2, 계핏가루 0.2, 참기름 2

1 찹쌀 2컵은 물에 씻어 넉넉하게 물을 부어 반나절(12시간) 동안 불려 체에 밭쳐 물기를 살짝 빼고,

2 대추 12개는 돌려깎아서 씨를 발라 먹기 좋게 자르고, 밤 12개와 호두 1줌도 적당히 자르고, 잣 2도 함께 준비하고,

3 밥물 재료인 물 1컵+1/4컵, 흑설탕 7, 물엿 2, 간장 3, 소금 0.2, 계핏가루 0.2, 참기름 2를 한데 섞고,

4 물기를 뺀 찹쌀을 압력솥이나 전기밥솥에 넣고 밥물을 부어,

5 밤, 대추, 호두, 잣을 가지런히 올리고,

6 밥을 짓듯 익히는데, 압력솥으로 지을 때는 일밥 반보다 약한 불로 충분히 익힌다는 생각으로 밥을 하면 끝.

새우 버섯 퀘사디아

동네 모임 때 선보였더니 다들 맛있게 드셨어요. 패밀리 레스토랑에서 먹고 반한 메뉴인데, 집에서도 도전할 수 있어요.
불고기나 양념한 치킨을 넣어도 좋은데, 이번에는 새우와 양송이버섯을 넣어보았어요.
함께 곁들여 먹으면 좋은 토마토 살사 소스와 짝퉁 사우어크림도 알려드릴게요.

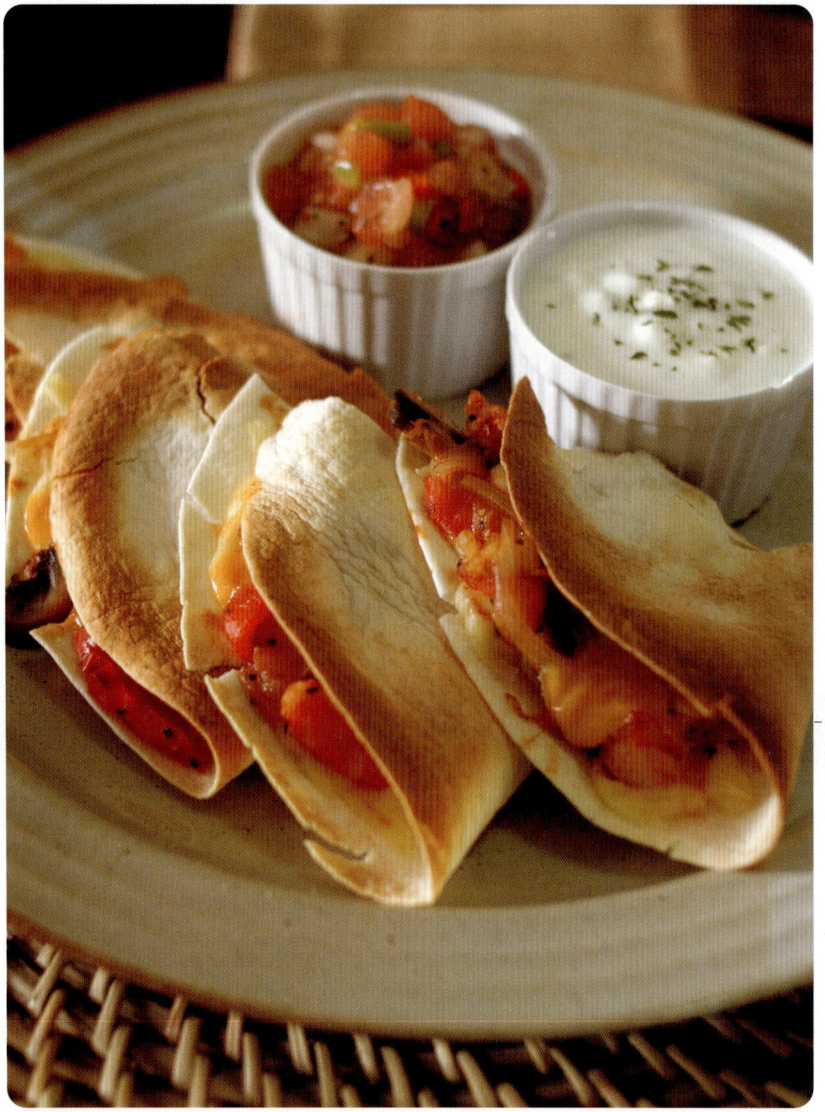

Ripple

❓ 퀘사디아. 이름은 생소하지만 안에 들어가는 새우며, 버섯이며…. 영양듬뿍 맛난 메뉴네요. 냉동고에 토르티야가 있으니 요렇게 만들어 내놓으면 요리 잘하는 사람처럼 보이겠죠.

❓ 오븐이 없으면 못 만들어 먹나요?

❗ 아주아주 약한 불로 달군 팬에 토르티야를 올리고 앞뒤로 눌러가면서 모양을 잡아가며 구우면 돼요.

Ingredients

주재료 토르티야(8인치) 3장, 피자 치즈 2컵, 체다 슬라이스 치즈 2장, 식용유 적당량

새우 버섯 볶음 재료 새우(중하) 15마리, 양송이버섯 7개, 양파 1/2개, 피망(또는 파프리카) 1/2개, 스파게티 소스(또는 토마토케첩) 1, 소금·후춧가루 약간씩

토마토 살사 소스 재료 토마토(중간 것) 1개, 양파 1/4개, 초록 피망·빨강 피망·파프리카 적당량씩, 올리브오일 1, 레몬즙 1, 설탕 0.5, 핫소스 1, 소금·후춧가루·드라이 바질(또는 파슬리가루) 약간씩

치즈 요구르트 소스 재료 플레인 요구르트 1통, 크림치즈 2

1 새우 15마리는 머리를 떼고 껍질을 벗기고 등 쪽의 내장을 제거한 후 씻어서 적당히 썰고, 양송이버섯 7개는 먹기 좋게 자르고, 양파 1/2개와 피망 1/2개는 채썰고,

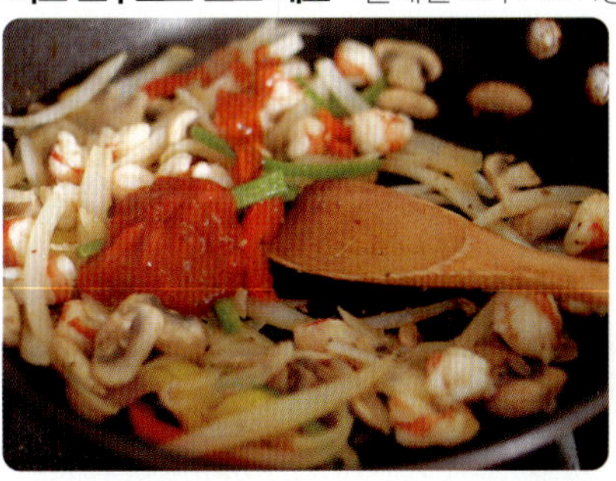

2 달군 팬에 식용유를 살짝 두르고 준비한 채소를 넣고 달달 볶아 소금과 후춧가루로 간한 후 스파게티 소스 1을 넣고,

3 토마토 1개는 껍질을 벗겨 잘게 다지고, 양파 1/4개, 피망, 파프리카는 잘게 다져 올리브오일 1, 레몬즙 1, 설탕 0.5, 핫소스 1, 소금, 후춧가루, 드라이 바질 약간씩을 넣고 잘 섞어 냉장고에 넣어두고,

4 플레인 요구르트 1통과 크림치즈 2를 섞어 치즈 요구르트 소스를 만들고,

5 토르티야 1장의 절반만 피자 치즈 2컵을 나누어 뿌리고 그 위에 볶은 재료를 얹고 체다 슬라이스 치즈를 적당히 올린 후 다시 피자 치즈를 솔솔 뿌리고,

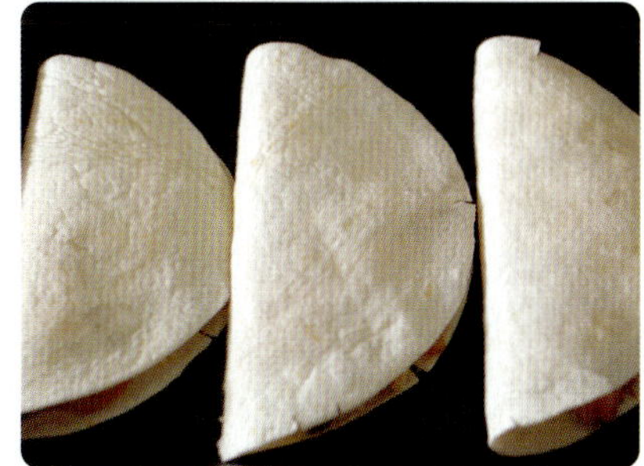

6 토리티야를 반으로 접어 오픈 팬에 넣어 170℃로 예열한 오븐에서 10~12분간 굽고, 토마토 살사 소스와 치즈 요구르트 소스를 곁들이면 끝.

성실네 분식집

만두 꽃이 피었습니다!

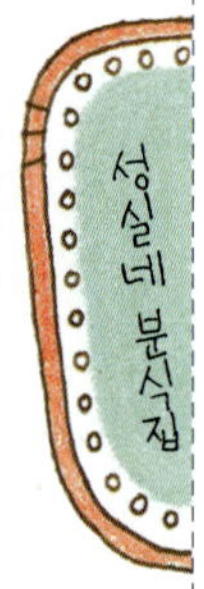

꽃만두

위쪽이 꽃 모양으로 뚫린 만두, 보신 적 있으시죠? 이 만두를 샤오마이라 부르는데 쌍둥이들이 꽃만두라는 이름을 붙여줬어요. 우리식 만두는 쇠고기나 돼지고기를 넣는데 중국인들이 먹는 딤섬은 돼지고기와 새우를 넣기도 하더라고요. 그 맛을 떠올리면서 제 마음대로 집에 있는 재료들을 모아서 시판 만두피를 이용해 간단하게 만들어보았어요.

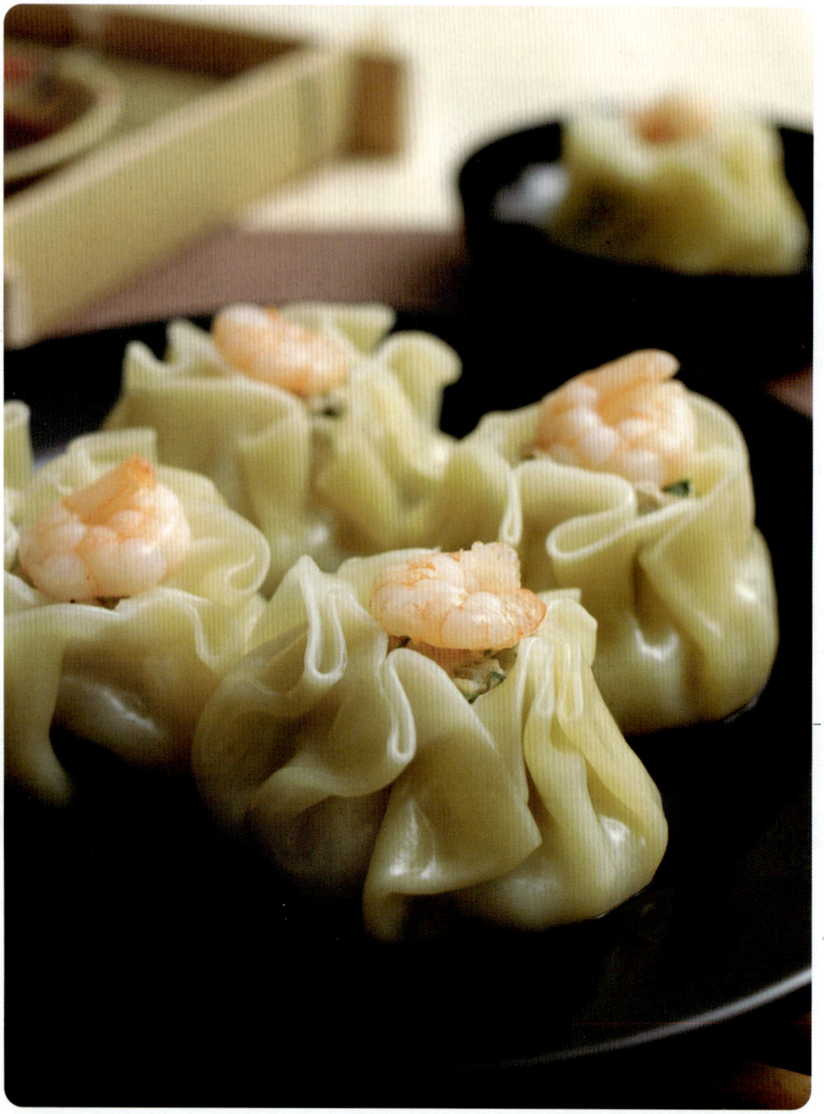

Ripple

? 만두는 좋아하는데 잘 못 만들어서…. 어디 한번 만들어 먹어봐야겠어요. 오늘 저녁은 만두로 결정~

! 시판 만두는 조미료 맛이 너무 강하죠? 그래서 굴소스로 맛을 냈어요. 보통 중국집에서는 치킨파우더나 굴소스를 쓴다고 하네요.

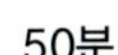 50분 　 4인분

 **Ingredients**

주재료 　 돼지고기 200g, 새우살 200g, 만두피(작은 것) 24장, 양파(중간 것) 1/2개, 다진 쪽파 2줌

양념 재료 　 청주 2, 다진 마늘 0.5, 생강즙(또는 생강가루) 0.2, 후춧가루 0.3, 굴소스 1, 소금 약간

1 돼지고기 200g, 새우살 200g, 다진 쪽파 2줌을 준비하고, 양파 1/2개는 잘게 다지고,

2 블렌더에 돼지고기, 청주 2, 다진 마늘 0.5, 생강즙 0.2, 후춧가루 0.3을 넣어 간 다음 새우살, 굴소스 1, 소금을 약간 넣어 잘 섞이도록 갈고,

3 돼지고기와 새우살에 양파와 쪽파를 넣고 재료들이 고루 잘 섞이도록 손으로 차지게 반죽하고,

4 만두피에 만들어놓은 소를 적당히 넣고 완전히 아물리지 말고 소가 보이도록 꽃 모양으로 빚고,

5 만두 위에 새우살을 하나씩 가지런히 얹어,

6 찜기에 물을 붓고, 김이 올라오면 찜틀에 만두를 일정한 간격을 두고 담아 뚜껑을 덮고 찌면 끝.

연어 그라탱

연어 좋아하세요? 연어는 다크서클에 좋다고 하잖아요. 저처럼 피곤하거나 몸이 안 좋으면 판다 곰이 되어버리는 사람은
자주 먹어줘야 한다는데 가격도 만만치 않고 매번 연어만 먹을 수가 있어야지요. 사실 연어 특유의 비린 맛에 민감해서 통으로 된
훈제연어를 사서 그라탱으로 먹곤 해요. 화이트 소스 대신 시판 크림수프를 넣으니 조리법이 더 간단해졌어요.

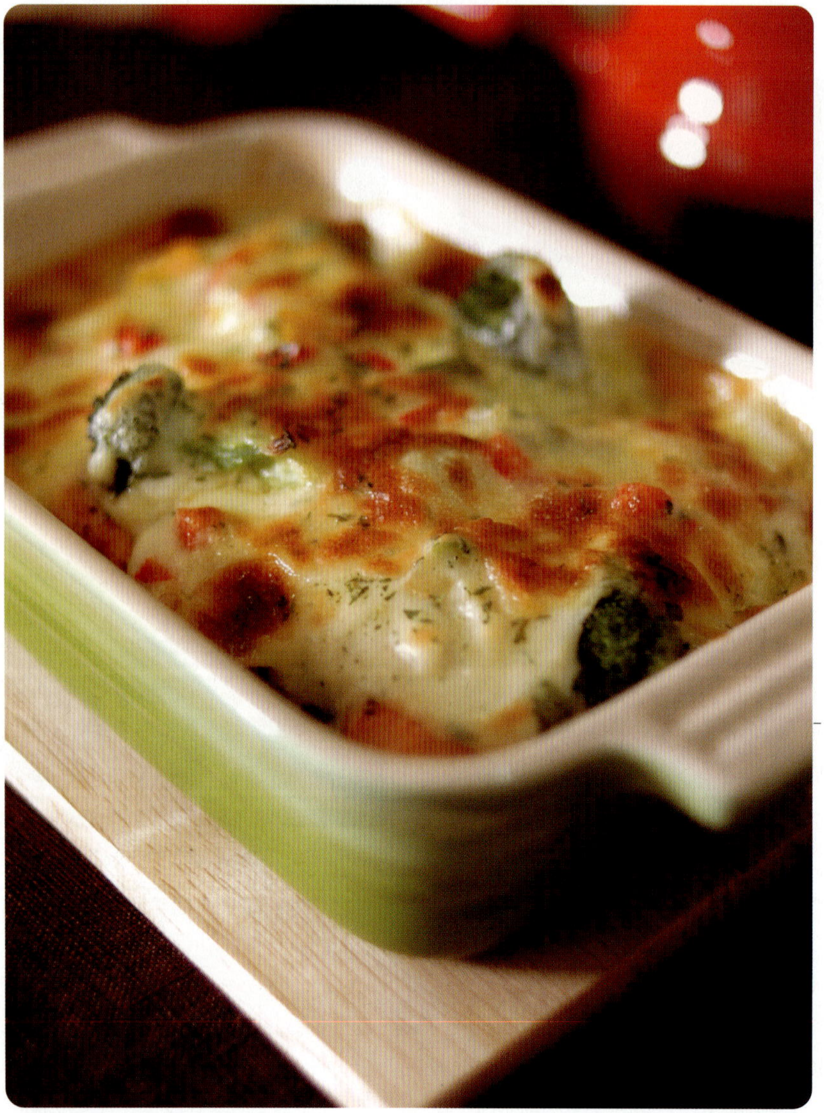

? 연어 말고 대구 같은 생선으로 해도 되겠지요?

? 물론 대구로 만들어도 돼요. 하지만 연어살이 더
부드러워요. 대구로 만들려면 네 번째 과정에서
대구를 너무 바삭하게 익히지 말고 80% 정도만
익히세요.

 45분　2~3인분

 **Ingredients**

주재료　연어 2조각(약 200g), 피자 치즈 2컵, 식용유 적당량　**부재료**　브로콜리 1줌, 양파·피망 (또는 각종 채소) 적당량씩　**연어 밑간 재료**　청주 1, 레몬즙 1, 소금·후춧가루 약간씩　**화이트 소스 재료**　시판 크림수프 3(약 30g), 우유 2/3컵(약 120g)　**양념 재료**　소금·후춧가루 약간씩　**장식 재료**　파슬리가루 적당량

1 연어는 살만 발라내 듬성듬성 썰어 밑간 재료인 청주 1, 레몬즙 1, 소금과 후춧가루 약간씩을 넣어 재우고,

2 브로콜리 1줌은 데쳐 물기를 꼭 짜서 먹기 좋은 크기로 자르고, 양파와 피망 등은 잘게 썰어 식용유를 살짝 두른 팬에 바짝 볶아 소금과 후춧가루로 간하고,

3 시판 크림수프 3에 우유 2/3컵을 부어 잘 풀고 불에 올려 멍울 없이 저어가며 끓이고,

4 달군 팬에 식용유를 살짝 두르고 밑간한 연어를 넣어 익히고, 다 익은 연어는 팬의 한쪽에 몰아놓고 키친타월로 팬의 기름기를 적당히 닦아내고,

5 오븐 용기에 끓인 크림수프를 살짝 바르고,

6 연어와 볶은 채소, 남은 크림수프, 피자 치즈 2컵을 담고 파슬리가루를 솔솔 뿌려 180℃의 오븐에서 10~12분간 구우면 끝.

Cooking Tip

연어 손질법은 냉동연어라면 자연스럽게 해동해서 키친타월로 물기를 톡톡 두드려 닦고 연어 껍질에 비린내가 많이 날 수 있으니 껍질을 벗겨서 사용하세요. 레몬즙이나 맛술, 말린 허브 등을 넣고 미리 재우면 잡냄새 없는 맛있는 연어를 먹을 수 있어요.

연유 마늘바게트

마늘바게트에 연유를 넣어 달콤한 맛을 냈어요. 뜨거울 때 먹어야 제맛이 나는데,
하나, 둘 먹다보면 생각 없이 집어 먹게 되는 게 흠이라면 흠이죠.
딱딱한 마늘빵 대신 부드러운 마늘빵으로 오후의 출출함을 달래보세요.

 25분  2인분

 **Ingredients**

주재료 오븐 스마일 빵(또는 바게트) 3개

연유 마늘 버터 재료 버터 2(약 40g), 연유 2, 다진 마늘 1, 파슬리가루 0.5, 소금 약간

1 오븐 스마일 빵은 4등분 하고,

2 녹인 버터 2에 연유 2, 다진 마늘 1, 파슬리가루 0.5, 소금 약간을 한데 섞고,

3 먹기 좋게 자른 빵에 연유 마늘 버터를 골고루 펴 바르고,

4 미니 오븐 토스터에 넣어 5분 정도 구우면 끝.

Cooking Tip **고형 버터는** 전자레인지에서 20초 정도 돌리거나 실온에 1시간 정도 두면 자연스럽게 녹아요.

영양 찐빵

갑자기 영양 찐빵이 먹고 싶더라고요. 흑설탕의 은은한 단맛을 품은
영양 찐빵은 아이들이 학교에서 돌아오기 전에 미리 만들었다가 우유와 함께 주는
간식이에요. 기름이나 버터를 넣지 않아 담백하고 재료도 너무 간단해요.

 30분  4~5인분

 **Ingredients**

재료 밀가루(중력분) 150g, 베이킹파우더 2/3큰술, 소금 1/3작은술, 달걀 2개, 흑설탕 2/3컵(약 110g), 우유 1컵, 강낭콩배기 1줌, 호두 1줌, 건포도 2, 식용유 적당량

1 냄비에 흑설탕 2/3컵과 우유 1컵을 담고 은근한 불로 녹이고, 밀가루 150g과 베이킹파우더 2/3큰술, 소금 1/3작은술을 체에 치고,

2 흑설탕에 달걀을 1개씩 두 번에 걸쳐 나눠 넣고 거품기로 골고루 섞어 밀가루를 넣어 재빨리 반죽을 섞고,

3 강낭콩배기 1줌, 호두 1줌, 건포도 2를 잘게 잘라 반죽에 섞고,

4 컵케이크 용기에 식용유를 발라 3분의 2만큼 채워 김이 오른 찜통에서 10~15분간 찌면 끝.

Cooking Tip **강낭콩배기는 백화점** 식품매장이나 대형마트에서 판매해요. 집에 있는 콩을 사용할 때는 검은콩을 불려서 삶는데 어느 정도 삶아지면 설탕과 물엿, 소금을 적당히 넣고 국물 없이 바짝 조리면 돼요. 조린 콩이 남으면 냉동실에 보관했다가 해동해서 사용하세요.

오코노미야키

일본식 부침개인 오코노미야키를 처음 먹었던 때가 생각나네요. 과연 좋아하는 재료를 몽땅 넣은
부침개는 '어떤 맛일까?' 호기심을 갖고 먹어보았는데 의외로 너무 맛있어서 한동안 오코노미야키만 계속
부쳐 먹었던 적이 있어요. 양념 간장이나 초장을 찍어 먹어야 한다는 편견을 버리게 해준 일품 부침개예요.

 30분    2~3인분

 **Ingredients**

주재료 오징어(작은 것) 1마리, 베이컨 3장, 양배추 잎 3장(약 100g),
양파 1/2개, 대파 1/3대, 부침가루 2컵, 물 1컵+1/2컵, 달걀 2개, 식용유
적당량 **양념 재료** 소금·후춧가루 약간씩 **소스 재료** 마요네즈 2,
우스터소스 2, 토마토케첩 0.5 **장식 재료** 스테이크 소스 적당량, 가
다랑어포(가츠오부시) 1줌, 파슬리가루 약간

1 오징어 1마리는 손질하여 썰
고, 베이컨 3장, 양배추 잎 3
장, 양파 1/2개, 대파 1/3대는 잘
게 썰고,

2 부침가루 2컵에 물 1컵+1/2
컵을 부어 멍울 없이 잘 풀어
①의 재료들과 달걀을 넣어 골고
루 섞고,

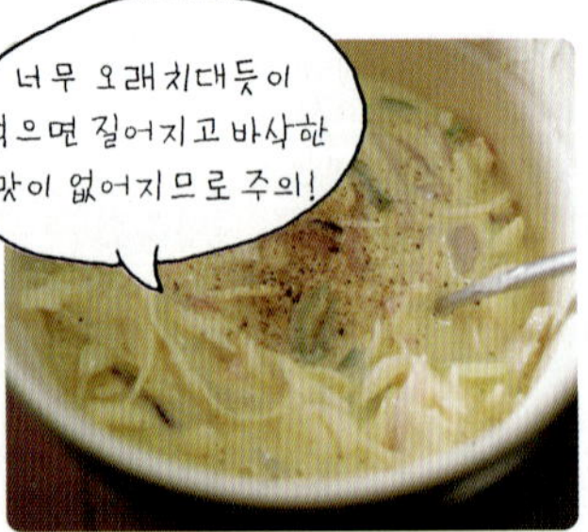

3 소금과 후춧가루를 약간씩 넣
어 잘 섞고,

4 달군 팬에 식용유를 넉넉히 두
르고 반죽을 떠 넣어 노릇하게
익혀서 마요네즈 2, 우스터소스 2,
토마토케첩 0.5를 섞어 바르고 가
다랑어포와 파슬리가루를 뿌리고
스테이크 소스로 모양을 내면 끝.

Cooking Tip **오코노미야키는 내** 맘대로 좋아하는 재료를 넣어 부친 구이
를 말해요. 원조인 일본에서는 재료를 반죽과 섞어 부치는 오사카 스타일과 크레이프
반죽 위에 삼겹살, 소바, 달걀 등을 산처럼 올려 부치는 히로시마 스타일이 있다는데,
이건 오사카 스타일이에요.

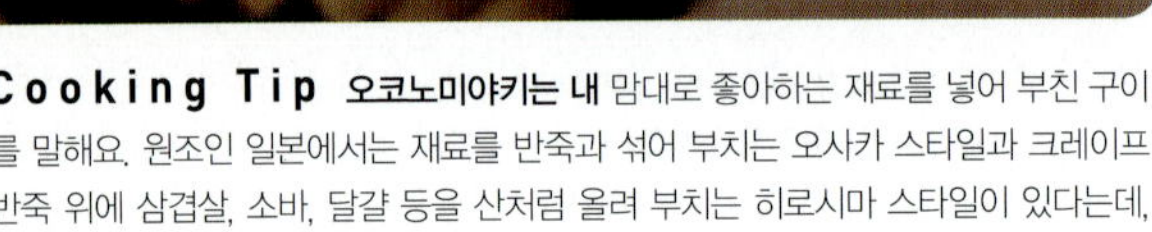 성실네 **분식집**

통감자구이

하지 감자가 나오는 초여름에는 감자로 무슨 요리를 만들어도 맛있죠.
하지만 감자로 만든 간식 중 통감자구이는 남녀노소 누구나 좋아합니다.
휴게소에 들를 때면 꼭 사 먹게 되는 통감자구이를 별미로 만들어보았어요.

 30분　 2~3인분

 **Ingredients**

주재료　감자(작은 것) 15개, 올리브오일 2, 버터 0.5, 설탕(또는 소금) 적당량

감자 삶는 물 재료　설탕 5, 굵은소금 1.5

1 감자 15개는 껍질째 씻어 냄비에 담고 감자가 잠길 정도로 물을 부은 후 굵은소금 1.5, 설탕 5를 넣어 푹 삶고,

2 익은 감자는 체에 밭쳐 한 김 식으면 뜨거울 때 껍질을 벗기고,

3 달군 팬에 올리브오일 2, 버터 0.5를 두르고 약한 불로 녹여서,

4 감자를 넣고 중간 중간 굴려가며 노릇하게 구워 식성에 따라 설탕이나 소금을 솔솔 뿌리면 끝.

또 하나의 요리!

웨지감자 (2~3인분)

재료 감자(중간 것) 3개, 굵은소금 0.5, 허브맛소금 0.5, 올리브오일 2~3, 파슬리가루 적당량, 파르메산 치즈가루 2

How to cook 감자는 껍질째 씻어 반달 모양으로 썰어 끓는 물에 굵은소금 0.5를 넣어 70%만 익히고 체에 밭쳐 물기를 빼고 허브맛소금 0.5를 뿌린 후 올리브오일 3을 두르고 파슬리가루와 파르메산 치즈가루 2를 솔솔 뿌려 210℃로 예열한 오븐에서 15~20분간 구우면 끝.

생소하고 낯선 요리라고요?

쥐포가스

쥐포가스가 어떤 맛인지 궁금하시죠? 돈가스보다 더 더 맛있다면 믿으시려나~.
자꾸만 집어 먹다 보면 어느새 빈 그릇만 덩그러니!
출출할 때 좀 거한 간식으로 먹어도 좋지만, 무엇보다 맥주 안주로 최고예요.

20분　　2인분

Ingredients

주재료　쥐포 4장(약 80g), 튀김기름 1/2컵

튀김옷 재료　밀가루 2, 달걀 1개, 빵가루 1컵

소스 재료　마요네즈 2, 연와사비 약간

1 쥐포 4장은 물에 살짝 씻어 불리고,

2 불린 쥐포에 밀가루 옷을 골고루 입혀,

3 쥐포를 달걀물에 담갔다가, 빵가루 1컵을 골고루 꾹꾹 눌러가며 묻혀,

4 끓는 튀김기름에 쥐포를 넣고 앞뒤로 노릇하게 튀겨서, 마요네즈 2와 연와사비를 약간 섞은 소스와 함께 내면 끝.

또 하나의 요리!

쥐포튀김 (2인분)

주재료 쥐포 2장, 튀김가루 2, 튀김기름 1/2컵, 스위트 칠리소스 적당량 **튀김옷 재료** 튀김가루 1/2컵, 찬물 1/3컵

How to cook 쥐포는 먹기 좋은 크기로 잘라 살짝 물에 담갔다 건져 비닐팩에 튀김가루와 쥐포를 넣어 튀김가루를 골고루 묻힌 후 튀김옷을 입혀 끓는 튀김기름에 노릇하게 튀겨 스위트 칠리소스를 곁들이면 끝.

춘권피튀김

아이들 단골 간식이자 맥주나 와인 안주로 자주 먹어요. 이것저것 제 마음대로 소를 넣어 춘권피로 돌돌 말아 튀기는데요, 춘권피가 구하기 어렵더라고요. 저는 온라인 상점에서 다른 식재료 구입할 때 샀거든요. 춘권피 대신 만두피를 사용해도 되니까 부담 갖지 마시고 따라 해보세요.

 25분　 3~4인분

 **Ingredients**

주재료　춘권피(또는 만두피) 12장, 피자 치즈 적당량, 새우(중하) 15마리, 닭 가슴살(또는 닭 다리살) 1조각, 양파(중간 것) 1개, 당근 1/8개, 완두콩(통조림) 1/2컵, 튀김기름 적당량

양념 재료　카레가루 0.5, 청주 0.5, 소금·후춧가루 약간씩

1 새우 15마리는 머리를 떼고 껍질을 벗겨 물에 씻어 잘게 썰고, 닭 가슴살 1조각, 양파 1개, 당근 1/8개는 잘게 썰고,

2 달군 팬에 식용유를 두르고 재료를 볶다가 완두콩을 넣어 주걱으로 눌러가며 짓이기고 카레가루 0.5, 청주 0.5, 소금과 후춧가루를 약간씩 넣어 간하고,

3 춘권피를 도마 위에 펼치고 피자 치즈를 적당히 얹은 후 볶은 재료, 피자 치즈 순으로 얹어 돌돌 말아,

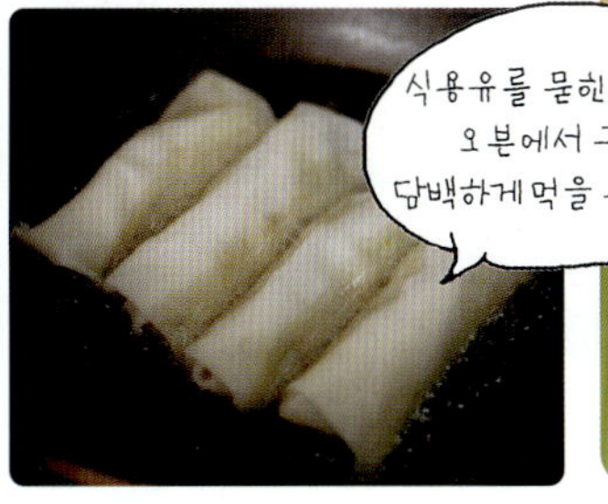

4 튀김기름을 넉넉히 두른 튀김 냄비에 한 면이 바삭하게 익으면 나무젓가락으로 뒤집어 나머지 면도 바삭하게 튀기면 끝.

Cooking Tip　시판되는 **허니 머스터드 소스**나 토마토케첩을 곁들이면 더 맛있어요. 한 김 식은 후 먹으면 피자 치즈가 녹아서 한결 맛있어요.

눈물을 머금고 가끔씩 만드는

치즈 프렌치 토스트

따끈한 코코아나 우유와 함께 먹으면 행복해져요. 그러나 간식은 어디까지나 간식!
세끼 꼬박꼬박 먹고 운동은 나 몰라라하며 치즈 프렌치 토스트만 구워 먹다 보면 나잇살에
우울해질 테니 가끔씩 만들어 먹어야 하는 간식이죠.

20분　　1~2인분

Ingredients

주재료　식빵 2장, 크림치즈 2, 체
다 슬라이스 치즈 2장, 달걀 1개, 우
유 3, 설탕·소금 약간씩, 식용유 적
당량

곁들이 재료　딸기잼·계핏가루 적
당량씩

Cooking Tip

식빵 대신 바게트나 잡곡빵을 사용해도 고
소한 씹는 맛이 일품이에요.

1 식빵에 크림치즈 2를 펴 바르
고,

2 크림치즈를 바른 빵 위에 체
다 슬라이스 치즈 2장을 올리
고 남은 식빵 1장으로 덮어,

3 달걀 1개에 우유 3을 넣고 섞
은 다음 설탕과 소금을 약간
씩 넣어 만든 달걀물에 식빵을 흠
뻑 적시고,

4 달군 팬에 식용유를 살짝 두
르고 빵을 중간 불로 노릇하
게 지져 계핏가루를 뿌리고 딸기
잼과 함께 내면 끝.

코울슬로

패스트푸드점에서 햄버거를 먹을 때 한없이 집어 먹게 되는 코울슬로.
집에서도 얼마든지 만들어 먹을 수 있어요. 느끼한 음식을 먹을 때, 브런치를 먹을 때,
빵을 먹을 때 곁들이면 입안이 상큼해져요.

 20분  3~4인분

 **Ingredients**

주재료 썬 양배추 3줌, 옥수수(통조림) 1/2컵

부재료 다진 당근 2, 다진 피망(또는 파프리카) 2

밑간 재료 소금 0.2, 식초 1.5, 설탕 0.5, 후춧가루 약간

양념 재료 마요네즈 2, 올리브오일 1, 머스터드 0.5

1 양배추 3줌은 씻어 물기를 쏙 빼서 잘게 자르고,

2 옥수수 1/2컵은 체에 밭쳐 물기를 빼고 당근과 피망도 같은 크기로 잘게 자르고,

3 볼에 양배추, 옥수수, 당근, 피망을 한데 섞고 밑간 재료인 소금 0.2, 식초 1.5, 설탕 0.5, 후춧가루 약간을 넣고 살살 버무려서,

4 마요네즈 2, 올리브오일 1, 머스터드 0.5를 넣고 뒤적거리면 끝.

Cooking Tip 바로 해 먹는 것도 맛있지만 냉장고에 하루 정도 넣어두면 간이 배어 더 맛있어요.

심심할 때 부쳐 먹는

파전병

밀가루와 파만 있으면 되는 간단 요리예요.
재료는 간단한데 시간은 조금 걸리는 요리라 심심할 때 부쳐 먹으면 제격인 파전병.
주말 나들이가 귀찮을 때 만들어 먹기 적당한 요리예요.

 45분  1판

Ingredients

주재료 밀가루 1컵+1/2컵, 소금 0.2, 미지근한 물 1/2컵, 덧밀가루 적당량, 참기름 2, 소금 약간, 송송 썬 대파 2줌, 식용유 적당량

초간장 재료 간장 1, 식초 0.5

1 밀가루 1컵+1/2컵은 소금 0.2를 넣고 미지근한 물 1/2컵을 부어 반죽하여 비닐팩에 담아 30분간 실온에 휴지시키고,

2 도마에 덧밀가루를 뿌리고 반죽을 얹어 밀대로 얄팍하게 밀어 참기름 2를 펴 바르고 소금을 살짝 뿌린 후 대파를 얹고,

3 돌돌 공기를 빼며 말아 끝 부분을 야무지게 오므려 S라인 반죽을 만들어 한쪽을 들어 올려 위로 포개어 밀대로 얄팍하게 밀고,

4 식용유를 넉넉히 두른 팬에 반죽을 넣어 중간 불이나 약한 불에 노릇노릇하게 구워 초간장을 곁들이면 끝.

Cooking Tip 초간장을 달게 하려면 물엿을 조금 넣어 약지로 휘휘 저어 주세요.

마카로니 샐러드

마카로니는 한 번 사면 보관도 쉽고 양도 많아 오래 먹을 수 있잖아요.
그래서 마카로니 요리를 다양하게 연구 중이에요. 모 식당 체인점에 가면 꼭 반찬으로 나오는
마카로니 샐러드는 제 마음대로 만든 버전이랍니다.

 20분  5~6인분

Ingredients

주재료 마카로니 1컵, 사과(작은 것) 1개, 당근(중간 것) 1/3개, 옥수수(통조림) 1컵, 땅콩 3, 건포도 3

마카로니 삶는 물 재료 물 5컵, 굵은소금 1, 설탕 2

양념 재료 마요네즈 5, 머스터드 0.5, 물엿 1, 소금·후춧가루 약간씩

 ## Cooking Tip

마카로니 샐러드에 우유를 조금 넣어 버무리면 부드럽고 촉촉하면서도 고소한 맛이 나요. 또 돈가스에 곁들여도 맛있어요.

1 냄비에 물 5컵, 굵은소금 1, 설탕 2를 넣어 팔팔 끓이다가,

2 냄비의 물이 바글바글 끓어오르면 마카로니 1컵을 넣어 바닥에 눌어붙지 않도록 나무 숟가락으로 저어가며 삶아 체에 밭치고,

3 사과 1개와 당근 1/3개는 잘게 썰고, 옥수수 1컵은 물기를 쏙 빼고, 땅콩 3, 건포도 3을 준비하고,

4 볼에 마카로니와 모든 재료를 담고 마요네즈 5, 머스터드 0.5, 물엿 1, 소금과 후춧가루 약간씩을 넣어 버무리면 끝.

멕시칸 샐러드

대학교 때 친구들 따라 술집에 갔다가 시켜 먹던 안주, 멕시칸 샐러드.
열심히 안주발만 세운다며 친구들한테 구박받던 생각이 나서 웃음 짓게 되네요.
제대로 된 멕시칸 샐러드에는 닭을 넣는다지만 집에 있는 재료로 대충 만들어보았어요.

 25분    2~3인분

Ingredients

주재료 햄 1줌, 사과 1/2개, 오이 1/2개, 당근 1/5개, 맛살 2줄, 파프리카 1/4개, 삶은 달걀 2개   **드레싱 재료** 마요네즈 4, 머스터드 1, 레몬즙 1, 설탕 0.3, 소금·후춧가루 약간씩   **기타 재료** 파르메산 치즈가루 적당량

1 햄 1줌은 가늘게 채썰어 팬에 볶고, 사과 1/2개, 오이 1/2개, 당근 1/5개, 맛살 2줄, 파프리카 1/4개는 채썰고,

2 재료를 볼에 담아 한데 섞고 소금과 후춧가루로 밑간을 하고, 삶은 달걀노른자 2개는 체에 내리고,

3 마요네즈 4, 머스터드 1, 레몬즙 1, 설탕 0.3, 소금과 후춧가루 약간을 한데 섞어 드레싱을 만들고,

4 볼에 드레싱을 넣어 조물조물 버무려서 접시에 담고 달걀가루와 파르메산 치즈가루를 뿌리면 끝.

토마토 드레싱 샐러드

(5~6인분)

주재료 양상추·치커리·베이비 채소·새싹 채소 적당량씩   **드레싱 재료** 토마토(작은 것) 3개, 올리브오일 4, 설탕 3, 식초 2, 레몬즙 2, 소금 0.3, 후춧가루 약간

How to cook 샐러드 채소는 물에 씻어 물기를 쏙 빼고, 토마토는 열십자로 칼집을 살짝 내어 끓는 물에 굵은 소금을 적당히 넣고 팔팔 끓을 때 데쳐 껍질을 벗겨 듬성듬성 자르고, 나머지 드레싱 재료와 골고루 섞어 샐러드 채소 위에 곁들이면 끝.

쥐포 샐러드

쥐포는 그냥 구워만 드셨죠?
기름에 튀겨 갖가지 채소와 곁들여 샐러드로도 만들어 먹을 수도 있어요.
그냥 먹어도 맛있지만 여름이면 시원한 생맥주가 고파지는 샐러드랍니다.

25분 3~4인분

Ingredients

주재료 쥐포 5개, 양상추 3장, 오이 1개, 당근 1/3개, 양파 1/2개, 대파(흰 부분) 1/2대, 튀김기름 적당량

소스 재료 식초 4, 간장 2, 레몬즙 1, 설탕 1, 물엿 1, 깨소금 2, 참기름 0.3, 소금·후춧가루 약간씩

Cooking Tip

쥐포는 튀겨도 질겨지지 않아요. 오히려 고소해지죠. 튀길 때 약한 불이나 중간 불로 불 조절을 잘 해야 쥐포가 타지 않아요. 또 쥐포를 적당히 식혀 잘라야 쉽게 잘라져요. 그렇다고 너무 식으면 딱딱해져서 자르기가 힘들어요.

1 식초 4, 간장 2, 레몬즙 1, 설탕 1, 물엿 1, 깨소금 2, 참기름 0.3, 소금과 후춧가루 약간씩을 한데 섞어 소스를 만들고,

2 양상추 3장, 오이 1개, 당근 1/3개, 양파 1/2개, 대파 1/2대는 가늘게 채썰어 접시에 담고,

3 쥐포 5개는 튀김기름을 넉넉히 두른 팬에 약한 불로 튀겨 가위로 가늘게 잘라 채소 위에 얹어 소스를 끼얹으면 끝.

폼 나는 간식

훈제연어 샐러드

여름에 자주 해 먹는 불 안 쓰고 만드는 요리 중 하나예요.
시원하고 담백한 맛이 입맛 없을 때 먹으면 힘이 나지요.
올리브오일의 깔끔함이 훈제연어의 맛을 확 살려주거든요.

 10분  2인분

 **Ingredients**

주재료　훈제연어 슬라이스 7장,
무순 적당량

드레싱 재료　올리브오일 2, 다진
양파 2, 다진 오이피클 1, 식초 1, 설
탕 0.5, 소금 0.3, 후춧가루 약간

 **Cooking Tip**

대형마트에 가면 냉동 코너에 있는 훈제연
어. 슬라이스와 덩어리로 된 제품이 있는데
샐러드에는 슬라이스 제품이 한결 편리해
요.

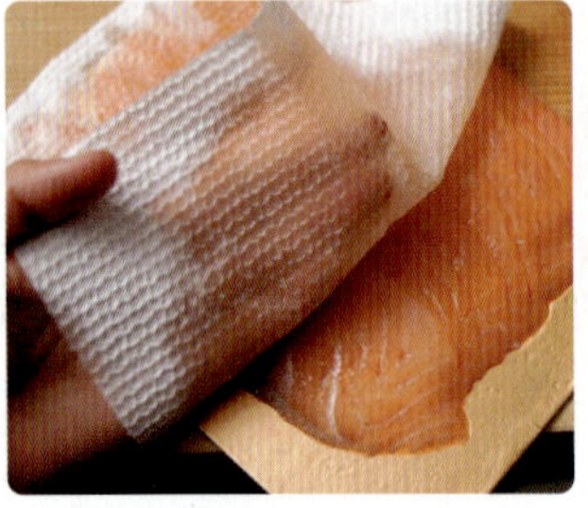

1 훈제연어 슬라이스 7장은 해동
해서 키친타월로 살짝 툭툭 눌
러 물기와 기름기를 제거하고,

2 손바닥에 연어를 1장 펴서 가
운데 무순을 적당히 얹고 돌
돌 말아 모양을 잡아,

3 올리브오일 2, 다진 양파 2,
다진 오이피클 1, 식초 1, 설
탕 0.5, 소금 0.3, 후춧가루 약간
을 한데 섞은 드레싱을 훈제연어
에 곁들이면 끝.

피시버거

밖에서 파는 햄버거는 제가 좋아하지 않아서 아이들에게 잘 안 사줘요.
내용물이나 맛도 실망스럽고요. 그래도 햄버거를 좋아하는 아들 둘을 위해
흰살 생선 패티를 층층이 쌓은 건강 버거를 만들어보았어요.

30분 3~4인분

Ingredients

주재료 햄버거 빵 2개, 양상추 2장, 치커리 1줌(약 20g), 식용유 적당량

패티 재료 흰살 생선(대구살) 300g, 청주 0.3, 녹말가루 0.5, 소금·후춧가루·생강가루 약간씩

튀김옷 재료 달걀 1개, 녹말가루 1

타르타르 소스 재료 마요네즈 5, 머스터드 0.5, 다진 오이피클 3, 다진 양파 2, 레몬즙 0.3, 소금·후춧가루 약간씩

Cooking Tip

타르타르 소스는 생선과 잘 어울려요. 생선가스나 새우튀김에 먹어도 맛있어요.

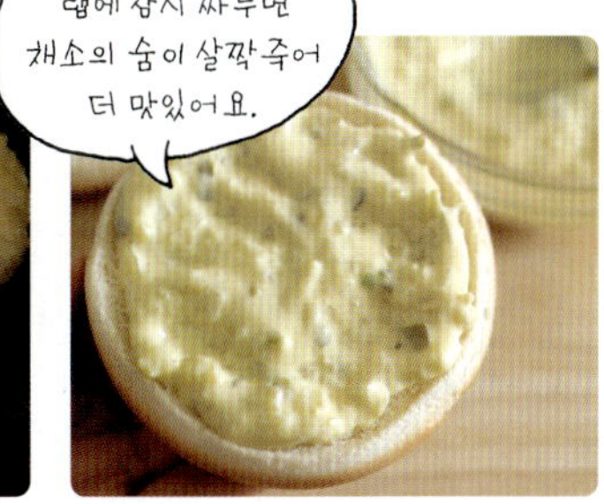

1 마요네즈 5, 머스터드 0.5, 다진 오이피클 3, 다진 양파 2, 레몬즙 0.3, 소금과 후춧가루 약간씩을 섞어 타르타르 소스를 만들고,

2 흰살 생선 300g은 물에 씻어 키친타월로 물기를 닦아 잘게 다져 청주 0.3, 녹말가루 0.5, 소금, 후춧가루, 생강가루를 넣고 치대어 햄버거 빵보다 더 크게 둥글넓적하게 빚고,

3 생선 패티를 녹말가루 1과 달걀 1개를 섞은 것에 묻혀 튀김옷을 입혀 달군 팬에 식용유를 넉넉히 두르고 앞뒤로 노릇하게 지지고,

4 양상추 2장, 치커리 1줌은 물에 씻어 물기를 빼고 햄버거 빵은 토스터에 구워 타르타르 소스를 발라 치커리, 양상추, 타르타르 소스 순으로 올리면 끝.

냉장고만 열면 뚝딱!
6 성실네 도시락집

요즘 아이들은 급식으로, 남편은 직장 근처 밥집에서 점심을 해결하니
주부님들 도시락 걱정은 사라지셨죠? 그렇지만 건강 생각하고, 가정 경
제 생각해서 도시락 싸들고 다니는 직장인들이 많이 늘었다고 해요. 또
아이들 소풍갈 때나 나들이 갈 때 맛있는 음식을 간단하게 싸가고 싶은
데 뭘 해야 좋을지 몰라서 빵집 샌드위치나 김밥집의 김밥만 먹어왔다면
도시락 요리를 눈여겨보세요.

우리 아이 소풍 도시락

"요즘에는 초등학교에만 들어가도 학교급식을 먹으니 엄마표 도시락은 그야말로 옛말이 되어버렸어요. 우리 엄마들처럼 새벽부터 일어나 도시락을 싸지 않으니 요즘 참 좋은 세상이에요. 하지만 아이들에게 좋은 음식 먹이고 싶은 건 옛날 엄마들이나 요즘 엄마들이나 똑같은 걸요. 모처럼 아이들에게 "우리 엄마 최고!"라는 칭찬을 들을 때가 있어요. 소풍 도시락 싸주는 날이에요. 싸는 사람도 먹는 사람도 입에 물리는 김밥을 대신할 비밀 레시피를 풀어놓을게요."

주먹밥

시금치 삶고, 햄이랑 단무지 모양 맞춰 자르고, 달걀지단 부치기 귀찮지만
소풍 때면 어김없이 먹는 소풍용 특허 김밥 대신 주먹밥으로 꾀를 냈어요.
만드는 법은 간단하지만 맛만큼은 끝내주는 이상한 밥이에요.

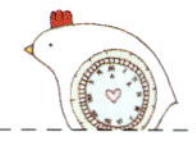 25분　 2~3인분

 **Ingredients**

주재료　밥 2공기, 참치(통조림) 1통, 마요네즈·후리카케 적당량씩

밥 양념 재료　소금 약간, 참기름 1

1 참치 통조림을 살짝 따서 국물
을 4분의 3 정도 따라내고,

2 고슬고슬하게 지은 밥 2공기
에 소금 약간과 참기름 1을 넣
어 주걱을 세워 가르듯이 살살 밥
을 섞고,

3 일회용 비닐장갑을 끼고 밥을
적당히 담아 평평하게 편 다
음 마요네즈를 뿌리고 참치를 올
리고, 다시 마요네즈를 올려서,

4 밥으로 살포시 덮어서 꾹꾹
눌러 둥글게 모양을 잡아 굴
려가며 후리카케를 입히면 끝.

Cooking Tip　후리카케는 대형마트에서 구입하세요. 밥에 뿌려 먹는 양
념인데, 알밥이나 주먹밥을 만들 때만 아주 가끔 사용해요.

일상이 나른할 때 먹는 색다른 밥

날치알 고깔김밥

일식집에 가면 곁들이 음식으로 나오는 고깔김밥을 나들이 메뉴로도 등록시켰어요.
후다닥 쌀 수 있는데다 들어가는 재료도 많지 않아 가격 부담도 적어요.

25분 · 1인분

Ingredients

주재료 밥 수북하게 1공기, 구운 김 3장, 날치알 6, 게맛살 2줄, 당근 1/4개, 무순 1줌, 깻잎 6장

단촛물 재료 식초 1, 설탕 0.5, 소금 0.2

곁들이 간장 재료 간장 2, 물 0.5, 연와사비 0.3

Cooking Tip

소 재료는 달걀지단, 햄 등 식성에 따라 넣으세요. 또 고슬고슬하게 지은 뜨거운 밥이어야 단촛물이 잘 섞여요.

1 게맛살 2줄과 당근 1/4개는 길이로 가늘게 썰고, 무순 1줌과 깻잎 6장은 물에 씻어 물기를 쪽 빼고,

2 식초 1, 설탕 0.5, 소금 0.2를 한데 섞어 전자레인지에 살짝 돌려 단촛물을 만들어 밥 1공기에 붓고 재빨리 뒤적거리고,

3 바삭하게 구운 김을 반으로 자르고 한 쪽에 밥을 올리고 그 위에 깻잎, 게맛살, 무순, 당근 순으로 올려서,

4 고깔 모양으로 돌돌 말아 먹기 전에 날치알을 올리면 끝.

캘리포니아롤

화려해 보이는 롤은 왠지 집에서 만들어 먹기보다는 롤전문점에서만 먹게 돼요.
아보카도 같은 몇 가지 재료와 뿌려 먹는 소스가 외식 메뉴라는 인상을 강하게 심어줬나 봐요.
집에서도 어렵지 않게 만들 수 있어 아이들 소풍 음식으로도 그만이에요.

 30분  1인분

Ingredients

주재료 밥 2/3공기, 김 1장, 게맛살(크래미 작은 것) 2줄, 단무지(김밥용) 1줄, 우엉조림 2줄, 아보카도 1/8개

단촛물 재료 식초 1, 설탕 0.5, 소금 0.2

장식 재료 날치알·마요네즈 적당량씩

Cooking Tip

많은 양의 단촛물을 만들 때는 작은 냄비에 담아 살짝 끓이고 적은 양을 만들 때는 전자레인지에 돌려 만드세요.

1 고슬고슬하게 지은 밥 2/3공기에 식초 1, 설탕 0.5, 소금 0.2를 한데 섞어 전자레인지에 20초간 돌려서 단촛물을 만들고, 아보카도는 반 잘라 씨를 빼고 껍질을 얇게 깎아 5cm 길이로 자르고,

2 게맛살 2줄, 단무지 1줄, 우엉조림 2줄도 5cm 길이로 자르고,

3 김발 위에 김을 얹고 밥을 골고루 넓게 깔고 랩을 씌워 랩째 뒤집어 김 위에 재료를 올리고,

4 돌돌 말아 랩째 일정한 두께로 썰어 접시에 담고 날치알을 적당히 올린 후 마요네즈를 지그재그로 뿌려 장식하면 끝.

꽃초밥

일본에는 치라시초밥이라는 아주 예쁜 초밥이 있어요.
색색의 식재료가 밥 위에 꽃처럼 피어 있는데 김밥 마는 것보다 만들기 쉬워요.
밥에 식초 양념을 해서 쉽게 상하지도 않을뿐더러 소화도 잘되는 음식이라 소풍용 도시락으로 제격이에요.

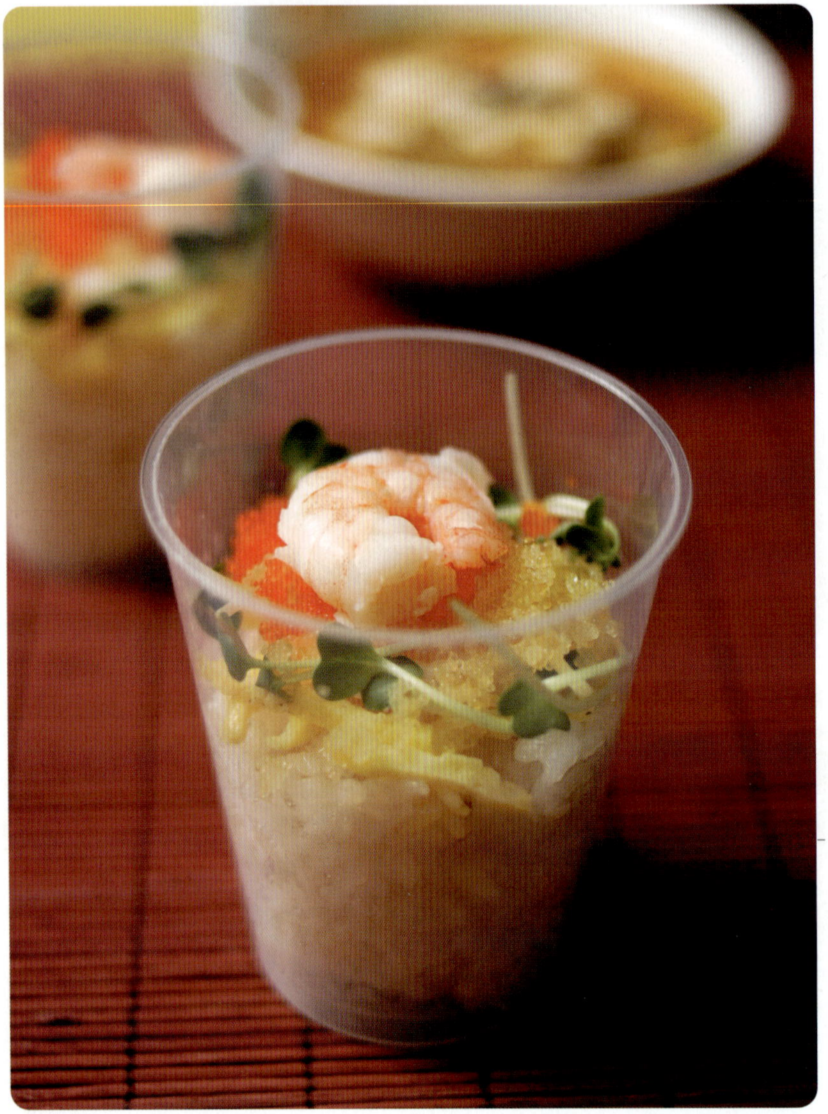

Ripple

? 맛있어 보이는데 해산물을 좋아하지 않는 아이들에게는 어떤 재료로 만들어주면 좋을까요?

! 양념한 불고기, 볶은 표고버섯, 우엉조림, 갖가지 채소 등 아이가 좋아하는 재료를 올리세요.

Ingredients

주재료 쌀 2컵, 다시마(10X10cm) 1장, 맛술 1, 새우(중하) 20마리, 연근(작은 것) 1개, 무순 적당량, 달걀 2개, 붉은색 날치알 4, 황금색 날치알 4, 굵은소금 적당량, 식초 3~4

단촛물 재료 식초 5, 설탕 3, 굵은소금 0.5

1 쌀 2컵은 물에 씻어 2~3시간 불린 후 평소 짓는 밥보다 물을 약간 덜 잡고 다시마 1장과 맛술 1을 넣어 고슬고슬하게 밥을 짓고,

2 밥이 다 지어졌으면 다시마는 빼내고 식초 5, 설탕 3, 굵은소금 0.5를 한데 섞어 단촛물을 만들어 넣고 주걱을 세워 밥을 가르듯이 골고루 섞어 한 김 식으면 도시락 용기에 담고,

3 새우 20마리는 꼬리와 머리를 떼고 등 쪽의 내장을 제거하여 끓는 물에 굵은소금을 넣고 데쳐 체에 밭쳐 물기를 빼서 껍질을 벗기고,

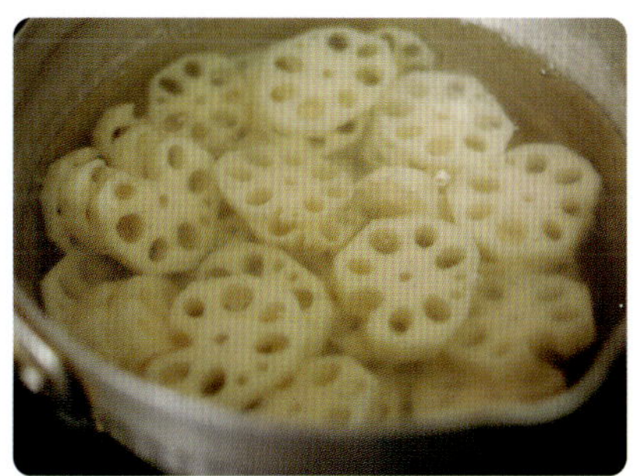

4 연근 1개는 필러로 껍질을 벗겨 0.3cm 두께로 썰어 끓는 물에 굵은소금 0.5, 식초 3~4를 넣고 데쳐 체에 밭쳐 물기를 빼고, 무순도 물에 씻어 물기를 빼고,

5 달걀 2개는 소금 간을 살짝 하여 지단을 부쳐 충분히 식힌 후 가늘게 채썰고,

6 도시락 용기에 새우, 연근, 무순, 달걀, 날치알 순으로 담고 먹기 직전에 밥 위에 골고루 얹으면 끝.

우리 남편 점심 도시락

"요즘 도시락 싸들고 다니는 직장인이 늘었다지요. 도시락을 먹으면 건강에도 좋고, 빠듯한 살림에도 도움이 되지만, '오늘 저녁은 뭘 먹지?' 라는 고민으로도 벅찬 주부들에게 '내일은 뭘로 남편 도시락을 싸야 하나?' 라는 걱정을 하나 더합니다. 그렇지만 어려울 것 없어요. 도시락 공식이 있거든요. 한국인에게 김치는 필수, 밥과 김치를 메인으로 하고 밑반찬을 몇 가지 챙기면 되니까요. 도시락이 너무 무거워도 안 되니까 입맛 당기는 반찬 중에 가볍고 일주일 밑반찬을 미리 만들어둘 수 있는 반찬들로 골라봤어요. 도시락 반찬은 반찬 레시피를 참고해서 입맛대로 다양하게 만드세요."

멸치 고추장볶음

엄마가 싸주시던 도시락. 단골 반찬을 꼽으면 멸치볶음, 콩장, 달걀말이, 김, 김치볶음,
쥐포볶음 등이었죠. 어쩌다 소시지 반찬이 등장했고요. 특히 멸치볶음은 일주일에 한 번은
꼭 반찬통에 있었어요. 몸에 좋은 멸치로 맛있게 볶아보아요.

 25분  2~3인분

Ingredients

주재료 멸치 2컵, 땅콩 1/2컵, 올리브오일 3

양념 재료 고추장 2, 고추기름 2, 간장 1, 설탕 1, 물엿 2, 청주 2, 맛술
2, 다진 마늘 1, 통깨 1

1 약하게 달군 팬에 올리브오일 3을 두르고 멸치 2컵을 넣어 중간 불로 타지 않게 바삭하게 볶아 그릇에 담고,

2 땅콩 1/2컵은 멸치에 잘 달라붙도록 깨절구에 넣어 몇 번 두드려 굵직하게 부수어 약하게 달군 팬에 넣어 타지 않게 바싹 볶아 멸치와 섞고,

3 고추장 2, 고추기름 2, 간장 1, 설탕 1, 물엿 2, 청주 2, 맛술 2, 다진 마늘 1을 한데 섞어 바글바글 끓이다가,

4 멸치와 땅콩을 넣고 양념이 골고루 묻도록 뒤적거리듯 볶아 통깨 1을 솔솔 뿌리면 끝.

Cooking Tip 땅콩 대신 두뇌 발달을 돕는 호두를 넣어도 좋아요. 땅콩이나 호두는 팬에 볶아 넣거나 전자레인지에 돌려 바싹 말려 반찬을 만들면 더욱 고소해요.

딱딱한 명엽채는 가라!

명엽채볶음

명엽채를 부드럽고 촉촉하게 볶아놓으면 아이들이 더 좋아해요.
이사 오기 전 이웃집 언니에게 배운 요리랍니다. 딱딱한 명엽채볶음과 부드러운 명엽채볶음을
가르는 것은 설탕이더라고요. 설탕을 넣으면 딱딱한 명엽채를 먹게 되니 주의하세요.

 25분    3~4인분

Ingredients

주재료   명엽채 2줌(100g)

1차 양념 재료   올리브오일 1, 마요네즈 1, 다진 마늘 0.5

2차 양념 재료   꿀 2, 간장 0.5, 통깨 1

1 명엽채 2줌은 먹기 좋은 크기로 자르고,

2 명엽채에 1차 양념 재료인 올리브오일 1, 마요네즈 1, 다진 마늘 0.5을 넣어 조물조물 양념하고,

3 달군 팬에 명엽채를 넣어 타지 않게 보슬보슬하게 볶다가,

4 꿀 2, 간장 0.5, 통깨 1을 넣어 살짝 더 볶으면 끝.

Cooking Tip 꿀 대신 물엿을 넣어도 좋아요. 볶은 명엽채는 밀폐용기에 담아 냉장 보관하면 비교적 오래 먹을 수 있어요.

어묵조림

국민반찬 어묵을 쫄깃하게 조린 반찬이에요.
식당에서 먹어본 걸 따라해 봤는데 부드러운 사각어묵으로 볶으면 더 맛있을 것 같아요.
김치와도 잘 어울려 도시락 반찬으로도 그만이에요.

 35분  4인분

Ingredients

주재료 어묵 300g, 올리브오일(또는 식용유) 적당량, 마늘 2쪽, 통깨 1, 참기름 약간

양념 재료 간장 1, 조선간장 1, 설탕 0.5, 물엿 3, 맛술 2, 물 1컵

Cooking Tip

모둠어묵을 사용했는데 사각어묵으로 만드세요.

1 어묵 300g은 먹기 좋게 채썰어 뜨거운 물에 헹궈 기름기를 빼서 체에 밭치고,

2 달군 팬에 올리브오일을 넉넉히 두르고 어묵을 넣어 타지 않게 달달 볶아 그릇에 담고,

3 팬에 간장 1, 조선간장 1, 설탕 0.5, 물엿 3, 맛술 2, 물 1컵, 편으로 썬 마늘 2쪽을 넣어 팔팔 끓이다가,

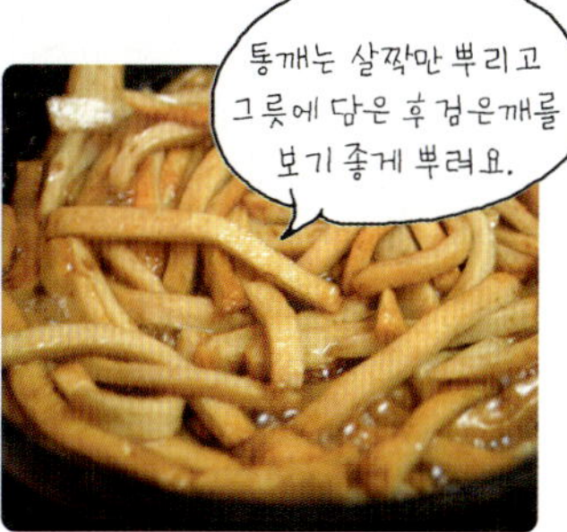

4 양념장에 어묵을 넣어 국물이 졸아들 때까지 바짝 조려 참기름 약간, 통깨 1을 뿌리면 끝.

장조림의 신선한 버전

닭가슴살 장조림

닭 가슴살로 장조림을 한다니까 생소하죠? 그런데 질기지 않고 부드러워서 아이들이 좋아해요.
조려서 냉장고에 보관해도 굳지 않아서 좋고, 영양 가득한 도시락 반찬으로도 적당해요.

 25분  6인분

 ■ Ingredients

주재료 닭 가슴살 3조각, 송송 썬 대파(또는 쪽파) 적당량 **닭 삶는 물**
재료 물 2컵+1/2컵, 통후추 0.5, 청주 3, 생강즙(또는 생강가루) 0.3
양념 재료 간장 5, 맛술 2, 흑설탕 1, 다진 마늘 0.5, 물엿 1, 통깨 0.5,
참기름 1, 후춧가루 약간, 발사믹 식초 1

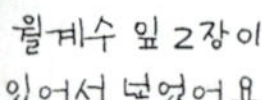

1 냄비에 물 2컵+1/2컵, 통후추 0.5, 청주 3, 생강즙 0.3을 넣어 팔팔 끓으면 닭 가슴살 3조각을 넣어 20분 정도 삶고,

2 삶은 닭은 체에 받쳐 물기를 빼서 결대로 먹기 좋게 찢고, 닭 삶은 물은 따로 담아두고,

3 닭 삶은 물에 간장 5, 맛술 2, 흑설탕 1, 다진 마늘 0.5, 물엿 1, 후춧가루 약간, 발사믹 식초 1을 넣어 팔팔 끓이다가 닭 가슴살을 넣어 조리고,

4 국물이 자작하게 졸면 송송 썬 대파와 참기름 1, 통깨 0.5를 뿌려 버무리면 끝.

Cooking Tip **쇠고기 장조림**은 홍두깨, 돼지고기는 안심, 닭고기는 가슴살을 이용해 만드는데, 기름기가 거의 없는 부위를 이용해야 하거든요. 도시락 반찬으로 닭가슴살 장조림을 쌀 때는 닭 가슴살에 국물이 촉촉한 정도만 담으세요.

오징어채무침

야들야들하고 촉촉한 오징어채무침에 김, 김치만 있어도 푸짐한 도시락이 되겠죠?
우리집에서는 김에 밥을 올린 다음 오징어채무침을 넣고 돌돌 말아 싸 먹어요.

 25분  3~4인분

 **Ingredients**

주재료 오징어채 3줌(약 150g), 대파 1/2대, 양파 1/4개, 당근 약간

양념 재료 고추장 3, 고춧가루 0.5, 간장 1, 설탕 0.5, 물엿 2, 식초 1,
다진 마늘 1, 깨소금 1, 참기름 1

1 오징어채 3줌은 물에 두어 번 헹궈 30초에서 1분 정도 물에 담갔다가 물기를 빼서 먹기 좋게 자르고,

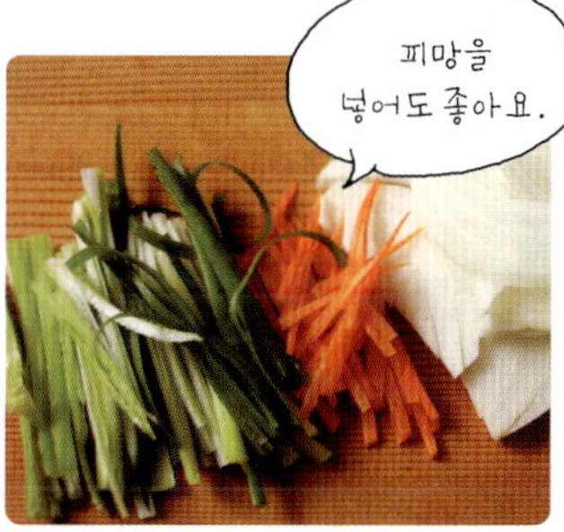

2 대파 1/2대는 길게 채썰고, 양파 1/4개와 당근도 채썰고,

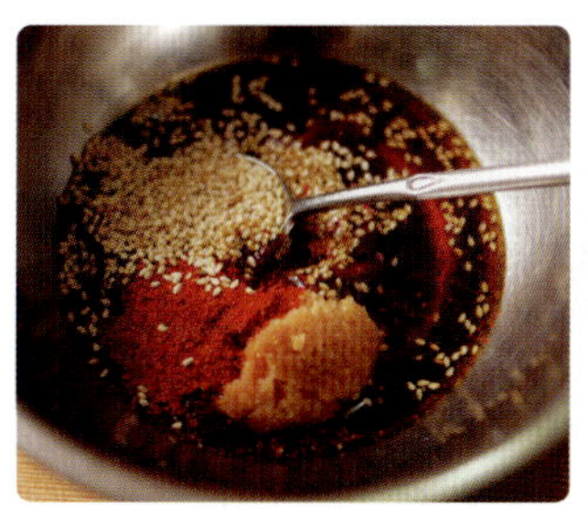

3 고추장 3, 고춧가루 0.5, 간장 1, 설탕 0.5, 물엿 2, 식초 1, 다진 마늘 1, 깨소금 1, 참기름 1 을 한데 섞어 양념장을 만들고,

4 오징어채와 채소를 양념장에 넣어 조물조물 무치면 끝.

Cooking Tip 레시피에 나와 있는 재료의 양은 각자 식성에 따라 조절하면 됩니다. 고추장과 깨소금, 식초의 양은 식성에 맞춰 조절해서 넣으세요.

딱딱하지 않은

오징어채조림

오징어채를 볶지 않고 조리면 부드럽고 촉촉해서 도시락 반찬으로도 좋아요.
무침과는 또 다른 맛이 나지요. 김치랑 밥만 있으면 남편도 한 그릇 뚝딱하겠지요.

25분　2~3인분

Ingredients

주재료　오징어채 2줌(약 150g), 송송 썬 대파(또는 쪽파) 1줌

양념 재료　고추장 4, 다진 마늘 1, 생강즙(또는 생강가루) 약간, 간장 0.5, 설탕 0.5, 물엿 3, 식용유 2, 청주 2, 물 1/2컵, 참기름 1, 통깨 1

1 오징어채 2줌은 물에 10초 정도 담갔다가 물에 두어 번 헹궈 살짝 불린 상태에서 건져 먹기 좋게 자르고,

2 고추장 4, 다진 마늘 1, 생강즙 약간, 간장 0.5, 설탕 0.5, 물엿 3, 식용유 2, 청주 2, 물 1/2컵을 냄비에 넣고 바글바글 끓여서 양념장을 만들고,

Cooking Tip **식용유를 꼭** 넣어야 해요. 기름기가 살짝 들어가야 오징어채에 윤기도 흐르고 부드럽고 맛있게 조려져요.

3 오징어채와 송송 썬 대파를 양념장에 넣고,

4 양념장의 간이 잘 배도록 조리다가 참기름 1, 통깨 1을 넣고 뒤적거리면 끝.

김무침

김을 구워 먹을 생각으로 한 톳이나 사서 냉동실에 넣어두었더니
눅눅하고 냉동실 냄새도 배어버렸어요. 그냥 먹기 힘들 때는 무쳐서 맛있는
반찬으로 만들지요. 도시락 반찬으로도 그만이에요.

 25분  2~3인분

 **Ingredients**

주재료 김 10장

양념 재료 간장 3, 맛술 2, 설탕 0.5, 다진 마늘 0.5, 다진 파 2, 참기름 1, 통깨 1

1 김 10장은 팬을 달궈 중간 불로 2장씩 포개어 앞뒤로 바삭하게 굽고,

2 구운 김을 비닐팩에 넣어 대충 부수고,

3 간장 3, 맛술 2, 설탕 0.5, 다진 마늘 0.5, 다진 파 2, 참기름 1, 통깨 1을 한데 섞어 양념장을 만들고,

4 김을 볼에 담고 양념장을 부어가며 일회용 장갑을 끼고 살살 조물조물 무치면 끝.

Cooking Tip 김은 **파래김**, 재래김, 돌김, 김밥용 김 아무거나 상관없어요. 밥반찬이라 간을 짭쪼름하게 했으니 삼삼하게 먹으려면 간장의 양을 2숟가락으로 줄이세요.

289

영양 가득한

쇠고기 동그랑땡

명절날 부치는 전 중에 빠지지 않고 만드는 것이 바로 동그랑땡이지요. 명절에 먹는 전은 막상 상에 내면
손이 잘 안 가지만, 막 지지면서 먹는 전은 꿀맛 그 자체라니깐요. 도시락 반찬 1순위도 동그랑땡인 거 아시죠?
양파와 채소를 넉넉히 넣어 촉촉하게 만들어보세요. 집에서 먹을 동그랑땡은 간을 싱겁게 하여 양념 간장을 곁들여
먹어도 좋지만, 도시락 반찬의 동그랑땡은 간을 알맞게 하세요.

Ripple

❓ 쇠고기 동그랑땡을 명절 때마다 부치는데 매번 타거나 덜 익어 시댁 식구들 보기에 민망해요. 전을 잘 부치는 비법 좀 알려주세요.

❗ 이때는 불 조절이 관건이에요. 팬을 달군 후에 식용유를 넉넉히 두르고 중간 불로 진득하게 익혀야 해요. 한쪽 면이 완전히 익은 후에 뒤집어 다른 면을 익혀야 하고요. 동그랑땡을 팬에 넣을 때도 재빨리 간격을 두고 넣어 한 판의 동그랑땡을 다 부친 후 다시 한 판을 부칠 수 있도록 하세요.

 1시간    2~3인분

Ingredients

주재료 쇠고기(다진 것) 300g, 양파(중간 것) 1/2개, 당근 1/6개, 피망 1/2개, 대파 1/3대, 식용유 적당량

고기 양념 재료 청주 2, 다진 마늘 1, 소금 0.3, 후춧가루 0.2, 생강가루 0.2, 참기름 1

부침옷 재료 밀가루 적당량, 달걀 2개

1 다진 쇠고기 300g은 청주 2를 뿌려 잠시 재웠다가 키친타월에 올려 꾹꾹 눌러가며 핏물을 빼고,

2 양파 1/2개, 당근 1/6개, 피망 1/2개, 대파 1/3대는 잘게 다지고,

3 볼에 쇠고기와 다진 채소들을 넣고, 다진 마늘 1, 소금 0.3, 후춧가루 0.2, 생강가루 0.2, 참기름 1을 넣어 끈기 있게 치대어 동글넓적하게 한입 크기로 빚고,

4 쇠고기 완자에 밀가루를 묻히고 달걀 2개를 풀어 만든 달걀물에 담갔다가,

5 달군 팬에 식용유를 넉넉히 두르고 중간 불에서 동그랑땡을 앞뒤로 노릇노릇하게 지지면 끝.

깨 두부 스테이크

이름만 거창하지 정말 간단하고 맛있는 요리예요.
된장찌개 끓이고 남은 두부가 있으면 스테이크를 자주 만들어요.
두부는 식어도 먹을 만한데다 소스가 맛있어 도시락 메뉴로도 훌륭해요.

 25분  2~3인분

 **Ingredients**

주재료 두부(큰 것) 2/3모, 달걀 1개, 검은깨 1, 소금·후춧가루 약간씩, 식용유 적당량

소스 재료 돈가스 소스 2, 간장 1, 물엿 1, 물 2, 흑설탕 0.5

1 두부 2/3모는 물기를 꼭 짜서 볼에 넣고 달걀 1개, 검은깨 1, 소금과 후춧가루를 약간씩 넣고 치대서 반죽하고,

2 반죽한 두부는 둥글납작하게 모양을 내서 빚고,

3 달군 팬에 식용유를 살짝 두르고 두부 반죽을 넣어 앞뒤로 노릇하게 지지고,

4 돈가스 소스 2, 간장 1, 물엿 1, 물 2, 흑설탕 0.5를 한데 섞어 걸쭉하게 조려서 소스를 만들어 두부와 곁들이면 끝.

Cooking Tip **소스가 두부에** 배면 보기에도 안 좋고 간이 짜니 소스는 다른 도시락 용기에 담아 먹기 직전에 끼얹어 드세요.

채소 참치

지금은 흔하디흔한 참치 통조림이지만 제가 학생이었을 때는 정말 귀한 음식이었죠.
친정엄마는 참치 통조림 하나를 프라이팬 가득한 반찬이 되도록 마법을 부리셨죠.
이름하여 채소가 훨씬 많은 채소 참치예요.

 35분  4인분

 Ingredients

주재료 참치(통조림) 1통(약 150g), 감자(중간 것) 1개, 양파(중간 것) 1개, 당근(중간 것) 1/3개, 옥수수(통조림) 1컵, 대파(잎 부분) 1/3대, 식용유 적당량

양념 재료 고추장 2, 토마토케첩 2, 간장 1, 맛술 3, 다진 마늘 1, 설탕 0.5, 물엿 1, 생강가루·후춧가루 약간씩, 통깨 1, 참기름 0.5

 Cooking Tip

밥 위에 얹어 비벼 먹으면 채소를 잘 먹지 않는 아이들도 잘 먹어요.

1 감자 1개, 당근 1/3개는 깍둑 썰고, 양파 1개는 다지고, 옥수수 1컵은 물기를 쏙 빼고,

2 고추장 2, 토마토케첩 2, 간장 1, 맛술 3, 다진 마늘 1, 설탕 0.5, 물엿 1, 생강가루와 후춧가루 약간씩을 한데 섞어 양념장을 만들고,

3 달군 팬에 식용유를 두르고 당근과 감자를 먼저 볶다가, 양파와 옥수수를 넣고 볶아 채소가 다 익으면 양념장을 넣어 버무리듯 볶고,

4 참치 1통을 넣어 살살 볶아 대파 1/3대를 송송 썰어 넣고 통깨 1, 참기름 0.5를 넣고 살짝 볶으면 끝.

우리집 나들이 도시락

"나들이를 자주 가는 편은 아니지만, 가끔 가게 되면 꼭 음식을 싸가요. 워낙 샌드위치를 좋아하기도 하고, 샌드위치야말로 다양한 맛으로 준비해 여럿이 먹어야 맛있어서 나들이 갈 때는 주로 샌드위치 도시락을 싼답니다. 김밥보다 무겁지 않고, 포장하기도 간편하고 예뻐서 식욕이 마구 솟거든요."

게맛살 유부초밥

나들이 갈 때 김밥이 맛있기는 한데 질리잖아요. 재료 준비하고 아침부터 싸려면
부산하기도 하고요. 유부초밥에 게맛살만 올리면 뚝딱 완성되는 게으른 엄마를 위한
요리를 알려드릴게요. 이 레시피는 누가 해도 맛있으니 용기를 내어 도전해보세요.

 25분  2~3인분

 **Ingredients**

주재료 밥 2공기, 시판 초밥용 유부 16장

게맛살 샐러드 재료 게맛살(크래미 작은 것) 7줄, 날치알 2, 다진 양파
4, 다진 오이피클 2, 마요네즈 3, 머스터드 1, 소금·후춧가루 약간씩

1 게맛살 7줄은 잘게 찢고, 볼에
다진 양파 4, 다진 오이피클 2,
날치알 2, 마요네즈 3, 머스터드 1
을 넣어 고루 섞고,

2 잘게 찢은 게맛살을 넣고 후
춧가루를 약간 뿌려 섞어서
소금으로 간하고,

3 고슬고슬하게 지은 밥 2공기
에 시판 초밥용 유부에 들어
있는 단촛물과 양념 재료를 골고
루 섞고,

4 유부에 양념한 밥을 4분의 3
정도 채우고 게맛살 샐러드를
볼록하게 눌러 담으면 끝.

Cooking Tip 마요네즈를 좋아해서 많이 넣는 편인데요, 담백하게 만들
때는 마요네즈의 양을 줄이고 오이피클과 양파를 조금 더 넣으세요.

달콤함에 빠져, 빠져~

고구마 샌드위치

샐러드로 만들어 먹어도 맛있는 고구마를 샌드위치에 듬뿍 넣어보았어요.
달콤한 고구마의 맛이 입안에서 살살 녹아요.
건포도와 호두를 동참시켜 씹히는 맛도 배가시켰어요.

25분　　2인분

Ingredients

주재료　고구마(중간 것) 2개, 식빵 4장, 다진 양파 3, 옥수수(통조림) 6, 건포도 2, 잘게 다진 호두 3개분, 파르메산 치즈가루 1, 마요네즈 3, 설탕 0.3, 소금 약간

1 고구마 2개는 굽거나 쪄서 뜨거울 때 포크로 으깨고,

2 다진 양파 3, 옥수수 6, 건포도 2, 잘게 다진 호두 3개분을 넣고, 파르메산 치즈가루 1, 마요네즈 3, 설탕 0.3, 소금 약간을 넣고 버무려 소를 만들고,

3 식빵 4장은 토스터에 노릇하게 굽고,

4 식빵 1장에 준비한 소를 넉넉히 올리고 나머지 식빵으로 덮어 먹기 좋게 자르면 끝.

또 하나의 요리!

고구마 셰이크(2인분)

재료 호박고구마(중간 것) 2개(약 300g), 우유 2컵, 꿀 1, 소금·계핏가루 약간씩

How to cook 찐 호박고구마를 블렌더에 넣고 우유 2컵, 꿀 1, 소금 약간을 넣고 윙~ 갈면 끝. 유리컵에 담고 계핏가루를 적당히 뿌리면 되는데요, 이때 소금을 넣으면 고구마의 단맛이 확 살아나요.

바나나 랩 샌드위치

바나나와 환상적인 궁합은 땅콩잼. 식빵과 바나나, 땅콩잼, 딸기잼만 있으면
두 가지 버전의 샌드위치를 만들 수 있어요. 과정도 간단해서 후다닥 만들 수 있어요.

 5분  2인분

 **Ingredients**

주재료 식빵 2장, 바나나 2개, 땅콩잼·딸기잼 적당량씩

1 식빵은 잘 말릴 수 있도록 밀대로 살짝 밀고,

2 식빵에 딸기잼을 바른 다음 땅콩잼을 넉넉히 바르고 껍질을 벗긴 바나나 1개를 통째 올려,

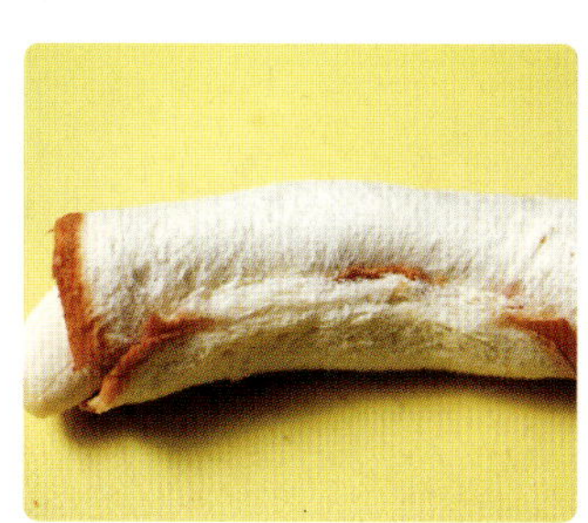

3 식빵을 꾹꾹 눌러가며 돌돌 말아 김밥 썰 듯이 썰면 끝.

바나나 샌드위치 (2인분)

재료 식빵 2장, 바나나 2개, 땅콩잼·딸기잼 적당량씩

How to cook 바나나는 껍질을 벗겨 먹기 좋게 자르고, 식빵은 토스터에 구워 딸기잼, 땅콩잼을 바르고 바나나를 올려 나머지 식빵으로 덮으면 끝.

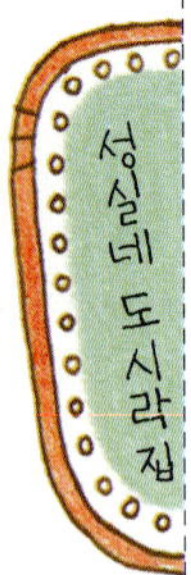

튜너 랩 샌드위치

한 손에 쥐고 먹는 돌돌 만 샌드위치.
집에 있는 자투리 채소와 참치 통조림, 토르티야가 있어서 한 번 만들어보았어요.
식빵으로 만든 샌드위치와는 또 다른 고급스러운 맛이 나요.

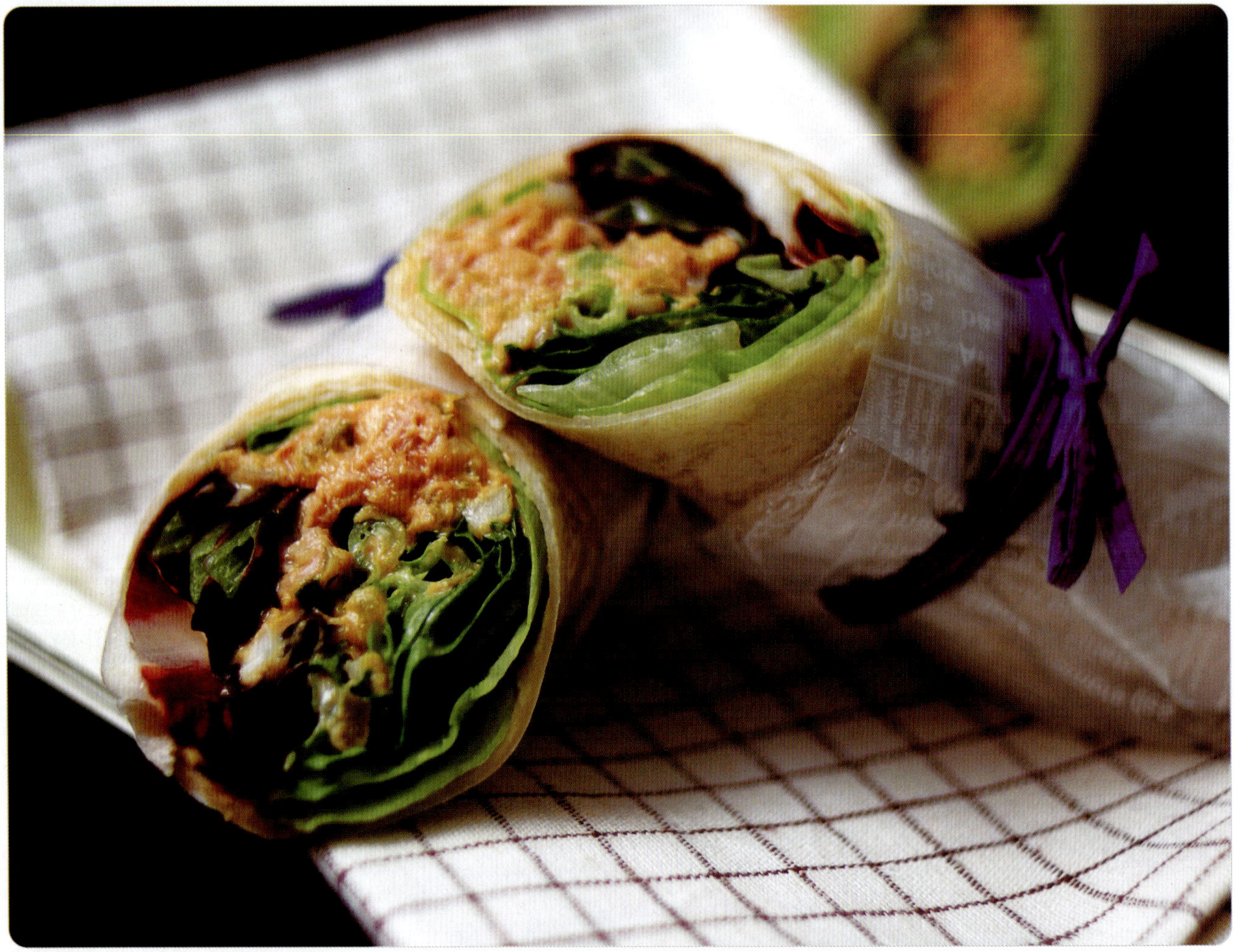

 20분   2~3인분

 **Ingredients**

주재료 토르티야(10인치) 2장, 참치(통조림) 1통, 양상추·치커리·쌈채소 등 적당량

소 재료 다진 양파 3, 다진 오이피클 3, 마요네즈 4, 머스터드 1, 토마토케첩 0.5, 후춧가루 약간

1 참치 통조림은 국물을 쏙 빼고, 다진 양파 3, 다진 오이피클 3, 마요네즈 4, 머스터드 1, 토마토케첩 0.5, 후춧가루를 약간 넣고 잘 섞어 소를 만들고,

2 양상추, 치커리, 쌈채소 등은 찬물에 씻어 물기를 빼고,

3 토르티야 2장은 기름을 두르지 않은 팬에 중간 불로 앞뒤로 노릇하게 굽고,

4 토르티야 위에 양상추, 치커리를 올린 다음 양념한 참치를 듬뿍 얹고,

5 그 위에 쌈채소 등을 올리고,

6 토르티야를 꾹꾹 눌러가며 돌돌 말아 랩으로 싸서 모양을 고정시켜 먹기 전에 사선으로 모양을 내서 자르면 끝.

 **Cooking Tip**

채소가 많이 들어가고 참치도 넣었더니 아이들은 반만 먹고 마네요. 아이들을 위해서는 채소의 양을 살짝 줄이고 햄, 맛살 등을 넣으면 어떨까요.

상큼 달콤 새콤

프루트칵테일 샌드위치

샌드위치는 김치의 종류만큼이나 무궁무진합니다.
그래도 집에서 간단하게 만들어 먹는 건 정해져 있죠.
과일 통조림 하나만 있으면 만들 수 있는 샌드위치를 즐겨 만들어요.

Cooking Tip **식빵을 구워** 버터를 얇게 발라서 소 재료를 듬뿍 채우면 한 결 맛있어요.

 30분    4~5인분

 **Ingredients**

주재료　식빵 8장

소 재료　프루트칵테일(통조림) 1통, 삶은 달걀 5개, 마요네즈 6, 머스터 드 1, 소금 0.3

1 프루트칵테일은 체에 밭쳐 물 기를 쏙 빼고,

2 삶은 달걀 5개의 노른자는 손 으로 보슬보슬 풀고 흰자는 듬성듬성 썰어 볼에 담고,

3 달걀에 프루트칵테일을 넣고 마요네즈 6, 머스터드 1, 소금 0.3을 넣어 골고루 버무리고,

4 식빵 8장은 토스터에 구워 식 빵 1장 위에 소 재료를 듬뿍 얹어 다른 식빵으로 덮고 랩으로 단단히 고정시켜 자르면 끝.

베이글 샌드위치

주로 식빵으로 만들던 샌드위치를 베이글로 만들었어요.
샌드위치 전문점의 비싼 샌드위치보다 훨씬 맛있어요. 자르고, 굽고, 얹으면 끝.
재료만 있으면 누구나 쉽게 도전할 수 있어요.

 20분  1~2인분

 **Ingredients**

주재료 플레인 베이글 1개, 양상추 2장, 치커리(큰 것) 2장, 양파 슬라이스 적당량(약 15g), 훈제연어 슬라이스 3장, 다진 오이피클 1

소스 재료 크림치즈 3, 마요네즈 0.3, 홀그레인 머스터드 0.3

1 양상추 2장, 치커리 2장은 물에 씻어 물기를 쏙 빼서 손으로 대강 찢고, 양파 슬라이스도 준비하고,

2 베이글은 반 잘라 토스터에 구워 한쪽 면에만 크림치즈 3을 바르고,

3 남은 베이글에는 마요네즈 0.3, 홀그레인 머스터드 0.3을 골고루 펴 바르고,

4 양상추, 치커리, 훈제연어 3장, 양파, 다진 오이피클 1을 얹어 나머지 베이글로 덮으면 끝.

또 하나의 요리!

오이 달걀 샌드위치

(1~2인분)

재료 식빵 2장, 달걀 2개, 오이 1/2개, 양파 1/4개, 마요네즈 3, 머스터드 0.3, 소금·후춧가루 약간씩

How to cook 오이는 어슷 썰어 소금을 살짝 뿌려 재워서 물기를 짜고, 달걀은 완숙으로 삶아 보슬보슬 풀고, 양파는 잘게 다져 한데 섞어 마요네즈 3, 머스터드 0.3, 소금과 후춧가루를 약간씩 넣고 골고루 섞어요. 식빵은 토스터에 구워 1장에 소 재료를 얹고 남은 식빵으로 덮으면 끝.

그대의 매력은 톡 쏘는 맛!

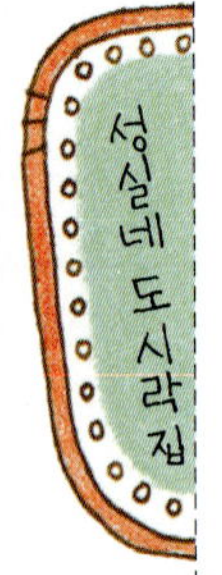

겨자소스 치킨 샐러드

아는 분이 필요(?)에 의해 닭 가슴살을 드시는데, 드레싱을 넣어 먹자니 칼로리가 장난이 아니고, 그냥 먹자니 한두 끼도 아니고 못 먹겠다는 푸념을 하시는 걸 들은 적이 있어요. 닭 가슴살로 맛있으면서도 칼로리는 낮은 샐러드를 만들어볼까? 그래서 만들게 된 요리예요. 퍽퍽한 닭 가슴살을 맛나게 드시고 싶은 분들은 줄을 서세요~

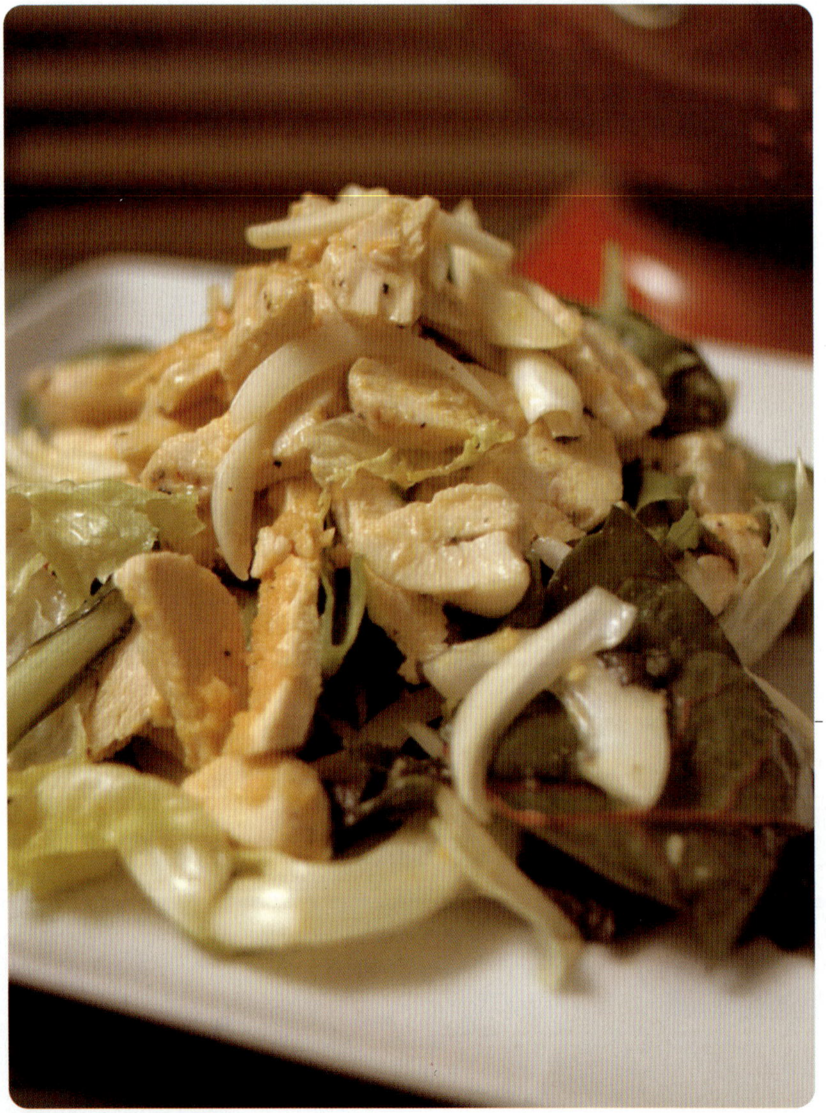

Ripple

- 집에 이유식 만들고 남은 밑간해둔 닭 안심이 있는데 오늘 저녁은 요걸로 해야겠네요~
- 이 소스 해 먹어봤는데 맛나요. 전 겨자는 별로인데도, 은근 톡 쏘면서 달짝지근한 게 맛있었어요.
- 닭의 부위에서 가장 비린내가 적은 게 닭가슴살이에요. 그래서 밑간도 소금, 후춧가루 정도만 넣어요. 남은 닭 안심이 있다면 안심으로 만드셔도 돼요. 올리브오일은 부드럽게 하기 위해서 넣었는데 빼셔도 돼요. 더 매콤하게 드시려면 참기름 대신 고추기름이나 청양고추를 넣으세요.

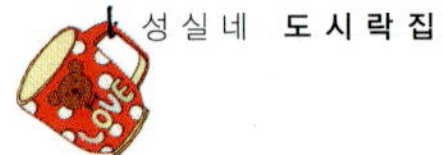

 35분　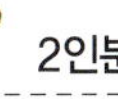 2인분

Ingredients

주재료　닭 가슴살 3조각, 양파(중간 것) 1개, 양상추 3줌, 샐러드 채소 1줌

닭 밑간 재료　올리브오일 2, 청주 2, 소금·후춧가루 약간씩

겨자 소스 재료　연겨자 1, 설탕 2, 식초 4, 레몬즙 1, 간장 0.5, 소금 0.3, 다진 마늘 1, 참기름 1

1 닭 가슴살 3조각은 올리브오일 2, 청주 2, 소금, 후춧가루를 약간 뿌려 잠시 밑간을 하고,

2 밑간한 닭 가슴살은 쿠킹포일로 잘 싸서 오븐 팬에 올려 200℃로 예열한 오븐에 넣고 15~20분간 익히고,

3 닭이 익는 동안 연겨자 1, 설탕 2, 식초 4, 레몬즙 1, 간장 0.5, 소금 0.3, 다진 마늘 1, 참기름 1을 한데 섞어 겨자 소스를 만들고,

4 양파 1개는 채썰고, 양상추 3줌과 샐러드용 채소 1줌은 찬물에 헹궈 체에 밭쳐 물기를 쪽 빼고,

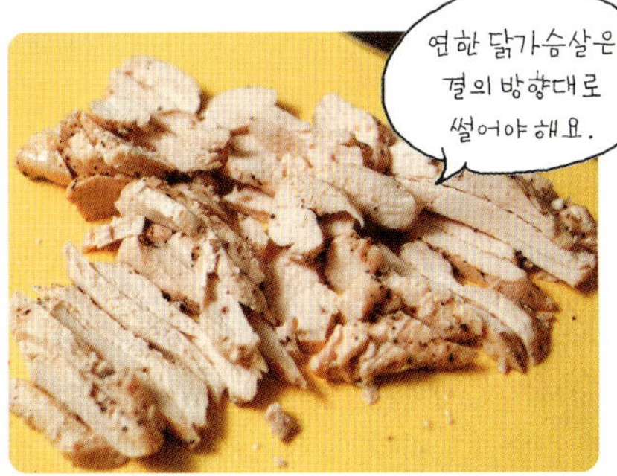

5 푹 익은 닭은 한 김 식혀 결대로 먹기 좋게 썰고,

6 볼에 양상추, 샐러드용 채소, 닭 가슴살을 담고, 겨자 소스를 끼얹어 살살 버무리면 끝.

Cooking Tip

치킨을 넣은 샐러드라 출출할 때 한끼 식사로도 손색이 없어요.

냉장고만 열면 뚝딱!
7 성실네 죽집

몇 년 전부터 생긴 프랜차이즈 죽집이 꾸준히 인기를 얻고 있어요. 아플 때나 먹는 걸로 여겼던 죽도 이제 엄연히 요리로서 대접을 받게 되었지요. 아이들 간식이나 가벼운 브런치 메뉴로 가끔씩 죽을 쑤고, 수프를 끓여요.

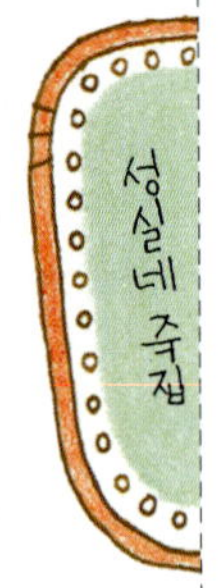

전복죽

대부분의 죽이 그렇지만 전복죽은 누군가 아플 때만 끓이잖아요. 전복 값이 금값이라
일상식으로 먹기에는 부담스러우니까요. 한여름에 입맛도 없고 지칠 때 보약 한 첩 먹는 셈치고
끓여서 식구들과 먹어요. 전복죽 한 그릇이면 더위도 안 무서워요.

 30분  2~3인분

Ingredients

주재료 전복(작은 것) 3개, 불린
쌀 1컵, 참기름 3, 끓는 물 5컵, 국
간장 1

곁들이 재료 김가루·통깨 약간씩

Cooking Tip

전복은 껍데기가 위쪽으로 오도록 체에 담
아 뜨거운 물을 끼얹고 주방용 솔로 꼼꼼히
닦은 후 숟가락으로 살을 발라내요. 숟가락
을 깊숙이 넣지 말고 살짝 넣어 살과 내장
을 조심스럽게 손으로 뜯어내야 해요. 살과
내장을 따로 분리하고 전복 살에 오돌토돌
나온 부분에 있는 하얀 심줄을 제거하고 뾰
족하게 까만 돌기가 나온 부분에 칼집을 세
로로 내어 쭉 누르면 빠져나와요.

1 전복 3개는 먹기 좋게 저며 썰
고 내장은 가위로 터트려 잘게
자르고, 쌀은 3시간 전에 불리고,

2 냄비에 참기름 1을 살짝 두르
고 전복 살을 넣어 살짝 볶아
한쪽에 담아두고,

3 전복 살을 볶은 냄비에 참기름
2를 두르고 불린 쌀과 전복 내
장을 넣고 달달 볶다가,

4 뜨거운 물 5컵을 붓고 쌀알이
잘 퍼질 때까지 푹 끓이다가
국간장 1을 넣어 간하고 나머지 간
은 소금이나 국간장으로 하고 먹
을 때 볶은 전복 살을 올리면 끝.

잣죽

호두나 잣은 몸에는 좋은데 그냥 먹기에는 한계가 있어요. 호두는 강정을 해 먹거나
잣은 잣죽을 끓여 먹지요. 국산 잣으로 잣죽을 끓였더니 가격이 만만치 않네요.
그래도 한 그릇 먹으면 힘이 나니까 외식하는 셈치고 쑤었어요.

 25분　 4인분

 **Ingredients**

주재료　불린 쌀 1컵+1/2컵, 잣 1컵, 물 8컵, 소금 약간

1 쌀은 물에 씻어 불리고, 잣 1컵은 접시에 평평하게 펼쳐 전자레인지에 1분에서 1분 30초 정도 돌려 수분을 날리고,

2 잣을 물 1컵과 함께 믹서에 넣고 갈아 따로 두고, 잣을 간 믹서에 물 2컵을 붓고 한 번 갈고,

3 불린 쌀 1컵+1/2컵과 물 1컵+1/2컵을 믹서에 넣어 갈고, 물 3컵+1/2컵을 믹서에 붓고 흔들어 물을 따로 담아두고,

4 냄비에 쌀 간 것을 넣어 나무 주걱으로 저어가며 중간 불로 끓여 죽이 풀처럼 쑤어지면 잣을 간 물을 붓고 뭉근히 끓여 소금으로 간하면 끝.

Cooking Tip 잣은 보통 냉장고에 넣어두시죠? 잣은 냉장 보관하더라도 사용할 때는 살짝 볶거나 전자레인지에 돌려 수분을 날려주어야 바삭하고 고소해요.

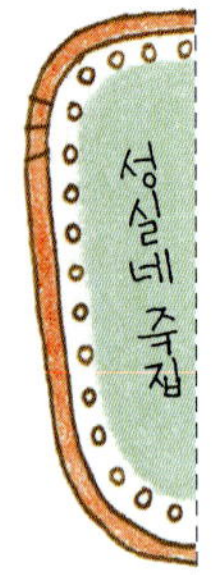

검은깨죽

검은깨를 넣은 흑임자죽은 고소할 뿐만 아니라 머리도 좋아진다니 아이들에게
자주 만들어줘요. 야참으로도 먹고 입맛 없는 아침에 밥 대신 먹는 든든한 한끼예요.
또 손님상에 메인 요리를 내기 전에 맛배기 음식으로 올려도 좋아요.

 25분  3~4인분

Ingredients

재료 검은깨 1/2컵, 불린 쌀 1컵,
물 7컵, 소금 0.5

Cooking Tip

검은깨는 볶은 것을 넣어야 해요. 생으로
된 검은깨는 물에 일어 체에 건져 물기를
빼고 마른 팬에 볶으면 돼요. 검은깨가 통
통하게 모양이 살아날 때까지 볶으세요.

1 검은깨 1/2컵은 물 1컵과 함께
믹서에 넣고 갈아 따로 담아두
고, 검은깨를 간 믹서에 불린 쌀 1
컵과 물 2컵을 부어 갈고,

2 냄비에 쌀 간 것과 물 4컵을
붓고 눌어붙지 않게 저어가며
끓이다가, 검은깨 간 것을 넣어 쌀
알이 푹 퍼질 때까지 끓이다가,

3 어느 정도 끓으면 불을 약하게
줄이고 소금 0.5를 넣어 간하
면 끝.

브로콜리 순두부죽

고지식한 저는 죽은 정성껏 집에서 끓여 먹어야 한다고 생각했어요. 그런데 어느 날
죽 전문점에 갔더니 맛도 좋고 장사도 잘되더라고요. 그때 맛본 죽을 만들어보았어요.
우리 쌍둥이들이 "사 먹는 죽보다 엄마가 해준 죽이 더 맛있어요"라고 말하네요.

 25분　 3인분

 **Ingredients**

주재료 쌀 1컵, 브로콜리 1/2송이, 굵은소금 약간, 순두부 1봉지, 감자
(작은 것) 1개, 양파(작은 것) 1/2개, 당근 1/6개, 멸치다시마 육수 4컵, 물
2컵　**양념 재료** 참기름 2, 소금 약간　**곁들이 재료** 김가루·깨소금
약간씩

1 쌀 1컵은 서너 번 물에 씻어 2
시간 이상 담가 불리고,

2 브로콜리는 송이송이 뜯어 끓
는 물에 굵은소금을 넣어 살
짝 데친 후 찬물에 담가 물기를 빼
서 믹서에 물 2컵과 넣어 갈고,

3 감자 1개, 양파 1/2개, 당근 1/
6개는 잘게 다져, 달군 팬에
참기름 2를 두르고 달달 볶다가,
불린 쌀을 넣어 쌀알이 투명해질
때까지 볶아,

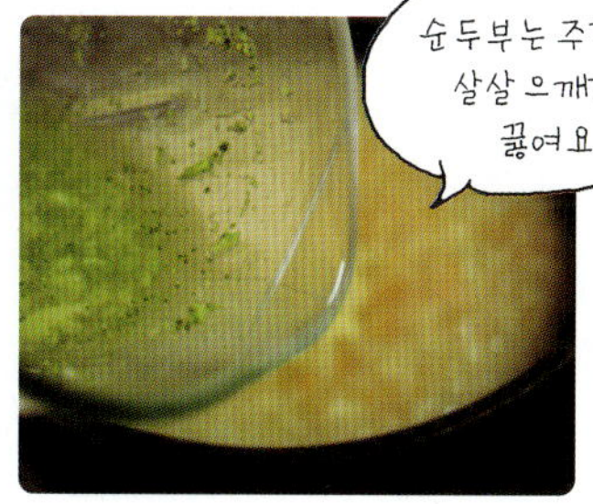

4 멸치다시마 육수 4컵을 붓고
바글바글 끓여 브로콜리 간 것
을 부어 중간 불로 끓이다가 순두
부 1봉지를 넣어 끓여 소금으로
간하면 끝.

Cooking Tip 쌀알이 풀어지고 재료들이 쌀과 적당히 엉기도록 끓이세
요. 맹물보다 채소나 쇠고기 육수를 넣으면 훨씬 깊은 맛이 나요.

성실네 죽집

냉장고에 달걀 하나만 있을 때

달걀죽

냉장고를 열었는데 밑반찬도 동이 나고 장을 보러 가기에는 애매한 시간인데,
달걀만 눈에 들어올 때는 달걀죽을 쑤어요.
멸치다시마 육수를 내어 끓이니까 생각보다 맛있어요.

Cooking Tip **준비한 육수가** 없으면 죽을 쑤기 전에 먼저 육수부터 만드세요. 물에 멸치와 다시마, 새우 등을 넣어 진하게 우리세요.

25분 1~2인분

Ingredients

주재료 밥 1공기, 달걀 2개, 다진 양파 3, 다진 파 2, 멸치다시마 육수 3컵 **양념 재료** 참기름 1, 소금 약간 **고명 재료** 김가루·통깨 약간씩

1 달걀 1개를 깨어 노른자만 따로 담아두고, 흰자는 곱게 풀고,

2 약하게 달군 냄비에 참기름 1을 두르고 다진 양파 3, 다진 파 2를 넣어 볶다가 밥 1공기를 넣어 볶고, 멸치다시마 육수 3컵을 부어 센 불로 팔팔 끓이다가,

3 밥알이 푹 퍼지면 달걀물을 넣어 휘휘 저어,

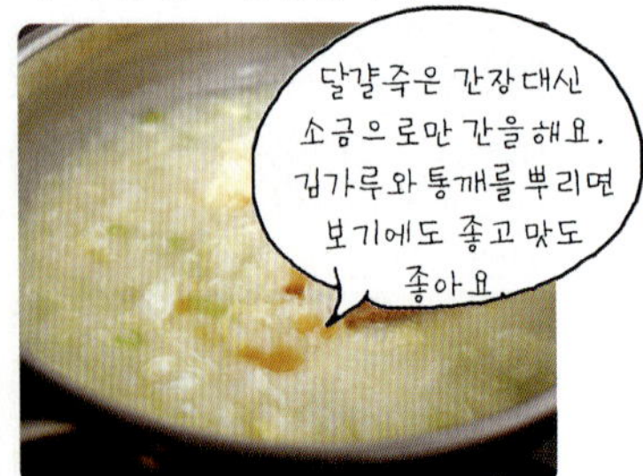

4 소금으로 간하고 참기름 1을 뿌린 다음 대접에 담아 달걀노른자를 얹어 식성에 따라 김가루와 통깨를 뿌리면 끝.

새우젓죽

블로그 이웃이 남긴 메시지를 보고 만들게 된 죽이에요. 속이 안 좋을 때
친정어머니가 만들어주던 죽이 새우젓이었대요. 급하게 호기심이 생겨 바로
실험에 들어갔어요. 그런데 너무 맛있는 거 있죠?

 25분　 2인분

 **Ingredients**

재료　찹쌀 1/2컵, 물 4컵, 새우젓 1, 참기름 2

1 찹쌀 1/2컵은 씻어 물에 담가
30분 정도 불리고,

2 냄비에 참기름을 살짝 두르고
미리 불려놓은 찹쌀을 넣고
타지 않게 볶다가 찹쌀이 투명해
지면 물 4컵을 붓고,

3 죽이 끓으면 중간 중간 나무주
걱으로 저어가며 쌀알이 푹 퍼
질 때까지 끓이다가 어느 정도 물
이 졸아들면,

4 새우젓 1을 넣고 골고루 저어
가며 끓이다가 남은 참기름을
두르고 섞으면 끝.

Cooking Tip 새우젓을 넣고 너무 오래 끓이면 안 돼요. 새우젓을 넣은
후에는 1분 정도 끓이다가 참기름으로 마무리하세요.

옥수수 통조림 하나로

옥수수 수프

밥반찬 없을 때 옥수수에 달걀과 밀가루를 넣어 부쳐도 먹고 그라탱이나 샐러드로 만들어 먹어요.
또 수프를 끓이기도 하는데 생각보다 열량이 낮은 음식이라 다이어트식으로도 적당해요.

 25분    3~4인분

 **Ingredients**

주재료 옥수수(통조림) 1통, 양파(중간 것) 1/2개, 버터 0.5, 우유 1컵+1/3컵

양념 재료 소금·후춧가루 약간씩

1 옥수수는 체에 밭쳐 뜨거운 물을 끼얹어 물기를 빼고, 양파 1/2개는 잘게 다지고,

2 버터 0.5를 두른 팬에 양파를 넣어 투명해질 때까지 볶다가 옥수수를 넣어 볶고,

Cooking Tip 우유 대신 생크림을 넣어도 좋아요. 생크림은 진하고 묵직한 맛, 우유는 고소한 맛이 나요.

3 양파와 옥수수 볶은 것을 믹서에 넣어 우유 1컵+1/3컵을 붓고 함께 갈아,

4 냄비에 부어 푸르르 끓여 소금으로 간하면 끝.

게살 수프

차이니스 레스토랑에서 코스 요리를 주문하면 게살과 성게알을 넣은 수프가 나오잖아요.
저도 두세 번 먹어봤나. 비싸서 그런지 너무 맛있더라고요.
집에서는 게맛살을 넣어 얼추 비슷한 맛을 낼 수 있어요.

 10분  2인분

 **I n g r e d i e n t s**

주재료　게맛살(작은 것) 4줄, 팽이버섯 1/2봉지, 달걀 1개, 대파 1/4대

국물 재료　멸치 육수(또는 시판 국수장국이나 요리 맛장) 2컵

양념 재료　다진 마늘 0.3, 소금·후춧가루 약간씩, 참기름 0.3

녹말물 재료　녹말가루 0.7, 물 2

1 냄비에 멸치 육수 2컵을 붓고 바글바글 끓이다가 게맛살 4줄을 찢어 넣고 다진 마늘 0.3도 넣어 끓이다가,

2 어느 정도 끓으면 녹말가루 0.7과 물 2를 섞어 만든 녹말물을 조금씩 부어가며 농도를 맞추고,

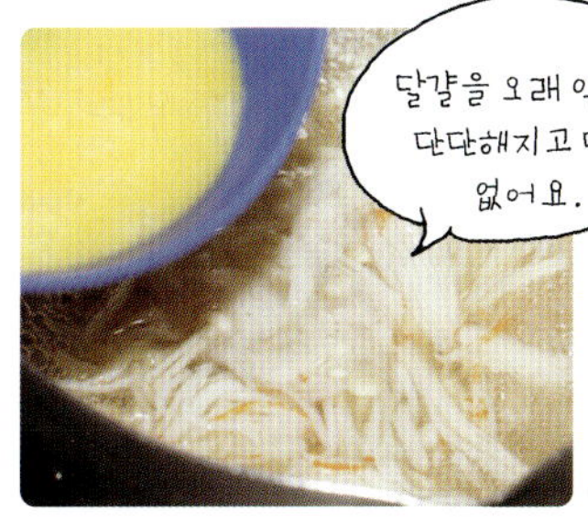

3 달걀 1개를 풀어 달걀물을 만들어 넣고 젓가락으로 휘휘 저어 바로 불을 끄고,

4 대파 1/4대를 송송 썰어 수프에 넣고 소금, 후춧가루로 간하면 끝.

C o o k i n g T i p　**게살 수프**를 끓일 때 멸치 육수를 주로 사용하는데 육수를 낼 시간이 없을 때는 물 2컵에 참치진국 2숟가락을 풀어서 사용해요.

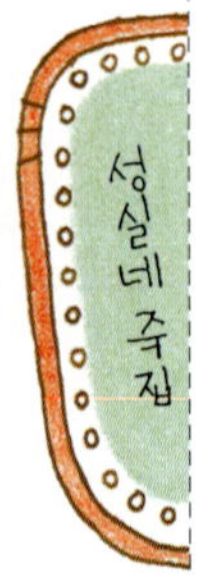

토마토 수프

토마토가 주연으로 등장하는 요리가 많지 않지요. 원래는 채소라는데 우리는 과일처럼 후식으로 먹어요.
그래서 요리를 만들어보았는데 우리 입맛에 잘 맞는 토마토 수프예요.
토마토는 익혀 먹으면 항산화제 역할을 하는 리코펜의 흡수가 상승한다고 해요.

Ripple

? 토마토로 한끼 식사로도 손색없는 수프를 끓일 수 있다니 놀라울 뿐이에요. 그것도 레스토랑에서 돈 주고 사 먹을 법한 근사한 요리를 집에서 만들어 먹을 수 있어 반갑네요. 그런데 치킨스톡은 꼭 넣어야 하나요?

! 간편하게 요리하려고 냉동실에 처박아 두었던 치킨스톡을 꺼내 사용해 봤어요. 저도 치킨스톡의 사용을 꺼리는데 수프 요리에는 꼭 들어가더라고요. 이탈리아 요리를 배울 때 알게 된 사실인데, 이탈리아인들은 치킨스톡을 우리나라 사람들이 일명 '다시 *'를 사용하는 것처럼 여기더군요. 치킨스톡이 없거나 사용하기 꺼려지면 물 대신 조개 육수나 쇠고기 육수를 만들어 사용하세요.

30분　　4인분

Ingredients

재료 토마토(작은 것) 3개, 소금 약간, 베이컨 4장, 새우(중하) 15마리, 양파(중간 것) 1개, 감자(작은 것) 1개, 당근 1/4개, 올리브오일 1, 다진 마늘 0.5, 토마토 소스 5, 월계수 잎 2장, 치킨스톡 1개, 물 3컵, 소금·후춧가루·드라이 바질(또는 파슬리가루) 약간씩

1 토마토 3개는 열십자로 살짝 칼집을 내어 끓는 물에 소금을 약간 넣어 살짝 데쳐 껍질을 벗기고 꼭지 부분을 떼어 먹기 좋게 썰고,

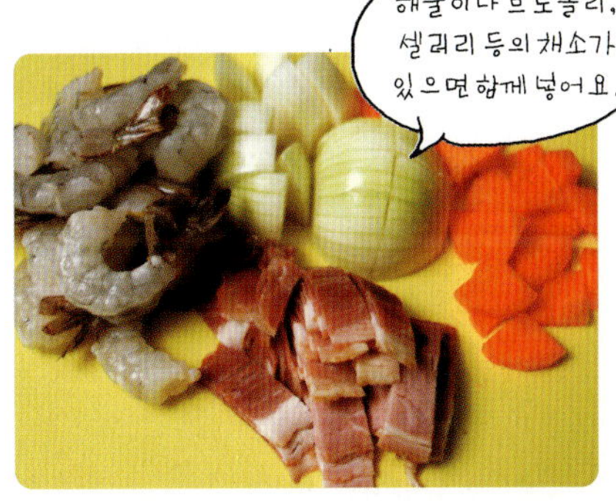

2 새우 15마리는 껍질을 벗기고 등 쪽의 내장을 빼고, 베이컨 4장은 적당히 자르고, 양파 1개와 감자 1개, 당근 1/4개도 먹기 좋게 적당한 크기로 자르고,

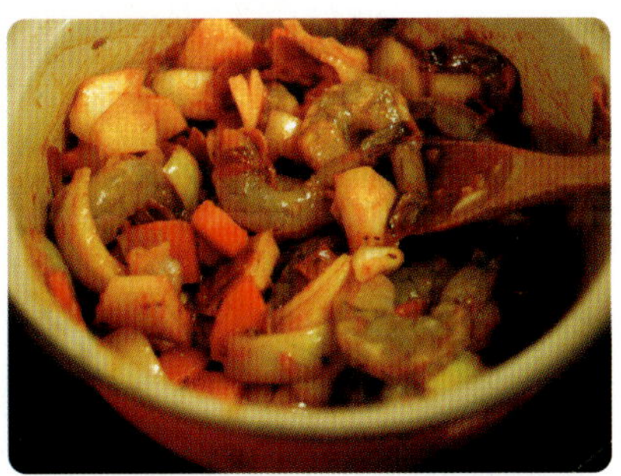

3 살짝 달군 팬에 올리브오일 1을 두르고 다진 마늘 0.5를 넣어 달달 볶다가 베이컨을 넣어 타지 않게 볶고, 양파, 감자, 당근을 넣어 볶다가 토마토 소스 5를 넣고,

4 새우를 넣어 달달 볶다가 물 3컵을 붓고,

5 치킨스톡 1개와 월계수 잎 2장을 넣어 팔팔 끓이다가,

6 냄비에 토마토를 넣어 중간 중간 떠오르는 거품을 걷어내며 20분간 뭉근하게 끓이고, 소금, 후춧가루, 드라이 바질이나 파슬리 가루 등으로 마무리하면 끝.

부드럽게 술술 넘어가는

단호박 수프

단호박은 그냥 쪄 먹어도 맛나지만 우유를 넉넉히 넣고 셰이크로 만들어도 좋고,
이유식이나 메인 요리를 먹기 전에 맛보는 수프로도 손색이 없어요.
노란색으로 눈을 즐겁게 하고 배불리 먹어도 부담스럽지 않은 단호박 수프를 소개합니다.

 35분　 3~4인분

Ingredients

주재료　찐 단호박 1/2개, 양파(작은 것) 1개, 버터 1/2큰술, 우유 1컵 +1/2컵, 생크림 1/2컵

양념 재료　소금·흰 후춧가루 약간씩

장식 재료　찐 단호박·파슬리가루 약간씩

Cooking Tip

단호박은 반 잘라 숟가락으로 씨를 발라낸 다음 다시 반으로 잘라서 전자레인지용 그릇에 담아 랩을 씌워 전자레인지에서 강으로 6~7분 정도 찌세요. 따로 물을 넣지 않아도 단호박 속에서 수분이 촉촉이 배어나와요.

1 찐 단호박 1/2개는 껍질을 얇게 벗겨내고,

2 양파 1/2개는 채썰어 버터 1/2큰술을 두른 팬에 넣어 투명해질 때까지 볶고,

3 찐 단호박과 양파를 믹서에 넣어 우유 1컵+1/2컵을 붓고 갈아 냄비에 담고,

4 생크림 1/2컵을 붓고 중간 불로 뭉근히 끓여 소금과 흰 후춧가루로 간하고 찐 단호박 2~3조각과 파슬리가루로 장식하면 끝.

고구마 수프

감자 수프를 만들어 먹어보니 맛있어서 고구마로도 수프를 끓여봤어요.
감자 수프와는 또 다른 맛이 나요. 달콤하면서 살살 녹는 부드러운 맛이 궁금하지 않으세요?
그렇지만 고구마 수프는 제철인 겨울에 먹어야 제맛이 난답니다. 게다가 가격도 착하고요.

 15분　 4인분

 **Ingredients**

주재료　삶은 고구마(중간 것) 2개, 우유 2컵, 물(또는 치킨스톡 육수) 1, 버터 1, 양파(중간 것) 1/2개, 파르메산 치즈가루 2, 소금·후춧가루 약간씩　**장식 재료**　베이컨 1장, 피자 치즈·체다 슬라이스 치즈·파슬리가루 약간씩

1 고구마 2개는 오븐에 굽거나 쪄서 껍질을 벗기고 큼직하게 썰고, 양파 1/2개도 굵직하게 썰고, 베이컨 1장은 팬에 구워 잘게 다지고,

2 팬에 버터 1을 두르고 다진 양파를 넣고 양파가 투명해질 때까지 볶다가, 고구마를 넣어 살짝 볶고,

3 볶은 양파와 고구마를 식혀 믹서에 넣고 우유 2컵을 부어 갈아,

4 ③을 팬에 부어 물 1컵을 붓고 파르메산 치즈가루 2를 넣고 섞은 후 소금과 후춧가루로 간하여 다진 베이컨과 피자 치즈, 체다 슬라이스 치즈, 파슬리가루를 뿌리면 끝.

Cooking Tip 고구마와 양파를 팬에 볶아 믹서에 갈기 때문에 다른 수프처럼 공들여 끓이지 않아도 돼요. 그래서 시간 없을 때 후다닥 만들 수 있어 더욱 기특하죠.

317

NAT
KEIN
CONTEMPORARY
M
72
COLT

8 냉장고만 열면 뚝딱!
성실네 별다방

집에서 한식이나 간단한 외식 메뉴는 얼추 맛을 내겠는데 카페에서 나오
는 디저트 메뉴나 음료에는 자신이 없다고요? 걱정하지 마세요. 별 다섯
개 만점을 주고픈 베이킹과 음료 레시피를 따라 하면 값비싼 카페 메뉴
보다 근사한 요리를 만들 수 있어요.

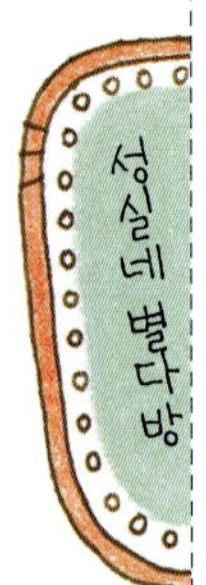

고구마 찹쌀떡

고구마가 흔한 겨울에 자주 구워 먹는 떡이에요.
찜통에 찐 게 아니라 오븐에서 빵처럼 구웠어요. 추위를 이기는 데 좋은 팥도 넉넉히 넣었어요.
시판 찹쌀가루로 작고 앙증맞은 떡을 만들면 출출할 때 간식으로 제격이에요.

  40분 4인분

Ingredients

주재료 시판 찹쌀가루 200g, 팥배기 100g, 설탕 1큰술, 소금 약간, 우유 220ml, 식용유 적당량

고구마조림 재료 고구매(중간 것) 1개, 설탕 1/2큰술, 물엿 2큰술, 물 1/2컵

Cooking Tip

팥배기가 없으면 강낭콩 통조림이나 콩, 팥에 설탕을 넣고 직접 조려서 사용하세요. 또 오븐에 굽는 찹쌀떡은 베이킹파우더를 넣지 않아도 돼요.

1 고구마 1개는 껍질을 벗겨 작은 주사위 모양으로 썰어 설탕 0.5, 물엿 2, 물 1/2컵을 넣어 조리고,

2 시판 찹쌀가루 200g을 체에 쳐서 팥배기 100g, 설탕 1을 넣고 우유 220ml를 넣고 날가루가 보이지 않도록 잘 섞은 후 고구마조림을 넣어 섞고,

3 솔에 식용유를 묻혀 머핀 틀에 골고루 바른 후 반죽을 담고 고구마조림을 올려 장식하고,

4 180℃로 예열한 오븐에 넣어 20~30분간 구우면 끝.

대추 시나몬 스콘

몸을 따뜻하게 하는 대추와 계핏가루를 넣어 맛이 좋아요.
느끼함이 덜한 한국적인 맛의 스콘이라고 할까요. 아이들 간식으로 자주
구워 주는데 입가에 스콘가루를 묻히고 먹는 모습이 그렇게 예쁠 수가 없어요.

 40분  4인분

Ingredients

재료 박력분(또는 중력분) 150g,
대추 6~7개, 시나몬파우더 1작은
술, 꿀 1작은술, 설탕 2큰술, 베이킹
파우더 1작은술, 버터 50g, 달걀노
른자 1개, 우유 2큰술, 대추 6~7개

Cooking Tip

반죽은 모양틀 대신 칼을 이용해 지그재그
세모 모양으로 잘라도 보기 좋아요.

1 대추 6~7개는 물에 씻어 씨를
발라 잘게 썰어 시나몬파우더 1
작은술, 꿀 1작은술을 넣어 버무리
고,

2 박력분 150g, 설탕 2큰술, 베
이킹파우더 1작은술은 체에
내리고, 버터 50g은 작은 주사위
모양으로 썰어 버터와 가루가 보
슬보슬 섞이도록 재빨리 섞고,

3 밀가루와 버터를 달걀노른자
1개, 우유 2큰술 순으로 넣어
섞은 다음 대추를 넣고 한 덩어리
가 되도록 재빨리 반죽해서 비닐
팩에 넣어 냉장고에서 30분간 휴
지시키고,

4 반죽을 2cm 두께로 밀대로
밀어 모양틀로 찍은 다음 윗
면에 우유를 바르고, 180℃로 예
열한 오븐에서 18~20분 정도 구
우면 끝.

고구마 파이

파이 속에 고구마 조린 것만 넣으면 되는 아주 만들기 쉬운 파이지만
맛만큼은 그리 만만하지 않아요.

Cooking Tip 반죽을 구울 때 10분 정도 지나면 오븐에서 꺼내 콩과 쿠킹포일을 빼고 다시 넣어 5분 정도 더 구워요.

40분　　2~3인분

Ingredients

주재료　박력분 150g, 슈거파우더 30g, 소금 약간, 버터 70g, 달걀노른자 1개, 찬물 10~20g

고구마 필링 재료　고구마(중간 것) 1개, 물 1/3컵, 설탕 5큰술, 물엿 2큰술, 소금 약간

1 고구마 1개는 껍질을 벗겨 주사위 모양으로 썰어 물 1/3컵, 설탕 5큰술, 물엿 2큰술, 소금 약간을 넣고 약한 불로 뭉근하게 조리고,

2 박력분 150g, 슈거파우더 30g, 소금 약간, 버터 70g을 블렌더에 넣고 갈아 달걀노른자 1개와 찬물 10~20g을 넣고 한 번 더 갈아,

3 반죽을 밀대로 밀어 타르트 틀에 넣고 꼼꼼하게 반죽을 붙여 포크로 구멍을 낸 후 쿠킹포일을 깔고 무거운 것을 올려 180℃로 예열한 오븐에서 15분간 구워,

4 타르트 위에 고구마조림을 듬뿍 올려 170℃로 예열한 오븐에서 20분간 구우면 끝.

깨과자

어렸을 때 먹던 과자 중 고소미는 정말 인기가 많은 과자였어요.
그 맛을 따라 해보았지요. 부드럽고 촉촉한 쿠키는 아니지만
와작와작 씹어 먹는 고소한 과자랍니다.

 40분　 2~3인분

 **Ingredients**

주재료　박력분 60g, 코코넛가루 4큰술(약 20g), 설탕 2큰술+1/2큰술,
검은깨 2큰술, 올리브오일 1큰술, 우유 2큰술

부재료　우유 적당량, 설탕 약간

1 박력분 60g, 코코넛가루 4큰
술, 설탕 2큰술+1/2큰술을 섞
어 체에 친 후 볼에 담아 검은깨 2
큰술을 넣어 섞고,

2 반죽에 올리브오일 1큰술을
넣고 우유 2큰술을 조금씩 넣
어가며 골고루 반죽해서 비닐팩에
넣어 냉장고에서 30분간 휴지시
키고,

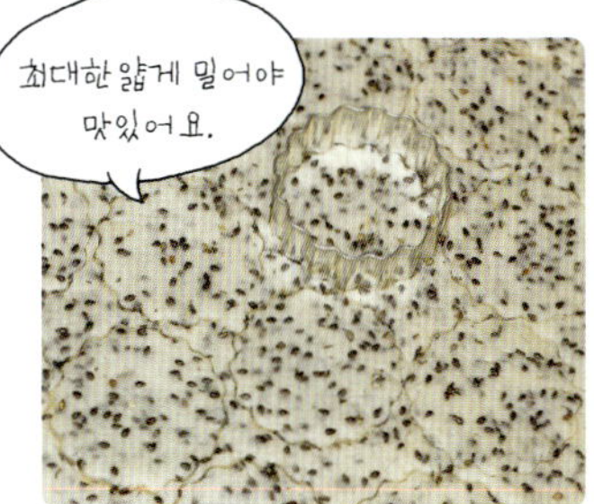

3 반죽을 밀대로 얇게 밀어 모양
틀로 찍어 오븐 팬에 일정한
간격을 두고 담아,

4 윗면에 우유를 살짝 바르고 설
탕을 솔솔 뿌려서 170℃로 예
열한 오븐에서 10~15분간 구우
면 끝.

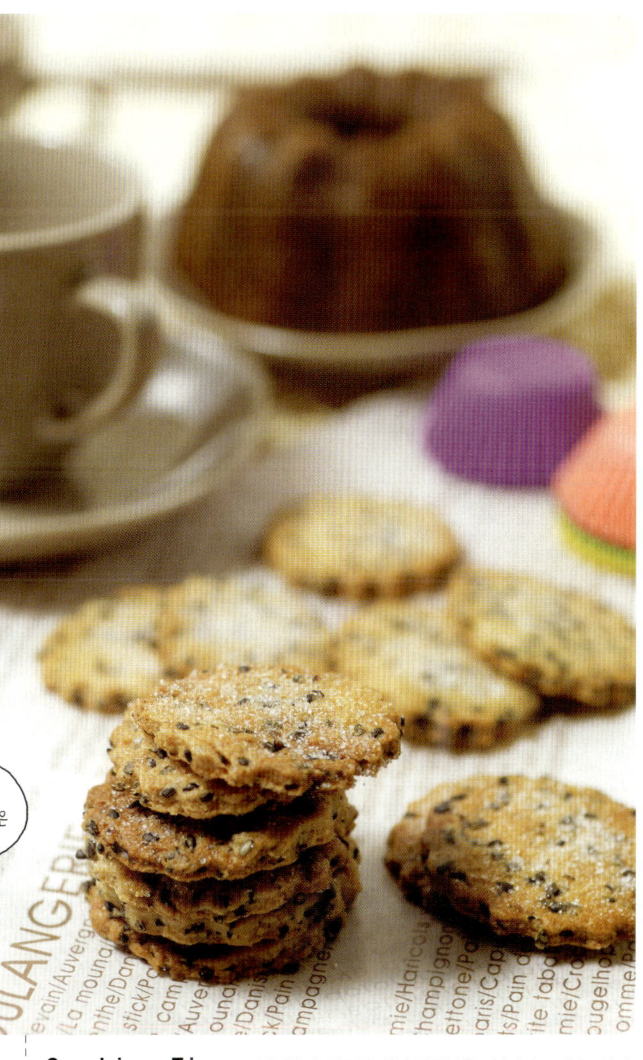

Cooking Tip **코코넛가루가 없으면** 대신 박력분을 더 넣어도 돼요, 하지
만 아무래도 맛은 덜하겠지요.

꿀 블루베리 머핀

베이킹의 왕초보라도 쉽게 따라 할 수 있는 게 머핀이에요.
가끔씩 시간이 날 때 구워서 쌍둥이들 간식으로 주거나 지인들에게 선물하면 좋아하세요.

Cooking Tip 블루베리 대신 건포도나 초코칩 등 입맛에 따라 넣어요. 마른 과일을 베이킹에 넣을 때는 럼주에 담갔다가 사용하면 과일이 지닌 본래의 풍미가 되살아나요.

 1시간  2~3인분

Ingredients

재료　무염버터 120g, 황설탕 60g, 꿀 4큰술, 달걀 2개, 박력분 250g, 베이킹파우더 2작은술, 소금 1/4작은술, 우유 100ml, 마른 블루베리(또는 건포도) 70g

1 실온에 꺼내놓은 무염버터 120g을 거품기로 부드럽게 풀어 황설탕 60g을 조금씩 나눠 넣어가며 잘 섞고,

2 꿀 4큰술을 넣어 거품기로 풀고, 달걀 2개를 풀어 조금씩 넣어가면서 잘 젓고,

3 박력분 250g, 베이킹파우더 2작은술을 체에 쳐서 ②에 넣고 소금 1/4작은술을 넣은 후 주걱을 세워 골고루 재빨리 섞고,

4 우유 100ml를 나눠 넣고 마른 블루베리 70g을 넣어 골고루 섞어 머핀 틀에 유산지를 깔고 3분의 2쯤 채우고 170℃로 예열한 오븐에서 25~35분간 구우면 끝.

잼쿠키

쌍둥이들 방학 때 쿠키를 구워 주었는데 맛보다 엄마가 만드는 모습을 보는 걸 좋아하더라고요.
올해 초등학교 들어갔으니 방학 때마다 함께 만만한 잼쿠키를 만들어봐야겠어요.
아이들이 손으로 조물거리며 베이킹을 만들면 두뇌 발달에도 도움이 된다고 하잖아요.

 40분  4인분

Ingredients

주재료 버터 130g, 설탕 40g, 달걀 1개, 박력분 200g, 베이킹파우더 2/3작은술, 바닐라 설탕(또는 바닐라 오일) 약간

기타 재료 설탕·잼 적당량씩

Cooking Tip

쿠키에 은은한 바닐라 향을 내는 바닐라 설탕은 마트에서도 파는데 한 봉지에 8g씩 들어 있어 한 번씩 쓰기에 편해요. 바닐라 오일을 몇 방울 떨어뜨려도 되는데 없으면 넣지 않아도 돼요.

1 실온에 꺼내놓은 버터 130g은 거품기로 크림처럼 풀어서 설탕 40g을 조금씩 나눠 넣어가며 설탕의 서걱거림이 없어질 때까지 크림 상태로 풀어 바닐라 설탕을 반죽에 넣어 휘핑하고,

2 반죽에 미리 풀어놓은 달걀 1개를 세 번에 나눠 넣어 거품기로 잘 풀고, 체에 친 박력분 200g과 베이킹파우더 2/3작은술을 넣어 주걱을 세워 날가루가 보이지 않을 때까지 재빨리 섞어,

3 반죽을 비닐팩에 넣어 냉장고에서 30분간 휴지시켰다가 꺼내 한입 크기로 나누어 설탕을 묻혀 모양을 만들어,

4 오븐 팬에 일정한 간격을 두고 담아 손가락으로 반죽의 가운데를 눌러 홈을 만들어 3분의 2만큼 잼을 채워 180℃로 예열한 오븐에서 13~18분간 구우면 끝.

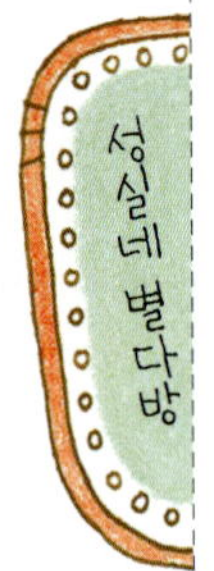

녹차 사브레

아이들은 쓴맛이 나는 녹차를 좋아하지 않잖아요. 가루녹차를 우유나 미숫가루에 타줘도
잘 안 먹어서 쿠키로 만들어줬어요. 쌍둥이들은 녹차는 쿠키로만 만들어 먹어야 하는 줄 알아요.
녹차만 넣으면 쌉싸래한 맛이 강해서 달콤한 초코칩도 함께 넣어요.

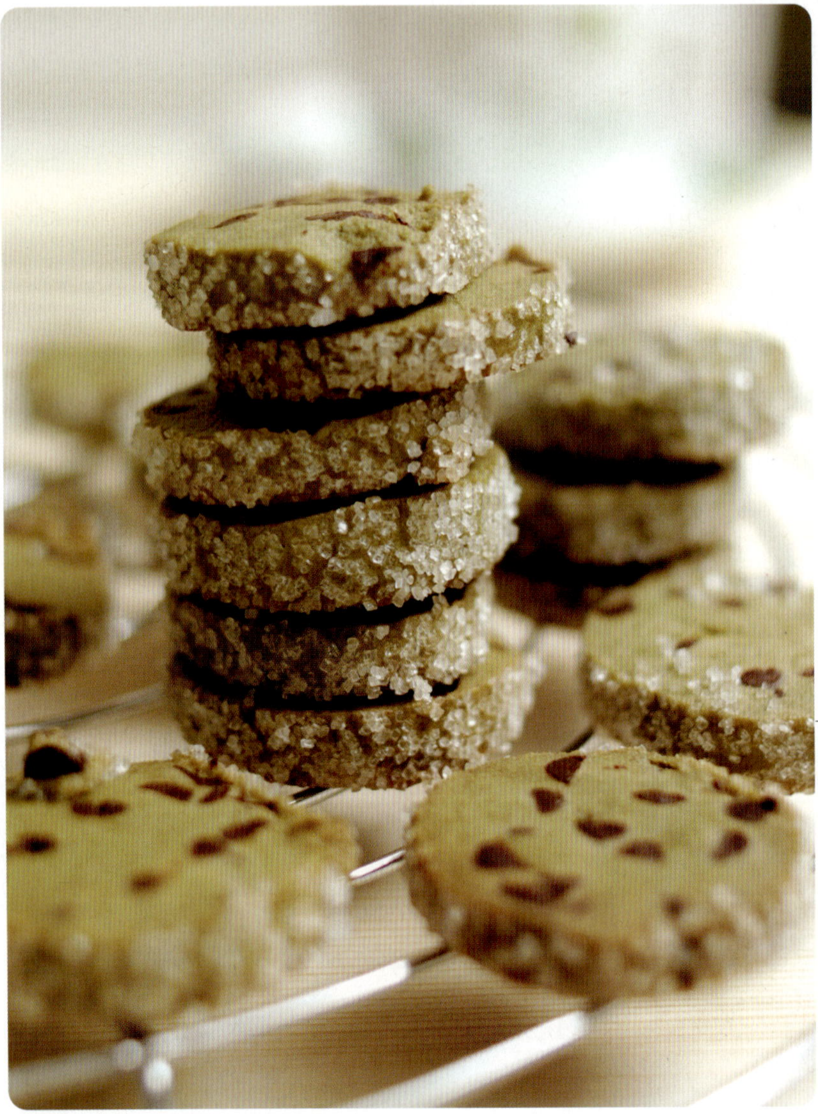

? 바쁜 시간을 쪼개어 한 번 만들어봐야겠어요. 이번주 수요일이 어린이집 간식 당번이라서요.

? 마음 놓고 사 먹일 수 없어서 만들어 먹여야 한다는 게 슬프지만 아이들 건강을 위해서라면 뭘 들 못하겠어요. 요즘 들어 유난히 과자타령하는 둘째 녀석이 좋아하겠죠.

! 모두 45개를 구웠는데 남편이랑 아이들이 각각 10개씩 30개를 그 자리에서 해치웠어요. 정말 잘 먹는 식구들. 음식 만들어 대느라 주말 지내고 나면 녹초가 되지만 맛있게 먹어주니 힘이 나요.

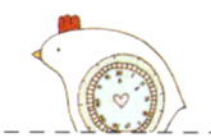 45분  4인분

Ingredients

재료　버터 120g, 슈거파우더 80g, 달걀 50g, 박력분 240g, 가루녹차 4큰술, 초코칩 80g, 달걀 흰자·설탕 약간씩

1 버터 120g은 실온에 꺼내놓아 부드럽게 한 후 볼에 넣고 거품기로 젓다가 슈거파우더 80g을 서너 번에 나눠 넣으며 잘 섞고,

2 반죽에 달걀노른자를 먼저 넣어 섞은 다음 이어서 달걀흰자도 같이 넣어 골고루 잘 섞고, 거품기에 남은 반죽이 없도록 탈탈 털고,

3 반죽에 체에 친 박력분 240g과 가루녹차 4큰술을 넣어 주걱을 세워 재빨리 섞어 3분의 2 정도 반죽이 섞였으면 초코칩 80g을 넣고 날가루가 보이지 않도록 고루 섞고,

4 반죽을 세 덩이로 나눠 동그랗게 기둥 모양으로 만들어 랩이나 종이포일로 싸서 냉동실에 2~3시간 넣어두고,

5 겉면에 달걀흰자를 골고루 바르고 설탕에 굴려 묻힌 다음 소시지 자르듯 0.7cm 두께로 썰어,

6 오븐 팬에 일정한 간격을 두어 담고 170℃로 예열한 오븐에 넣어 15~20분간 구우면 끝.

너무 쉬워 죄송합니다

호두 비스킷

해보지도 않고 베이킹이 막연히 어렵다고 생각하시는 분들이 많으신데요,
호두 비스킷은 너무 쉬워 소개하기도 민망한 베이킹이랍니다.
딱 네 가지 재료로 간단하게 만들 수 있어요.

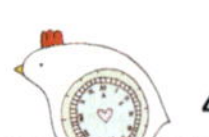 40분　 2~3인분

 **Ingredients**

재료　호두 70g, 달걀흰자 1개분, 설탕 40g, 밀가루 1큰술

1 호두 70g은 칼로 잘게 다지고,

2 달걀흰자 1개에 설탕 40g을 넣고 거품기로 젓다가 다진 호두와 밀가루 1큰술을 넣어 섞고,

3 오븐 팬에 실리콘 페이퍼를 깔고 숟가락을 이용해 둥글넓적 하게 펴고,

4 170℃로 예열한 오븐에 넣어 15~18분 정도 구우면 끝.

Cooking Tip　비스킷을 구울 때는 오븐 팬 바닥에 바로 반죽을 올리지 말고 실리콘 페이퍼나 종이포일을 깔고 구워야 해요. 실리콘 페이퍼는 베이킹 재료 를 판매하는 사이트에서 구입할 수 있어요.

 성실네 **별다방**

코코넛롱 비스킷

스승의날이 되면 아이들 선생님께, 제 은사님께 드릴 선물로 코코넛 비스킷을 비롯해
몇 가지 과자를 구워 예쁘게 포장해요. 쑥스럽지만 제가 쓴 요리책과 함께요.
진심 어린 선물은 사람의 마음을 움직인다는 말을 믿으면서요.

 40분    2~3인분

 **Ingredients**

재료   달걀흰자 2개분, 설탕 60g, 코코넛롱 100g, 박력분 2큰술

1 달걀흰자 2개분에 설탕 60g을 넣고 거품기로 저어,

2 코코넛롱 100g과 박력분 2큰술을 넣어 섞고,

3 오븐 팬에 실리콘 페이퍼를 깔고 그 위에 반죽을 한 숟가락씩 떠 넣고 둥글넓적하게 펴고,

4 160℃로 예열한 오븐에 넣어 15분간 구워 식힌 다음 뒤집어 160℃의 오븐에서 10~15분간 더 구우면 끝.

Cooking Tip   오븐 팬에 반죽을 얹을 때 최대한 얇게 펴는 게 맛의 관건이에요. 그래야 바삭바삭하거든요.

문제 없어, 문제 없어

호두 머랭구이

호두는 몸에 좋은 재료지만 조리법이 그다지 다양하지 않잖아요.
저는 호두 머랭구이를 만들어 간식으로 먹기도 하고 지인들에게 선물하기도 해요.
수동 거품기로 반죽하려면 그야말로 팔이 빠질 만큼 힘들지만 핸드 블렌더만 있으면 문제 없어요.

1시간   2~3인분

Ingredients

재료 달걀흰자 2개분, 설탕 10큰술, 소금 1/2작은술, 호두 400g, 시나몬파우더 1/2작은술, 녹인 버터 6큰술

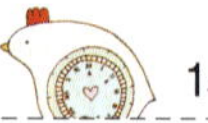

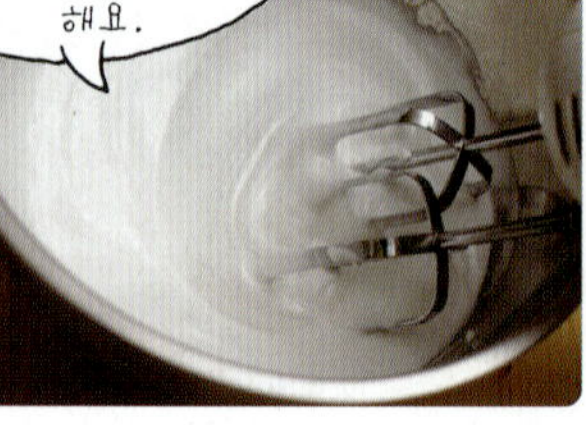

1 달걀흰자 2개분을 볼에 담고 거품기로 저어가며 풀어 중간중간 설탕 10큰술과 소금 1/2작은술을 나눠 넣어가며 흰자 거품이 단단해질 때까지 풀고,

2 단단하게 올린 머랭에 호두 400g을 넣고 시나몬파우더 1/2작은술을 넣고 골고루 버무려,

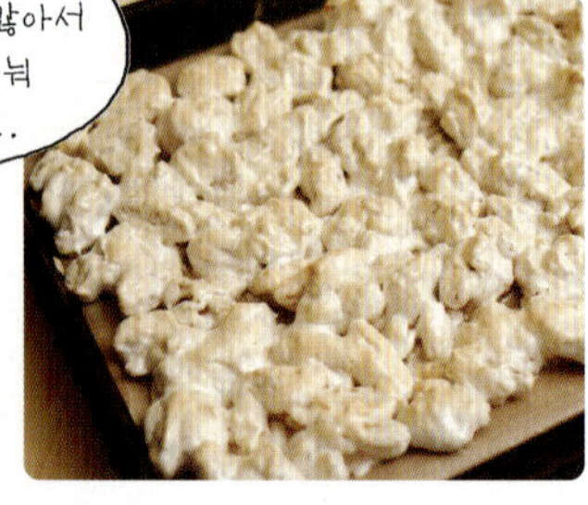

3 오븐 팬에 유산지나 실리콘 페이퍼를 깔고 그 위에 녹인 버터 6큰술을 주방용 솔로 골고루 바르고,

4 오븐 팬에 호두를 골고루 펼쳐 담고 150℃로 예열한 오븐에 넣어 15분간 구워서 꺼내 젓가락으로 뒤집어 다시 오븐에 넣고 150℃로 15~20분간 구우면 끝.

Cooking Tip 머랭에 넣을 소금과 설탕은 처음부터 넣지 말고 달걀흰자부터 푼 다음 나눠 넣어야 해요. 또 호두 머랭구이는 충분히 식힌 후 밀봉하세요.

치즈 허브스틱

달지 않은데다 식욕을 돋우는 허브 향과 치즈 향이 솔솔 나는 스틱.
따끈한 차와 곁들여서 하나, 둘 먹다 보면 어느새 과자 과식을 하게 됩니다.

 40분  2~3인분

Ingredients

재료 박력분 150g, 파르메산 치즈가루 3큰술, 설탕 1큰술, 말린 허브 1
작은술, 버터 50g, 올리브오일 1큰술, 우유 3큰술, 달걀노른자 1개

1 박력분 150g은 체에 쳐서 블렌더에 파르메산 치즈가루 3큰술, 설탕 1큰술, 말린 허브 1작은술과 함께 넣어 갈고,

2 블렌더에 버터 50g을 잘라 넣고 여러 번 작동하여 갈고, 올리브오일 1큰술, 우유 3큰술, 달걀노른자 1개를 넣어 갈고,

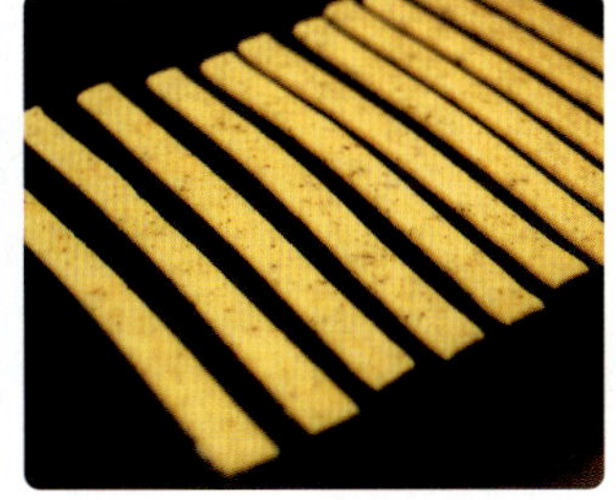

3 반죽을 재빨리 하나로 뭉쳐서 비닐팩에 넣어 밀대로 평평하게 밀어 냉장고에서 30분간 휴지시켜 덧밀가루를 뿌린 도마 위에서 0.3cm 두께로 밀고,

4 원하는 모양대로 잘라 160~170℃로 예열한 오븐에 넣어 15~20분간 구우면 끝.

Cooking Tip 두께가 **얇아** 쉽게 탈 수 있으니 오븐 온도를 잘 맞춰야 해요. 160℃로 오래 굽는 방법이 안전하답니다.

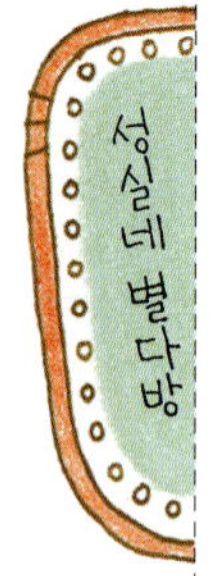

치즈케이크

달달한 것이 먹고 싶거나 밥을 먹고 나서도 헛헛한 느낌이 들면 치즈케이크가 생각나요.
케이크는 꼭 사서 먹어야 한다고 생각했었는데 집에서도 충분히 맛있게 구울 수 있어요. 만일 정성스럽게 구운
치즈케이크를 선물하시려면 하루 전날 준비하세요. 하루 정도 냉장고에 차갑게 넣어두면 더 맛있거든요.

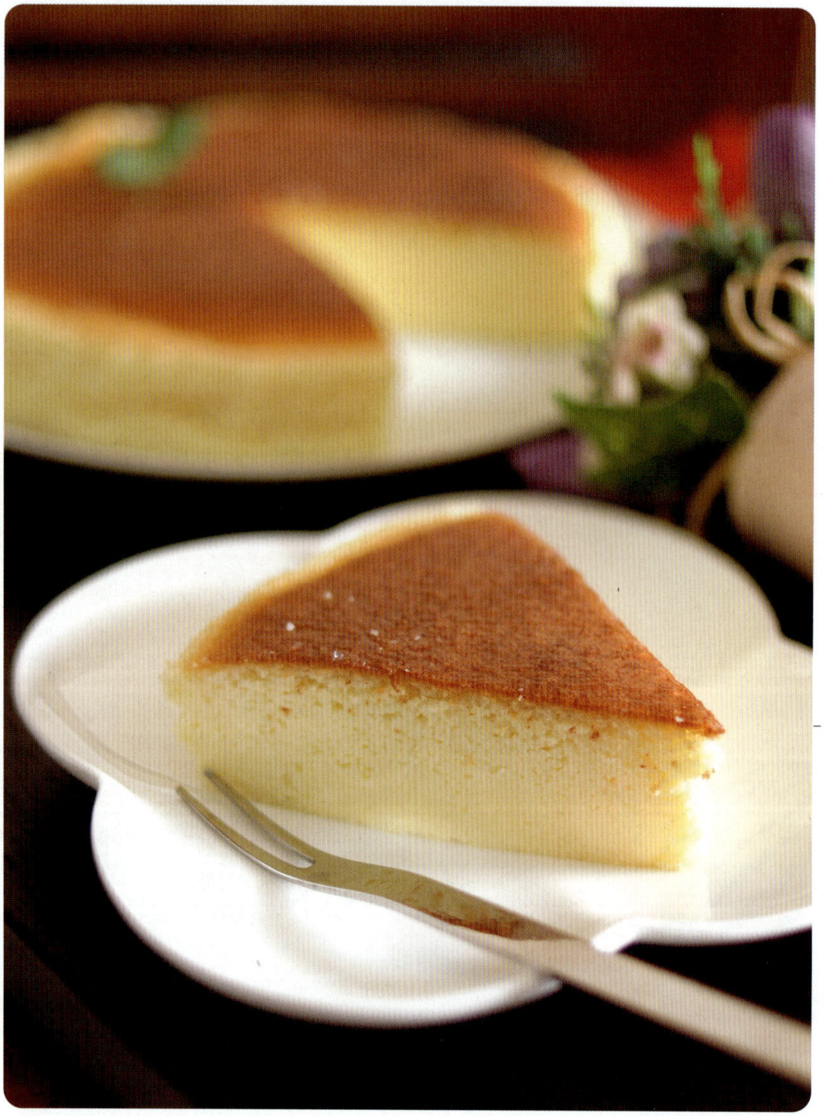

Ripple

❓ 머랭을 거품기로 만들려면 팔이 너무 아파요. 꼭
머랭을 만들어야 하나요?

❗ 머랭을 만들기 귀찮으면 머랭 재료를 믹서에 넣
어 돌려도 돼요. 푹신한 맛은 덜하지만 진한 맛이
나요. 케이크의 두께도 조금 얇아지고요.

Ingredients

주재료 크림치즈 1통(약 250g), 플레인 요구르트 1통(약 100g), 버터 30g, 달걀노른자 3개, 설탕 40g, 박력분 40g, 레몬즙 1큰술

머랭 재료 달걀흰자 3개분, 설탕 40g

1 크림치즈 1통, 플레인 요구르트 1통, 버터 30g, 달걀노른자 3개, 설탕 40g, 박력분 40g, 레몬즙 1큰술을 믹서에 모두 넣어 곱게 갈고,

2 달걀흰자 3개분을 차가운 볼에 담아 거품기로 거품을 낸 후 설탕 40g을 조금씩 나눠 넣어가며 단단하게 거품을 올려 반죽에 넣어 살살 섞고,

3 케이크 반죽을 유산지를 깐 틀에 담아 물이 담긴 사각형 모양의 오븐 팬에 넣어,

4 160℃로 예열한 오븐에서 30분간 구운 다음 온도를 130℃로 낮추어 20~30분간 더 굽고,

5 구운 치즈케이크를 실온에서 식혀 냉장고에 넣어 차게 하여, 그릇 위에 케이크 틀째 올려 틀만을 빼고,

6 유산지를 제거하여 다시 다른 접시에 뒤집어 윗면이 보이게 하면 끝.

머리가 좋아지는 간식이에요

시리얼 튀일

아침에는 씹는 운동을 해야 머리가 좋아진다는 말을 들어서 마시는 것보다
씹어야 넘길 수 있는 음식을 먹이려고 해요. 아침에는 물론 밥이 최고지만 쌍둥이들이
종종 시리얼을 고집할 때도 있어요. 아침 식사 대용으로 먹이다가 발견한 간식이에요.

 40분  10개 정도

I n g r e d i e n t s

재료 달걀흰자 1개분, 설탕 50g, 박력분 20g, 시리얼 80g, 버터 25g

1 볼에 달걀흰자 1개분을 넣고 멍울 없이 가볍게 풀고 설탕 50g, 박력분 20g을 체에 쳐서 넣어 섞고,

2 반죽에 시리얼 80g을 넣어 골고루 섞고 전자레인지에 녹인 버터 25g을 넣고 재빨리 섞어 반죽을 만들어 랩을 씌워 냉장고에서 30분간 휴지시키고,

3 숟가락을 이용해 반죽을 오븐팬에 최대한 얇게 펴고 150~160℃로 예열한 오븐에 넣어 12~15분간 구워,

4 따뜻할 때 밀대에 올려 손바닥으로 꾹꾹 눌러 기왓장 모양으로 만들면 끝.

Cooking Tip 구운 과자를 잠깐 식혔다가 140℃의 오븐에 넣어 4~5분간 더 구우면 아주 바삭바삭해요.

카푸치노

카페 메뉴 하면 가장 먼저 떠오르는 카푸치노. 근사한 카페에서 우아하게 한잔 마셔줘야
할 것 같지만 집안일 하다 보면 어디 가벼운 마음으로 카페 나들이하기가 쉽나요.
그럴 땐 혼자서 카푸치노를 만들어 나만의 티타임을 가져요.

 5분　 1잔

 **Ingredients**

재료　인스턴트 커피 0.5, 설탕 0.7, 뜨거운 물 2, 우유 1/2컵, 계핏가루
약간

1 커피 0.5, 설탕 0.7을 커피잔
에 담고 뜨거운 물 2를 넣어 진
한 커피액을 만들고,

2 우유 1/2컵을 내열용기에 담
아 전자레인지에 넣고 1분간
데워,

3 젓가락으로 한쪽 방향으로 달
걀을 풀 듯 저어 거품을 내고,

4 커피액에 거품을 낸 우유를 조
심스럽게 붓고 계핏가루를 뿌
리면 끝.

Cooking Tip　거품 낸 우유를 따르다 보면 아래쪽 우유가 먼저 흘러내린
다음 위쪽으로 거품이 따라져요. 커피와 설탕의 양은 입맛에 따라 가감하세요.

한여름에 즐기는

아이스 카페라테

시원한 커피 생각이 간절할 때는 얼음을 넣은 아이스 카페라테가 최고예요.
집에서 먹는 다방 스타일 커피와 비슷하지만 프림 대신 우유를 넣어 맛이 부드러워요.

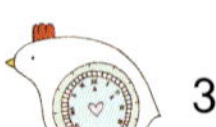 3분  1잔

 **Ingredients**

재료 인스턴트 커피 1, 설탕 1, 뜨거운 물 2, 우유 1컵, 조각얼음 적당량

1 커피 1, 설탕 1을 글라스에 넣고,

2 뜨거운 물 2를 부어 진한 커피 액을 만들고,

3 찬 우유 1컵을 붓고 조각얼음을 동동 띄우면 끝.

Cooking Tip 하트나 달 모양 등 다양한 모양으로 조각얼음을 얼려 아이스 커피에 넣어 먹으면 왠지 기분이 더 좋아요.

오렌지에이드

집에서 마시는 음료로는 커피나 만만한 티백 차 아니면 엄두가 안 나죠?
하지만 조금만 신경 쓰면 카페나 레스토랑에서 맛보는 음료도 쉽게 따라 할 수 있어요.
이 레시피는 너무 간단해서 민망할 정도예요.

 10분  1잔

 **Ingredients**

재료　오렌지 1개, 사이다 1컵, 조각얼음 5~6개

1 오렌지 1개는 껍질째 흐르는 물에 깨끗이 씻어 꼭지와 아랫부분을 자르고,

2 오렌지 껍질을 모두 벗겨서 적당한 크기로 썰고,

3 믹서에 오렌지를 넣고 사이다 1컵, 조각얼음 5~6개를 넣어 갈면 끝.

Cooking Tip 오렌지 대신 키위 1개를 넣으면 키위에이드가 되는 걸요.
또 오렌지와 키위는 단맛이 충분해 따로 시럽을 넣지 않아도 돼요.

337

입안을 상큼하게 하는

꿀 레몬차

레몬을 절일 때 보통 설탕을 넣는데 고소하고 기분 좋은 단맛이 나는 꿀을 넣었어요.
꿀 레몬차는 만들어 두었다가 팔팔 끓인 물을 부어 마시면 레몬티가 되고
얼음을 넣어 마시면 아이스 레몬티가 돼요.

10분   20인분

Ingredients

재료   레몬 3개, 꿀 적당량

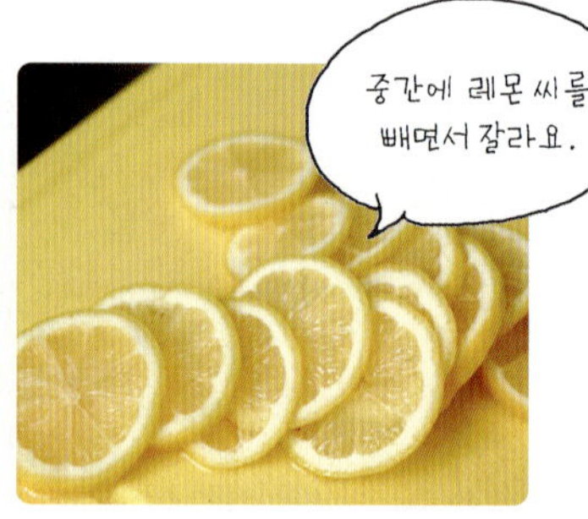

1 레몬은 과일전용 세제나 굵은
소금으로 문질러 깨끗이 씻어
팔팔 끓인 물에 잠깐 굴리듯 데쳐
서 물에 한 번 더 헹구고,

2 레몬의 꼭지와 아랫부분을 잘
라내고 껍질째 얇게 슬라이스
하여,

3 살균 소독한 유리 용기에 레몬
을 넣고 그 위에 꿀을 담고 다
시 레몬을 넣고 꿀을 넣는 과정을
반복하면 끝.

Cooking Tip 레몬은 **껍질째** 사용하기 때문에 세척을 잘해야 해요. 꿀에
절인 레몬은 실온에 하루 정도 두었다가 냉장고에 보관하는데 이틀 후부터 차로 마
실 수 있어요.

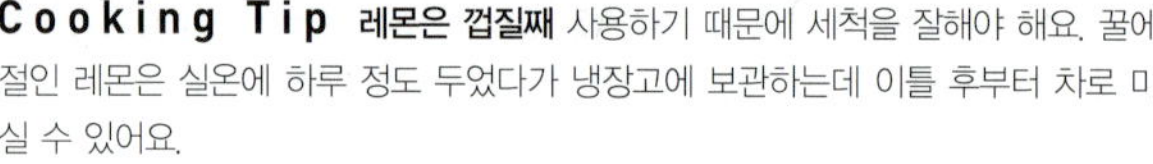 성실네 **별다방**

대추 생강차

남편은 겨울이 되면 대추 생강차가 많이 생각나는가 봐요. 출근 전에 한 잔, 퇴근해서 두 잔.
그래서 겨울이 다가오면 대추를 넉넉히 준비해서 자주 끓여요.

 50분  15인분

 **Ingredients**

재료 대추 40개, 생강 50g, 물 3리터 이상

1 대추 40개는 주름진 부분까지 깨끗하게 씻고, 생강 50g은 껍질을 벗겨 편으로 썰어 압력솥에 물 3리터를 붓고 대추와 생강을 넣고,

2 압력솥의 뚜껑을 덮고 20~30분 정도 끓이다가,

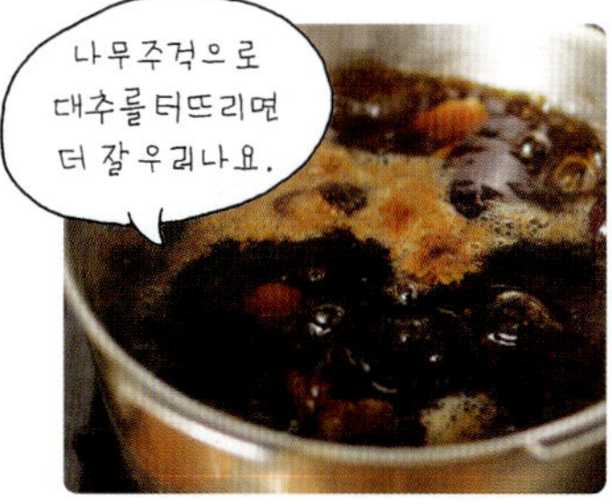

3 뚜껑을 연 채 5~10분 정도 더 끓여, 대추는 따로 체에 밭치고 물을 약간 더 넣어 끓이다가,

4 체에 밭친 대추를 주걱으로 꾹 꾹 눌러 국물을 짜내면 끝.

Cooking Tip 대추 생강차는 병에 담아두고 먹을 때 꿀을 타서 마시는 게 좋아요.

꿀 생강차

생강은 감기나 기침에 좋아서 추운 겨울에 감기 예방약 겸 감기약으로 즐겨 먹어요.
생강차는 한 번 만들어두면 겨우내 마실 수 있으니
김장철에 값이 쌀 때 생강을 넉넉히 구입해서 만들어 두세요.

Cooking Tip 핸드 블렌더가 없다면 심혈을 기울여 최대한 가늘게 채썰어요. 또 생강에 넣는 꿀은 생강보다 두 배에서 세 배 정도 많이 넣으세요.

25분　40~50인분

Ingredients

재료　생강 250g, 꿀 500g 이상

1 생강은 껍질을 벗겨 깨끗이 씻고,

2 블렌더에 생강을 넣어 갈고,

3 보슬보슬하게 간 생강에 두 배 이상의 꿀을 넣고,

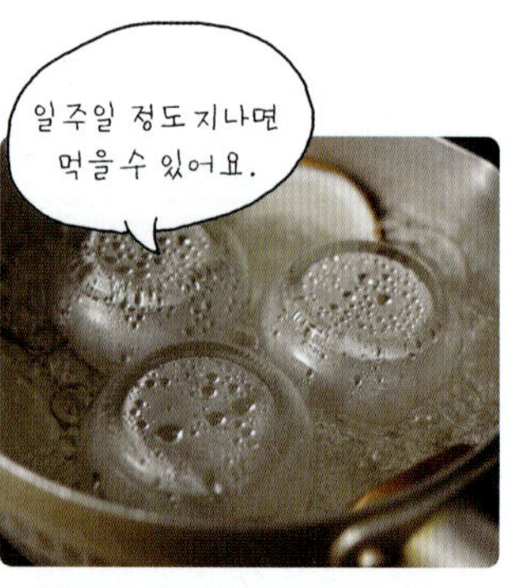

4 끓는 물에 살균 소독한 유리 용기에 꿀에 절인 생강을 담아서 실온에 2~3일 정도 두었다가 냉장고에 넣으면 끝.

홍시 셔벗

있는 그대로 아무것도 첨가하지 않은 그런 음식이 좋아요. 순수하고 깨끗한 음식을
먹고 싶을 때 홍시 셔벗이 떠오르지요. 겨울이 기다려지는 이유 중 하나입니다.
아마 셔벗으로 만들어 먹지 않는다면 그다지 홍시를 좋아하지 않을 것 같아요.

 10분  3인분

 **Ingredients**

재료 얼린 홍시 3개, 꿀 2

1 얼린 홍시 3개는 껍질을 벗겨 4등분 하고,

2 블렌더에 홍시와 꿀 2를 넣어,

3 곱게 갈아 아이스크림 컵에 담으면 끝.

Cooking Tip **홍시는 다른** 과일보다 당도가 한결 높지만 얼려서 갈면 덜
달게 느껴지더라고요. 꿀이나 설탕을 아주 조금 넣으면 맛이 살아나요.

토마토 셔벗

여름에 시장에 나가보면 토마토 값이 아주 착하죠. 시원한 것을 찾는 아이들에게
색소 덩어리 아이스크림만 먹이지 마시고 토마토로 셔벗을 만들어 주세요.
이름은 거창하지만 만드는 법은 너무 간단하답니다.

25분   **6~7인분**

Ingredients

재료   토마토(중간 것) 4개, 꿀(또는 설탕) 4, 레몬즙 1, 소금 약간

1 빨갛게 익은 토마토 4개는 물에 씻어 3~4등분 하고,

2 토마토를 믹서에 넣고 꿀 4, 레몬즙 1, 소금 약간을 넣고 곱게 갈고,

3 토마토 주스를 넙적한 용기에 붓고 냉동실에 넣어 3~4시간 정도 얼리고,

4 적당히 얼면 포크로 사정없이 긁어 다시 냉동실에 넣어 1~2시간 얼렸다가 다시 꺼내 긁는 과정을 반복하면 끝.

Cooking Tip 단맛을 내려고 꿀을 넣었는데 수분이 적게 나오는 설탕을 넣으면 더 맛있어요. 하지만 설탕이 토마토의 비타민 성분을 파괴하므로 같이 먹지 않는 게 좋아요.

성실 네 **별다방**

바나나잼

한 송이를 사서 먹다 보면 꼭 몇 개는 천덕꾸러기가 되는 바나나.
쿠키나 머핀을 구울 때 넣기도 하고 바나나잼도 만들어요.
바나나잼은 냄비에 넣고 졸이는 방법과 전자레인지로 간편하게 만드는 방법이 있어요.

 25분　 6~7인분

 **Ingredients**

재료　바나나 3개, 설탕 5, 레몬즙 2, 계핏가루 약간씩

1 바나나 3개의 껍질을 벗겨 적당히 잘라 큼직한 내열용기에 설탕 5와 함께 넣어 살짝 물이 배어 나올 때까지 잠시 절이고,

2 바나나에 레몬즙 2를 넣고,

3 바나나를 전자레인지에 넣어 3분간 데워 꺼내서 살짝 한 김 식혀 다시 2분간 데우는 과정을 6~7번 반복하고,

4 계핏가루를 섞어 용기에 담아 냉장고에 넣으면 끝.

Cooking Tip　바나나 3개로 만든 잼은 식빵 6~7장을 바를 수 있을 만큼 돼요. 유리병에 잼을 담아 냉장고에 넣으면 꽤 오래 보관할 수 있지만 가능하면 조금씩 만들어 맛있게 드세요.

★*index*

채소류

면류

해산물 · 건어물

샌드위치·쿠키·베이커리

김치

과일

기타

가나다순

ㄱ

ㄴ

ㄷ

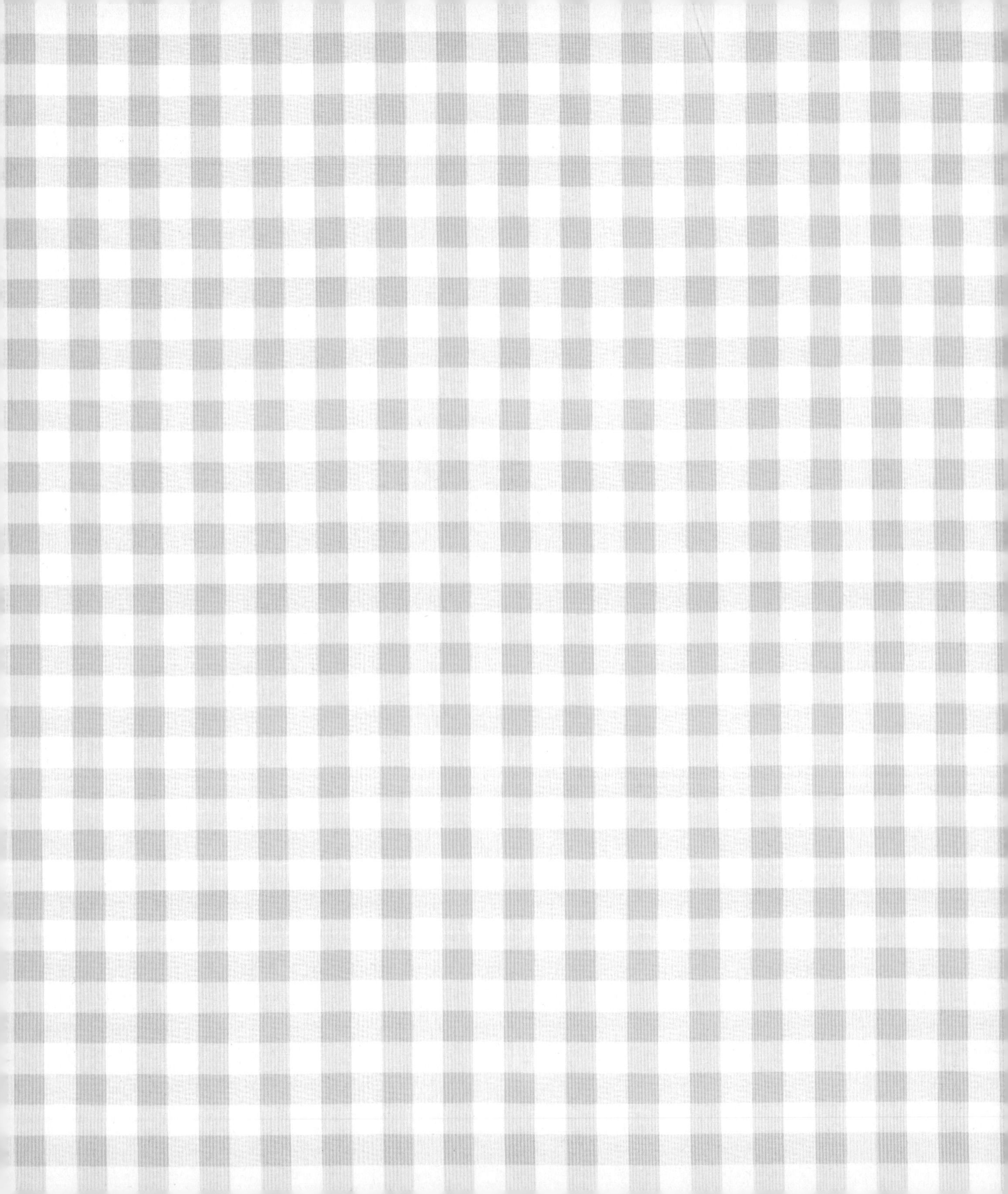